U0252345

国家科学技术学术著作出版基金资助出版
城市污水处理智能优化运行控制丛书

城市污水处理系统建模

韩红桂　刘　峥　刘洪旭　著

科学出版社

北　京

内 容 简 介

本书基于控制科学与工程、计算机科学与技术、环境科学与工程等多门学科,详细阐述了城市污水处理系统建模的主要理论方法及应用案例,具有鲜明的特点,能够促进城市污水处理建模理论与技术的发展。

本书可供城市污水处理系统运行管理人员参考,也可作为高校控制与信息类专业研究生、智能科学与技术专业本科生以及各类科技人员的参考书。

图书在版编目(CIP)数据

城市污水处理系统建模 / 韩红桂,刘峥,刘洪旭著.—北京:科学出版社,2024.3

(城市污水处理智能优化运行控制丛书)

ISBN 978-7-03-071045-1

Ⅰ.①城⋯ Ⅱ.①韩⋯ ②刘⋯ ③刘⋯ Ⅲ.①城市污水处理−系统建模 Ⅳ.①X703-39

中国版本图书馆CIP数据核字(2021)第260926号

责任编辑:张海娜 纪四稳 / 责任校对:任苗苗
责任印制:肖 兴 / 封面设计:十样花

科学出版社 出版
北京东黄城根北街 16 号
邮政编码:100717
http://www.sciencep.com

北京中科印刷有限公司印刷
科学出版社发行 各地新华书店经销

*

2024 年 3 月第 一 版 开本:720×1000 1/16
2024 年 3 月第一次印刷 印张:17
字数:340 000

定价:150.00 元
(如有印装质量问题,我社负责调换)

作 者 简 介

韩红桂 北京工业大学信息学部教授、博士生导师，北京工业大学研究生院副院长。长期从事城市污水处理过程智能优化控制理论与技术研究。2013 年入选北京市科技新星计划，2015 年入选中国科学技术协会青年人才托举工程，2016 年获得国家自然科学基金优秀青年科学基金资助，2019 年入选北京市高等学校卓越青年科学家，2020 年入选中国自动化学会青年科学家，2021 年获得国家杰出青年科学基金资助。先后主持国家重点研发计划项目、国家自然科学基金重大项目、教育部联合基金项目、北京市科技计划项目等。2012 年获教育部科学技术进步奖一等奖，2016 年获吴文俊人工智能科学技术进步奖一等奖，2018 年获国家科学技术进步奖二等奖，2019 年获中国自动化学会自动化与人工智能创新团队奖，2020 年获中国发明协会发明创新奖一等奖(金奖)等。

刘　峥　北京工业大学信息学部在读博士生。主要研究方向为智能计算、复杂工业过程智能建模与优化控制等。在 *IEEE Transactions on Cybernetics*、*IEEE Transactions on Fuzzy Systems*、《化工学报》等国内外期刊上发表学术论文 10 篇，授权中国发明专利 1 项、实用新型专利 1 项。

刘洪旭　北京工业大学信息学部在读博士生。主要研究方向为智能计算、人工神经网络、迁移学习、知识建模等。在 *IEEE Transactions on Fuzzy Systems*、*IEEE Transactions on Industrial Informatics* 等国内外期刊上发表学术论文 5 篇，授权中国发明专利 1 项、美国发明专利 1 项。

前　　言

城市污水是稳定的淡水资源。城市污水再生利用既可以减少社会对自然水的需求，又能够削减对水环境的污染，是实现水资源持续利用和良性循环最有效的途径。因此，实施城市污水处理已成为世界各国政府水资源综合利用的战略举措，对实现新时代绿色发展和生态文明建设有着重要的意义。

城市污水处理主要包含生物、化学等反应过程，其本质是利用微生物吸附、分解、氧化污水中可降解的有机污染物，通过复杂的生化反应将污染物从污水中降解并分离出去，实现污水净化。城市污水处理系统模型通过刻画生化反应等过程现象和运行过程的操作规律，能为城市污水处理厂的设计者提供理论依据，也能为运营者提供调控信息等，保证城市污水处理出水水质稳定达标。因此，城市污水处理系统建模是实现城市污水处理安全稳定运行的基础，也是实现城市污水处理出水水质稳定达标排放的重要途径。城市污水处理系统建模主要面临以下挑战：一方面，城市污水处理运行过程受进水流量、进水成分、污染物种类等影响，难以实时获取过程变量信息，尤其是出水总磷浓度、出水氨氮浓度、出水生化需氧量等关键出水水质参数须在实验室化验离线检测，缺少足够的运行状态信息，如何获取有效的运行状态信息是城市污水处理系统建模面临的最大挑战；另一方面，城市污水处理过程存在复杂的生化反应，是一个时变、非线性、不确定和强耦合的动态系统，难以准确建立运行指标与关键水质参数之间的关系，如何利用过程机理、运行数据和专家知识等信息，建立精确的系统模型，是城市污水处理系统建模面临的另一挑战。

本书深入分析城市污水处理系统的运行特点，阐述活性污泥法城市污水处理系统建模方法，注重城市污水处理系统建模知识的讲解，避免烦琐的数学推导，使读者能够快速理解城市污水处理系统模型的设计及实现流程。为了帮助读者更好地理解城市污水处理系统建模的基础知识和基本应用，本书介绍城市污水处理系统建模的理论基础和整体架构，并以活性污泥法城市污水处理典型过程为例，重点介绍城市污水处理过程系统建模方法，提出多种应用场景的建模策略设计、模型实现，以及实际应用效果分析等。

本书结合控制科学与工程、计算机科学与技术、环境科学与工程等多门学科，介绍城市污水处理系统建模的方法。第 1、2 章分别介绍活性污泥法城市污水处理系统的运行特点和城市污水处理系统的机理模型；第 3、4 章分别介绍城市污水处理系统的数据采集与处理方法和知识获取与推理方法；第 5、6 章分别介绍数据驱动和知识驱动的城市污水处理系统建模；第 7～9 章分别阐述机理和数据驱动混合建模方法、数据和知识驱动混合建模方法以及多源信息驱动混合建模方法构建的城市污水处理系统模型；第 10 章对城市污水处理系统建模发展前景进行展望。

　　本书主要由韩红桂、刘峥、刘洪旭撰写，由韩红桂统稿与定稿。感谢国家杰出青年科学基金项目(62125301)、北京市高等学校卓越青年科学家计划项目(BJJWZYJH01201910005020)、国家自然科学基金重大项目(61890930)、国家自然科学基金创新研究群体项目(620210039)、国家自然科学基金青年科学基金项目(61903010)、国家重点研发计划项目(2018YFC1900800)、北京市教委-市自然基金委联合资助项目(KZ20211000500)等的支持。本书由李方昱、杨宏燕、高慧慧、侯莹、黄琰婷等老师，陈聪、孙晨暄等博士研究生以及王嘉倩、邹亚男等硕士研究生协助撰写，没有他们的辛勤工作，本书无法顺利完成，在此表示衷心的感谢。另外，向参考文献的作者表示真诚的谢意。最后，感谢北京工业大学信息学部的支持。

　　城市污水处理系统建模目前仍处于快速发展时期。限于作者的学术水平，许多问题还未能充分地深入研究，一些有价值的新内容也未能及时收入本书，另外书中难免存在不足或疏漏之处，恳请广大读者批评指正。

目　　录

第1章 绪 论

水污染问题是当前制约我国经济社会可持续发展和生态文明建设的主要瓶颈[1,2]。为了有效缓解水污染问题,国家发展和改革委员会、住房和城乡建设部等多部门联合发文,旨在加快推进生活污水收集处理设施的改造和建设,以新技术、新业态和新模式推动城市污水处理监控系统的发展,提高污水处理厂的运行效率,更加严格地保证排出水质达标[3,4]。近年来国务院发布的《政府工作报告》中多次提出要改善全国水环境总体质量,加快研发重点行业废水深度处理技术,整合科技资源,加快技术成果的推广应用,实现生活污水低成本高标准处理[5]。在此背景下,我国加快了城市污水处理厂的建设,已建成的城市污水处理厂超过 2000座[6]。然而,我国城市污水处理厂的运行状况不容乐观,出水水质超标现象时有发生[7,8]。构建城市污水处理系统模型,提升城市污水处理过程检测水平,保证系统稳定运行,对推动污水处理行业的发展具有重要意义。

城市污水处理系统模型主要利用运行过程信息(进水水质、过程变量、运行环境、运行状态等),表征污水处理过程变量之间相互制约及相互影响等关系,是衡量水体质量优劣程度和变化趋势的依据,也是保障污水处理过程高效稳定运行和节能降耗的基础[9,10]。然而,城市污水处理过程中被动接受进水流量、进水成分、污染物种类、有机物浓度、天气等的变化,系统始终工作在非平稳状态[11];微生物生命活动受溶解氧浓度、微生物种群、污水 pH 等多种因素影响,其生化反应过程具有明显的非线性、耦合和滞后特性,导致运行过程信息多样且存在较大的不确定性,严重影响城市污水处理过程的稳定运行[12]。由此可见,城市污水处理过程是一个多流程、时变、时滞、非线性以及不确定性严重的复杂系统,如何构建精确的系统模型一直是污水处理行业发展的难题[13,14]。

围绕城市污水处理系统模型的相关内容,本章首先简述城市污水处理运行系统的相关背景知识,包括城市污水处理系统的主要类型、发展历史以及厌氧/缺氧/好氧(anaerobic/anoxic/oxic, A^2/O)活性污泥法工艺等;其次,分析城市污水处理运行过程的非线性、干扰性、时变性等主要特点,描述运行特点与系统模型之间的关系;最后,概述城市污水处理系统模型的研究现状,对目前国内外城市污水处理系统模型的相关研究工作进行深入介绍,并总结当前城市污水处理系统建模面临的主要挑战。

1.1 城市污水处理系统概况

城市污水处理系统通过复杂的生化反应等过程,实现污水治理和资源化利用。为了适应城市污水处理行业发展的需求,城市污水处理系统在过程运行工艺方面经过了一系列的改进与创新,本节详细介绍城市污水处理系统的主要类型,概述典型工艺的发展历程,并简要描述 A²/O 活性污泥法工艺。

1.1.1 城市污水处理系统工艺主要类型

城市污水处理过程主要包括进水池、初沉池、生化反应池、二沉池等多个流程,是一个由多流程组成的复杂系统,各个流程工序繁多且关联紧密,涉及物理处理、生物处理和化学处理等多种处理方式[15,16]。城市污水处理系统利用微生物菌群通过物理生化反应,对污水中可生物降解的有机物进行吸附、分解和氧化,有效降低污水中污染物的浓度。城市污水处理系统工艺主要包括活性污泥法工艺、生物膜法工艺和厌氧生物处理法工艺等[17,18]。

1. 活性污泥法工艺

活性污泥法工艺以微生物絮凝体构成的活性污泥为主体,通过人工充氧以及吸附、生化氧化作用等,分解和去除污水中溶解的有机物质,实现污水达标排放[19,20]。活性污泥法工艺主要包括 A²/O 活性污泥法工艺[21]、吸附-生物降解活性污泥法工艺[22]和序批式活性污泥法工艺[23]等。

1)A²/O 活性污泥法工艺

A²/O 活性污泥法工艺是一种多级连通式工艺,如图 1-1 所示。污水从进水池进入后,流经初沉池、生化反应池及二沉池,在生化反应池中进行生化反应和泥水初步分离,完成一个处理周期[24]。生化反应池主要包括厌氧池、缺氧池、好氧池。在生化反应池中污水先进入厌氧池,兼性发酵细菌将污水中可生物降解的有机物转化为发酵产物,聚磷菌将菌体内储存的聚合磷酸盐分解,释放的能量一部分供聚磷菌在厌氧环境下维持生存,另一部分供聚磷菌吸收发酵产物,并以碳源的形式储存于菌类细胞内[25]。厌氧池的出水进入缺氧池,缺氧池中的反硝化菌利用好氧池中经混合液回流带来的硝酸盐以及污水中可生物降解的有机物进行反硝化反应,达到同时去除化学需氧量(chemical oxygen demand, COD)及脱氮的目的[26]。缺氧池的出水进入好氧池,好氧池中的有机碳经厌氧池、缺氧池分别被聚磷菌和反硝化菌利用后,其浓度较低,有利于自养的硝化菌生长。硝化作用将氨氮转化为硝酸盐,由好氧异养菌降解[27];同时,聚磷菌利用污水中剩余的可生物降解的有机物分解体内储存的聚羟基丁酯,产生的能量供自身的生长繁殖;聚磷菌还可以吸收周围环境中的溶解性磷酸盐，并以聚合磷酸盐的形式在体内储存，提高了除磷效果[28,29]。

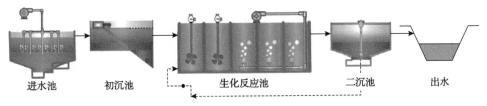

图 1-1 A²/O 活性污泥法工艺流程

2) 吸附-生物降解活性污泥法工艺

吸附-生物降解活性污泥法工艺是一种两阶段 (吸附段-降解段) 串联式污水处理工艺，如图 1-2 所示。吸附-生物降解活性污泥法工艺通过从城市排水系统中接收污水，充分利用污水中输送来的微生物，形成一个局部生物动力学系统[30]。吸附段中活性污泥以细菌为主，活性污泥的活性较高且吸附能力较强，能够去除污水中的非溶解性有机污染物 (悬浮物质和胶体物质等)、部分重金属、难降解有机物质和氮磷营养物质，减轻了降解段的负荷[31]。经过吸附段处理后，降解段的污水水质和水量相对比较稳定，冲击负荷已不再影响该过程，所以降解段生物负荷较低，活性污泥中菌胶团量少，生物相中以原生动物和后生动物为主。此类生物生长期长，能够吞食吸附段带来的游离细菌、有机颗粒与残渣，完成对有机污染物的去除，实现污水净化[32]。由于吸附-生物降解活性污泥法工艺中两段生物反应过程不相互混杂，均设有各自的沉淀池，不同沉淀池的污泥也回流至各自的曝气池，能保持两阶段活性污泥系统的生物相，可以充分发挥每个生物相的独特净化作用[33,34]。

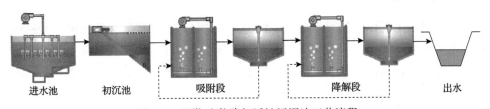

图 1-2 吸附-生物降解活性污泥法工艺流程

3) 序批式活性污泥法工艺

序批式活性污泥法工艺是一种将曝气池与沉淀池合二为一的工艺，如图 1-3 所示。序批式活性污泥法工艺的进水通过进水池、初沉池后，分批次进入反应池，并在同一反应池中进行生化反应与泥水分离，按照顺序进行反应、沉淀、排出上清液和闲置等过程，完成一个运行操作周期[35]。序批式活性污泥法工艺的所有反应均在一个设有曝气或搅拌功能的反应池内按照操作周期往复进行，达到不间断污水处理的目的[36]。在进水过程中，污水流入反应池之前反应池处于排水或待机状态，其内盛有高浓度的活性污泥混合液，起污泥回流的作用，此时反应池内的水位最低。在进水过程确定时间内或者在达到最高水位之前，反应池的排水系统一直处于关闭状态。由于进水工序仅仅流入污水，不排放处理水，反应池也起到了调节池的作用[37]。同时，污水流入时不仅水位上升，而且进行生化反应(如磷的释放和反硝化脱氮等)[38]。在反应过程中，当污水注入达到预定容积后，反应池进行曝气或搅拌，达到去除污染物的目的(如去除生化需氧量(biochemical oxygen demand, BOD)、硝化、脱氮、除磷)。例如，通过好氧反应(曝气)进行氧化、硝化，通过缺氧反应(搅拌)等达到脱氮的目的。为保证沉淀工序的效果，在脱氮反应过程的后期，进入沉淀过程之前需进行短暂的微量曝气，去除附着在污泥上的氮气。在反应过程的后期还可进行排泥[39]。沉淀和排水过程无需曝气和搅拌，其运行过程中活性污泥絮体进行重力沉淀和上清液分离，沉淀后的上清液作为出水，持续排放到最低水位，反应池底部沉降的活性污泥大部分作为下一个处理周期的回流污泥，过剩的污泥作为废弃污泥引出排放[40]。最后，序批式活性污泥法工艺反应池中剩下的一部分处理水，可作为循环水和稀释水[41]。

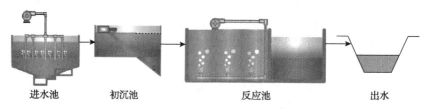

进水池　　初沉池　　　　反应池　　　　出水
图 1-3　序批式活性污泥法工艺流程

2. 生物膜法工艺

生物膜法工艺以生物膜上的微生物为主体，通过形成膜状生物污泥，分解吸收污水中的有机物质，并转化为稳定物质，降低污水中的污染物浓度[42,43]。生物膜法工艺主要包括固液分离生物膜法工艺[44]、曝气生物膜法工艺[45]和萃取生物膜法工艺[46]等。

1)固液分离生物膜法工艺

固液分离生物膜法工艺是一种利用生物膜组件分离污水中固体微生物和大分子溶解性物质的污水处理工艺[47]。常见的固液分离生物膜法工艺包括分置式生物膜法工艺[48]和一体式生物膜法工艺[49]。其中，分置式生物膜法工艺是一种将生物反应器和膜组件分开设置的工艺，污水进入生物反应器中进行生化反应，通过加压泵把污水推流至膜组件中，在压力作用下，污水透过生物膜，在该过程中固形物和大分子物质等被生物膜截留，上层的液体排出系统，实现有机物的降解和分离[50]；一体式生物膜法工艺是一种将膜组件置于生物反应器内的工艺，当污水进入生物反应器后，活性污泥中微生物通过生化反应过程分解吸收大部分污染物，并在抽吸泵的作用下，污水通过生物膜进行过滤处理，将其余污染物截留后排出系统[51,52]。

2）曝气生物膜法工艺

曝气生物膜法工艺是一种利用多孔复合膜去除污水中污染物的污水处理工艺[53]。曝气生物膜法工艺从城市排水系统中接收污水，污水在多孔复合膜的外表面上流动，氧气经过反向扩散，与膜壁上附着生长的生物膜及其吸附的污染物接触，并发生生物降解反应，去除污水中的高浓度有机污染物。曝气生物膜法工艺采用的多孔复合膜为透气性致密膜和疏水性微孔膜，氧气透过这两种膜的液相传质机理有所不同：当氧气透过透气性致密膜时，生物膜在气相侧吸附高分子聚合物，并向液相侧扩散[54,55]；当氧气透过疏水性微孔膜时，在气压较低的进水情况下，氧气在膜表面形成气泡，由于表面张力作用而吸附在膜表面，并通过膜孔向液相传质[56,57]。

3）萃取生物膜法工艺

萃取生物膜法工艺是一种利用生物膜将污水中的有毒污染物萃取后进行单独去除的污水处理工艺[58]。萃取生物膜法工艺利用硅树脂生物膜或其他疏水性生物膜将污水与活性污泥隔开，进水在生物膜腔内流动，与微生物不直接接触[59]。由于生物膜的疏水性，污水中的水及其他无机物均不能透过生物膜向活性污泥扩散，而污水中的有毒污染物经生物膜萃取后传递到好氧生物相中，并作为活性污泥中专性细菌的底物被降解[60,61]。

3. 厌氧生物处理法工艺

厌氧生物处理法工艺是一种利用兼性厌氧菌和专性厌氧菌降解污水中大分子有机物的污水处理工艺[62,63]。厌氧生物处理法工艺流程主要分为四个过程：水解过程、酸化过程、乙酸化过程和甲烷化过程[64]。

1）水解过程

水解过程是一种利用胞外酶将污水中有机底物的非溶解性聚合物转化为简单的溶解性单体或二聚体的生化反应过程[65]。污水中高分子有机物由于相对分子质量较大，需要在细菌胞外酶的水解作用下转变为小分子物质，透过细胞膜溶解于水，并被细菌直接利用完成降解。水解过程中微生物通过释放胞外自由酶或连接在细胞外壁上的固定酶，完成生物催化氧化反应（主要为大分子物质的断链和水溶）[66,67]。

2）酸化过程

酸化过程是一种利用产酸菌将溶解性单体或二聚体形式的有机物转化为以短

链脂肪酸或醇为主的末端产物的生化反应过程[68]。酸化过程中水解后的化合物在产酸菌的细胞内降解转化成末端产物，如挥发性脂肪酸(volatile fatty acid, VFA)、乳酸、醇、氨等酸化产物以及氢气、二氧化碳等，并分泌到细胞外。其中末端产物的组成取决于降解条件、底物种类和参与生化反应的微生物种类[69,70]。

3) 乙酸化过程

乙酸化过程是一种利用产酸菌和氢营养菌将有机酸或醇类等物质转化为乙酸或可为甲烷菌直接利用的乙酸、氢气及一氧化碳等小分子的生化反应过程[71]。由于氢气抑制有机酸的产氢和产乙酸过程，乙酸化过程需要依靠氢营养菌来降低系统的氢气浓度，推进小分子物质的反应[72,73]。

4) 甲烷化过程

甲烷化过程是一种利用产甲烷细菌将乙酸化过程产生的乙酸、一碳化合物、氢气等小分子物质，转化为甲烷和二氧化碳的生化反应过程[74]。甲烷化过程中大部分甲烷均由乙酸歧化菌通过代谢乙酸盐的甲基基团生成，一小部分则由二氧化碳和氢气合成[75,76]。

城市污水处理厂通常根据进水水质、出水标准、环境条件及经济效益等因素，选择并实施合适的污水处理工艺，实现污水中污染物的去除，并将污水中各种复杂的有机物、含氮化合物、磷酸盐、钾钠以及重金属离子、菌类生物群等氧化降解为简单的物质，完成污水中的磷、氮、难降解有机物、无机盐等有效降解，从而改变污水性质，使得排放的出水对周围环境水域不产生危害。

1.1.2 活性污泥法城市污水处理工艺简述

活性污泥法城市污水处理工艺已在污水处理行业成功应用百余年，其结构和运行方式经过了一系列改进创新，尤其是近年来在生物学、反应动力学、生物反应器和工艺材料等方面取得了长足的发展，不断涌现出能够适应多种运行条件的污水处理工艺[77,78]。

1882 年，Angus Smith 将空气源源不断地鼓入污水中，尝试进行污水曝气处理，成为最早的城市污水处理过程活性污泥法曝气工艺[79]。1914 年，Ardern 和 Lockett 提出了利用絮凝状污泥再生和回流至曝气区的方法，将曝气后沉淀的污泥进行保留，去除其中不易沉降的微生物，并将污泥回流至曝气区内进行生化反应，提高了污水处理效率，该方法成为最早的活性污泥法工艺[80]。1917 年，英国曼彻斯特和美国休斯敦分别建成了活性污泥法污水处理厂，进行连续流的活性污泥法实验，并取得了成功[81]。1921 年，上海建成了我国第一座活性污泥法污水处理厂——北区污水处理厂，并于 1926 年相继建成上海东区污水处理厂和西区污水处理厂，标志着我国污水处理事业的起步[82]。1942 年，为了提高活性污泥法工艺中氧气的利用率，Gould 在纽约首次采用了阶段曝气法，将污水沿曝气池长方向多点进入，使其中的有机物在池中均匀分布，从而避免了前端氧气欠缺、后端氧气过剩的弊病[83]。1962 年，Ludzack 和 Ettinger 提出了利用进水中可生物降解的物质作为脱氮能源的前置反硝化工艺，该工艺可通过调整外部碳源投加量，优化反硝化过程，提高脱氮效率[84]。1973 年，Barnard 提出了改良型前置反硝化污水脱氮工艺，又称 A/O 工艺，该工艺利用双好氧池和双缺氧池对污水进行处理，其中内回流量、曝气量与外部碳源投加量都可以进行优化设定，使反硝化脱氮过程充分进行[85]。1980 年，Rabinowitz 和 Marais 开创了基于厌氧池、缺氧池、好氧池的三阶段污水处理工艺，即传统 A^2/O 工艺[86]。活性污泥法城市污水处理工艺的主要发展历程如表 1-1 所示。

表 1-1　活性污泥法城市污水处理工艺主要发展历程

年份	事件
1882	Angus Smith 进行了污水曝气处理实验，将空气源源不断地鼓入污水中实现曝气处理
1914	Ardern 和 Lockett 提出了利用絮凝状污泥再生和回流至曝气区的方法进行污水处理
1921	在上海建成了我国第一座活性污泥法污水处理厂——北区污水处理厂
1962	Ludzack 和 Ettinger 提出了前置反硝化污水脱氮工艺
1973	Barnard 提出了改良型前置反硝化污水脱氮工艺
1980	Rabinowitz 和 Marais 开创了传统的 A^2/O 工艺

1.1.3　厌氧/缺氧/好氧工艺简述

A^2/O 活性污泥法工艺是一种典型的活性污泥法污水处理工艺，包括初沉池、生化反应池及二沉池[87]。污水在初沉池中进行沉淀，初沉池的出水与二沉池外回流带来的活性污泥发生汇聚，一同进入生化反应池的厌氧区，并与好氧区末端回流的水合流进入缺氧区，在厌氧生物处理之后流入好氧区进行一系列生化反应。经过生化反应后，污水进入二沉池进行沉淀，沉淀后的部分污泥通过外回流进入厌氧区，而剩余的污泥则排出系统，同时二沉池最上层的澄清液作为出水排出系统，最终实现有机物的降解和分离[88,89]。为了更清晰地描述污水处理过程中的污染物去除过程，下面主要对 A^2/O 活性污泥法工艺中初沉池、生化反应池和二沉池的作用进行介绍。

初沉池的主要作用是进行预处理操作，可以有效去除大颗粒无机固体，并降解大颗粒有机物和降低化学需氧量[90]。在初沉池中，污水中部分细小的固体絮凝体凝结成较大的颗粒，并通过沉淀过程去除，部分胶体通过吸附作用去除，实现固液分离，从而避免大量有机负荷直接进入生化反应池，影响微生物氧化和分解过程[91,92]。

生化反应池的主要作用是利用微生物去除污染物。初沉池中流出的污水与二沉池中流出的含有微生物的活性污泥结合，进入厌氧池、缺氧池以及好氧池。在厌氧池中，微生物主要进行厌氧反应，聚磷菌将体内储存的聚磷酸盐作为能量来源，通过代谢的形式，对污水中部分有机污染物进行降解，并在水解作用下将聚磷酸盐转化为正磷酸盐释放到污水中[93,94]。在缺氧池中，微生物主要进行反硝化反应，反硝化菌通过一系列生化反应过程将硝酸盐和亚硝酸盐中的氮还原为氮气、一氧化二氮和一氧化氮等，其中一氧化二氮和一氧化氮在酶促反应下转化为氮气排出，实现污水脱氮[95,96]。在好氧池中，微生物在充氧的条件下主要进行硝化反应，利用亚硝酸菌和硝盐菌将氨氮转化为硝酸盐和亚硝酸盐等硝基形式[97,98]。

二沉池的主要作用是实现澄清混合液回收和污泥浓缩。二沉池污水中的大颗粒沉淀物质会沉淀至下层，实现泥水分离和污泥浓缩[99,100]。浓缩后的部分污泥通过外回流进入厌氧区，为厌氧区提供生化反应过程所需要的微生物及养分，剩余污泥则排出污水处理系统[101,102]。此外，二沉池还具有高峰期间储存污泥的作用，一旦二沉池功能失效，悬浮物将和出水一起排出，不仅导致出水水质不达标，还会严重影响生化反应过程的正常进行[103,104]。

1.2　城市污水处理系统特点

城市污水处理系统具有非线性、时变性、耦合性等特点，污水成分、污染物种类及浓度等过程变量会随时间动态变化且波动较大，不同过程变量之间相互影响，导致系统模型构建非常困难。本节详细介绍城市污水处理系统的非线性、时变性及耦合性等特点。

1.2.1　城市污水处理系统的非线性

非线性是城市污水处理系统最主要的特点之一，其主要体现在物理处理、生物处理和化学处理等过程中。目前对城市污水处理系统的运行机理及生化反应过程等方面尚未形成完整认知和准确辨识，特别是在微生物种群的生存条件、催化剂使用量、反应规律、环境因素等方面还缺乏足够的基础，导致难以获得可靠估计的动力学参数，无法定量分析不同变量之间的关系，且不能准确获取污水处理过程的运行状态，这为城市污水处理系统模型的构建带来了一定挑战[105,106]。为了更清晰地描述城市污水处理系统的非线性特点，下面以生物硝化反应和反硝化反应中的非线性过程为例进行详细介绍。

生物硝化反应是一种利用亚硝酸菌和硝酸菌将氨氮氧化成亚硝酸盐氮和硝酸盐氮的生化反应过程。生物硝化反应过程动力学通常基于莫诺特（Monod）方程表示，但方程参数较少，未能详细描述出微生物的特征及反应机理，并且忽略了不同变量对反应过程的影响[107]。例如，硝化反应受温度的影响很大，微生物的硝化反应可以在 4～45℃的温度范围内进行，硝化菌对温度的变化非常敏感，温度不但会影响硝化菌的比增长速率，而且会对硝化菌的活性产生作用[108]。然而，温度与硝化反应速率之间并不是简单的线性关系，很难准确描述出温度对硝化反应的影响。此外，溶解氧浓度对硝化反应速率的影响也很大，尤其是在同时去除有机物和进行硝化/反硝化反应的情况下，溶解氧浓度与硝化菌比增长速率之间具有较强的关联性，溶解氧浓度的增加会提高溶解氧对生物絮体的穿透力，可以加快硝化反应速率[109]。然而，由于在低污泥龄条件下，含碳有机物氧化速率的加快将使耗氧速率增加，从而减少溶解氧对生物絮体的穿透力，使硝化反应速率减慢。相反，在高污泥龄条件下，由于耗氧速率较低，即使溶解氧浓度较低，也可保证溶解氧对生物絮体的穿透力，从而维持较高的硝化反应速率。因此，为了维持较高的硝化反应速率，当污泥龄降低时应适当提高溶解氧浓度[110]。图 1-4 为不同变量（温度和溶解氧浓度）对硝化反应速率的影响。从图中可知，温度和溶解氧浓度对硝化反应速率的影响并不能通过线性关系进行描述。

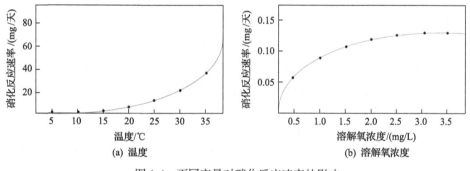

图 1-4　不同变量对硝化反应速率的影响

　　生物反硝化反应是一种利用反硝化菌将亚硝酸氮和硝酸氮还原成气态氮或一氧化氮、一氧化二氮等形式的生化反应过程。由于生物反硝化反应过程复杂，运行过程中不同变量之间的关系难以用简单的线性方程表示[111]。例如，在反硝化除磷工艺中，厌氧段的溶解氧浓度通常用氧化还原电位(oxidation-reduction potential, ORP)来度量，氧化还原电位和磷含量之间虽无法用简单的线性关系进行表达，但仍呈现出良好的相关性，前者能直观反映磷酸盐浓度的变化，定量反映出聚磷菌的性能特征。当氧化还原电位为正值时，聚磷菌不释放磷，而当氧化还原电位为负值时，其绝对值越高，聚磷菌释放磷的能力越强，一般认为氧化还原电位控制在-300～-200mV 较为合适[112]。此外，反硝化反应的污泥停留时间也有严格要求。在不同城市污水处理厂的污泥系统中，由于硝化段的设置方式存在较大的差异，反硝化反应的污泥停留时间要求也不完全相同。在单污泥系统中，最小污泥龄需要优先考虑硝化菌而不是反硝化聚磷菌。常温下反硝化聚磷菌的最小污泥龄和硝化菌的最小污泥龄可取相同的值，但在较低温度时，反硝化聚磷菌的最小污泥龄应大于硝化菌的最小污泥龄。而在双污泥系统中无须考虑硝化菌的污泥停留时间，只需要注意反硝化聚磷菌的污泥停留时间，这在一定程度上降低了反硝化反应过程的复杂性。事实上，污泥停留时间的长短与除磷效果并没有完整的相关性表达，污泥停留时间较短会导致反应器中的聚磷菌被淘汰，而污泥停留时间过长又会引起反应池中磷自溶现象[113]。因此，城市污水处理系统反硝化反应过程的最佳污泥停留时间与温度变化范围、相关菌类特点、运行工艺方式等均相关，但不能通过简单的线性进行描述[114,115]。

1.2.2 城市污水处理系统的时变性

时变性是城市污水处理系统的重要特征之一，主要体现在城市污水处理系统进水组分、水量、温度、污染物种类、污染物浓度等动态变化中。城市污水处理系统包含多个工序，每个工序按照相应的反应机理进行，完成不同程度的污水净化。城市污水处理系统的时变性导致不同工序的反应过程表现出不同的运行特点、运行性质和反应规律[116,117]。下面以水质参数为例对城市污水处理系统的时变性进行详细介绍。

水质参数作为表征城市污水处理系统中各种物质的物理、化学及生物特性的参数，是衡量水体质量优劣程度和变化趋势的特征指标，也是评价城市污水处理系统模型的重要依据[118,119]。在城市污水处理系统进水水质和水量波动较大的情况下，每个工序的反应过程也相应地发生变化，尤其是进水水质大幅变化会造成水质参数剧烈变化[120]。例如，氧化还原电位作为生化反应过程中最常见的时变水质参数之一，在蕴含着较多的还原态物质厌氧池的还原反应过程中占主导作用，其氧化还原电位通常在 $-440\sim-200$mV 范围内波动；缺氧池中氧化还原电位受到内循环的影响而迅速升高，通常在 $-232\sim-123$mV 范围内，随着时间推移，氧化态的硝态氮不断被还原成氮气，促进了反硝化和吸磷反应，导致氧化还原电位的绝对值变大；好氧池存在有机物的降解反应和硝化反应过程，有机物和氨氮不断被氧化，氧化还原电位将逐渐上升，通常位于 $30\sim100$mV 范围内[121,122]。此外，pH也是城市污水处理系统中最常见的时变水质参数之一，进水 pH 通常在 6.9～7.3 波动；厌氧池中回流污泥携带的硝酸盐会破坏厌氧环境，导致 pH 在初始阶段先升高，随着硝态氮被完全反硝化后，厌氧环境又得到恢复，聚磷菌合成储存聚 β-羟基丁酸，并将体内的三磷酸腺苷水解，释放出正磷酸和能量，形成二磷酸腺苷并释放出氢离子，致使 pH 在厌氧池末端开始降低；缺氧池中吸磷反应和反硝化反应过程会产生碱性，导致缺氧池中 pH 稳步上升；好氧池中硝化反应过程会产生氢离子，同时吸磷反应过程会产生氢氧根离子，导致好氧池 pH 的变化较为复杂，通常呈现出上升型曲线和下降型曲线。当 pH 曲线为上升型曲线时，城市污水处理系统实现了完全硝化或基本实现完全硝化；当 pH 曲线为下降型曲线时，硝化反应过程尚未完成或硝化反应效果较差[123,124]。

1.2.3　城市污水处理系统的耦合性

耦合性是城市污水处理系统的另一个重要特征。耦合性不仅体现在多种生化反应过程中，还体现在不同变量之间[125]。下面以生物除磷反应过程和生物脱氮反应过程中关键变量为例对城市污水处理系统的耦合性进行介绍。

城市污水处理生物除磷反应过程受多种水质变量的影响，且水质变量之间存在复杂的耦合关系，生物除磷反应过程的耦合性主要体现在多种生化反应过程既相互促进又相互抑制[126,127]。为了分析生物除磷过程的耦合性，其反应过程相关方程表示如下：

$$\begin{aligned}
\rho_1 &= f_1(S_O, S_{NH}, X_{PAO}) \\
\rho_2 &= f_2(S_O, S_{NO}, X_{PAO}) \\
\rho_3 &= f_3(S_A, X_{PP}, X_{PAO}, S_O, S_{NO}) \\
\rho_4 &= f_4(S_O, S_{PO_4}, X_{PAO})
\end{aligned} \tag{1-1}$$

其中，ρ_1 为聚磷菌好氧生长速率；f_1 为聚磷菌好氧生长速率函数；ρ_2 为聚磷菌缺氧生长速率；f_2 为聚磷菌缺氧生长速率函数；ρ_3 为聚磷菌释磷速率；f_3 为聚磷菌释磷速率函数；ρ_4 为聚磷菌吸磷速率；f_4 为聚磷菌吸磷速率函数；S_O 为溶解氧浓度；S_{NH} 为氨氮浓度；X_{PAO} 为聚磷菌浓度；S_{NO} 为硝态氮浓度；S_A 为发酵产物浓度；X_{PP} 为聚磷酸盐浓度；S_{PO_4} 为磷酸根浓度。因此，在城市污水处理生物除磷反应过程中，聚磷菌的生长、释磷、吸磷反应过程存在复杂的耦合特征，某一种反应过程的运行效果会影响甚至会抑制其他反应过程[128,129]。

在城市污水生物脱氮/除磷反应过程中，随着碳源含量的升高，聚磷菌释磷和吸磷速率不断升高。同时，在硝态氮浓度保持稳定的情况下，反硝化反应速率随着挥发性脂肪酸浓度的升高而升高，提高除磷和脱氮效率[130]。反硝化菌以硝酸盐为电子受体，利用易于降解的有机物作为碳源，将以硝态氮形式存在的氮元素还原为氮气后去除。反硝化后的污水流至缺氧区中，可生化降解的有机物浓度降低，影响反硝化过程，削弱反硝化除磷效果。由于聚磷菌厌氧释磷过程与反硝化脱氮过程均以易降解的有机物作为碳源，进水中的有机物含量有限，导致两个反应过程对水体中的碳源形成竞争关系。因此，在城市污水处理生物脱氮/除磷反应过程中，外部碳源与磷、氮浓度之间存在耦合关系，影响反应过程的效果[131,132]。

1.3　城市污水处理系统模型研究概述

城市污水处理系统模型主要利用机理、数据、知识等信息表征过程变量之间相互影响的关系，为城市污水处理过程优化运行、保障出水水质达标排放奠定基础。因此，国内外学者围绕基于机理的城市污水处理系统模型、基于过程数据的城市污水处理系统模型和基于运行规律知识的城市污水处理系统模型等开展了深入研究。

1.3.1　基于机理的城市污水处理系统模型

基于机理的城市污水处理系统模型是根据反应器理论及微生物学的生物化学理论等建立的过程变量与运行指标的数学模型，它描述底物降解过程、微生物生长过程以及各种水质参数之间的关系[133,134]。其中具有代表性的是埃肯菲尔德（Eckenfelder）[135]、格劳（Grau）[136]、劳伦斯-麦卡蒂（Lawrence-McCarty）[137]和麦肯尼（McKinney）[138]等机理模型。以上几种基于机理的城市污水处理系统模型都是利用莫诺特方程实现的。然而，上述几种城市污水处理系统模型只涉及对污水中含碳有机物的去除，缺少描述其他复杂反应过程的信息，难以满足城市污水处理厂的实际需要[139,140]。

根据城市污水处理生化反应过程中微生物吸磷和释磷机理，Hauduc 等[141]建立了一种基于化学平衡方程的出水总磷浓度系统模型，获取了出水总磷浓度的动态变化信息。考虑生化反应过程中微生物的生长机理，Yang 等[142]构建了一种基于底物代谢方程的甲烷系统模型，该模型描述了甲烷与有机物负荷、污泥停留时间等过程变量的关系，实现了对污水处理过程中甲烷浓度的有效预测。Kirchem 等[143]建立了一种基于能量守恒方程的二氧化碳系统模型，该模型考虑了二氧化碳和运行能耗之间的关系，实现了二氧化碳浓度的动态描述。基于城市污水处理过程物料平衡方程，Rivas 等[144]设计了一种出水氨氮浓度系统模型，描述了出水氨氮浓度与溶解氧浓度、进水流量等变量之间的动态关系，实现了出水氨氮浓度的高精度预测。Plósz 等[145]设计了一种基于反硝化过程动力学特性的出水总氮浓度系统模型，该模型能够实现内回流比和出水总氮浓度关系的准确描述。Ekama[146]提出了一种厌氧硝化的质量平衡稳态动力学模型，该模型建立了五种主要的影响物与化学计量组合物的定量关系，可以实现对污水特征的准确估计。基于活性污泥生化反应机理，Jeong 等[147]构建了一种出水化学需氧量预测模型，描述了出水化学需氧量与氧化还原电位、溶解氧浓度等关键变量之间的动态关系，能够实现出水化学需氧量的准确预测。基于微生物氨化和反硝化机理，Bolyard 等[148]提出了一种出水总氮浓度动力学模型，获得了出水总氮浓度与溶解氧浓度、硝态氮浓度等过程变量的动态关系，实现了出水总氮浓度的有效预测。基于污水处理过程中的组分微分速率方程，Mannina 等[149]建立了一种出水总氮浓度系统模型，描述了关键水质变量与出水总氮浓度之间的动态关系，同时基于广义似然不确定估计算法，分析了进水量及进水水质的不确定性对出水总氮浓度的影响，出水总氮浓度系统模型能够反映过程水质变量和出水总氮浓度的关系，获取了出水总氮浓度的动态变化值。

随着活性污泥特性的研究不断深入，国际水质协会推出了活性污泥模型 1 号（activated sludge model No.1, ASM1）[150]，描述了包含微生物硝化、反硝化和碳化等的反应过程；后续又推出活性污泥模型 2 号（activated sludge model No.2, ASM2），在 ASM1 的基础上增加了生物和化学除磷过程，以及厌氧酵解、水解、聚磷菌相关的反应过程[151]；随着 ASM 系列模型的不断升级改进，在活性污泥模型 3 号（activated sludge model No.3, ASM3）中，进一步建立了储存聚合物的代谢过程模型，重点描述有机物的胞内储存以强调细胞内的活动过程等[152]。此外，在 ASM 系列模型的基础上，国际水质协会和欧盟科学技术合作组织共同推出活性污泥基准仿真模型（benchmark simulation model, BSM）[153]，如活性污泥基准仿真模型 1 号（benchmark simulation model No.1, BSM1）、活性污泥基准仿真模型 2 号（benchmark simulation model No.2, BSM2）等。以上机理模型主要由待定参数及动力学方程组成，其主要特点是能够直观解释变量与变量之间的关系，并在污水处理工艺设计中取得了一定应用[154,155]。例如，Alonso 等[156]提出了一种基于 ASM1 的有机碳系统模型，该模型通过 ASM1 中动力学参数获得运行过程的关键水质信息，并根据过程水质信息实现了有机碳浓度的动态描述。Demirkaya 等[157]通过分析 ASM1 组分参数和动力学方程，结合活性污泥中微生物的生长机理，对微生物的形态特征进行量化，建立了出水化学需氧量与污泥沉降性能的关系模型，从而实现了污水处理过程中出水化学需氧量的预测。Wang 等[158]设计了一种基于 ASM3 的出水总磷浓度系统模型，利用 ASM3 描述有机磷、可溶解性活性磷和可交换性颗粒磷动态转换过程，结果表明出水总磷浓度系统模型能够实现出水总磷浓度的有效预测。Blomberg 等[159]基于 ASM3 中的组分参数对城市污水处理过程进行分析，获得了不同反应池的运行过程信息，实现了出水总氮浓度的预测，并取得了较好的预测效果。García-Diéguez 等[160]设计了一种基于 BSM1 的出水氨氮浓度系统模型，利用动力学方程阐明运行过程参数与出水氨氮浓度之间的关系，并利用该模型确定运行过程的具体参数，实验结果表明，出水氨氮浓度系统模型能够有效预测出水氨氮浓度。基于 BSM1 和计算流体动力学模型，Seco 等[161]设计了模拟城市污水处理运行过程的方法，该方法确定了相关沉降速度和流变模型参数，并评估了影响出水总氮浓度的关键水质特征，实现了出水总氮浓度的有效预测。根据 BSM1 中污水处理动力学选择机理，Bengtsson-Palme 等[162]对污水处理过程的运行水质参数信息进行分析,并完成了出水化学需氧量的预测。
Kazadi-Mbamba 等[163]考虑微生物菌类的生长特点和状态,分析了 BSM2 中过程水
质参数与出水总磷浓度的关系,实现了出水总磷浓度的预测。上述基于机理的系
统建模能够在仿真实验中获得一定效果,但由于机理模型的参数较多,自适应能
力较差,无法满足实际污水处理过程的应用需求[164]。

　　为了提高机理模型的自适应能力,Trojanowicz 等[165]利用偏最小二乘算法和
高斯-牛顿方法,建立了一种基于 ASM 的污水处理出水总氮浓度系统模型,描述
了出水总氮浓度与溶解氧浓度、硝态氮浓度等关键过程变量之间的非线性映射关
系,并利用污水处理厂实际空气消耗数据和模型预测结果,完成了模型验证,该
出水总氮浓度系统模型能够准确获取出水总氮浓度的动态特性,为实现运行监测
奠定了基础。Nguyen 等[166]提出了一种基于自适应 ASM1 的出水总氮浓度系统模
型,通过研究温度、pH 等关键水质参数对出水总氮浓度的影响,能够利用自适应
验证方法动态调整模型参数,实验结果表明该出水总氮浓度系统模型可以实现出
水总氮浓度的监测。Ribeiro 等[167]设计了一种基于动态 ASM3 的出水总氮浓度系
统模型,根据单价阳离子和多价阳离子动态校正 ASM3 的参数,提高了出水水质
的预测精度,实现了出水总氮浓度的动态预测。Zeng 等[168]构建了基于动态 BSM
的出水生化需氧量系统模型,建立了进水流量、溶解氧浓度与出水生化需氧量之
间的关系,该出水生化需氧量系统模型能够有效提高出水生化需氧量的预测精度。
Zhang 等[169]建立了一种基于动态 BSM2 的出水总磷浓度系统模型,结合 pH 对磷
酸盐离子活性的影响,利用物料平衡机制动态更新 BSM2 的动力学参数,提高了
出水总磷浓度预测精度,仿真结果显示该出水总磷浓度系统模型可以有效预测出
水总磷浓度,满足运行需求。

　　上述机理模型能够实现在特定条件下城市污水处理过程关键水质的有效预
测,但是此类方法大多基于微生物动力学和机理模型,其结构较为复杂,涉及污
水处理过程中的诸多组分信息,存在较多的未知参数,难以实时建模[170]。

1.3.2　基于过程数据的城市污水处理系统模型

　　基于过程数据的城市污水处理系统模型是利用运行数据(进水水质、过程变
量、运行环境、运行状态等)描述运行指标和过程变量之间的关系等[171]。目前,
基于过程数据的城市污水处理系统建模方法引起了国内外学者的广泛关注,部分
模型已成功应用于实际的城市污水处理厂[172]。

　　Costa 等[173]利用偏最小二乘算法评估城市污水处理系统的运行状态,通过过
程数据建立了出水氨氮浓度系统模型,达到预测出水氨氮浓度的效果。Bertels
等[174]采用自回归方法建立了出水固体悬浮物浓度系统模型,描述了污水池液位、
水流速率及出水固体悬浮物浓度之间的关系,实现出水固体悬浮物浓度的在线预

测。Singh 等[175]提出了一种基于偏最小二乘回归和多元多项式回归的出水生化需氧量和化学需氧量系统模型，利用过程数据分析关键水质参数与出水生化需氧量和化学需氧量的关系，实现了对出水水质的实时预测。Bezzaoucha 等[176]设计了一种模糊建模方法，通过估计城市污水处理机理模型中的时变和联合状态参数，以及采用向量非线性化和凸多面体转换方法，将污水处理机理模型转化成模糊模型，并利用线性矩阵不等式最优化方法计算参数观测器中的参数，实验结果表明该模糊建模方法能够获取系统的运行信息，实现出水总磷浓度的预测，为城市污水处理过程监测提供支持。Li 等[177]利用贝叶斯网络，与进水负荷、运行参数和出水总磷浓度等相关的经验信息和物理数据结合，提出了一种基于贝叶斯网络的出水总磷浓度系统模型，该模型无须分析影响污水处理过程因素背后的复杂生物反应机理，可以根据输入输出数据实现出水总磷浓度的实时预测。Kusiak 等[178]利用多层感知器，建立了一种基于污水进水流量等数据的出水固体悬浮物浓度系统模型，该模型能够有效提高出水固体悬浮物浓度的预测精度。Torregrossa 等[179]基于模糊逻辑构建了一种城市污水处理过程出水总氮浓度系统模型，描述了污水流量、过程变量与出水总氮浓度的动态关系，实验结果表明该出水总氮浓度系统模型能够分析出水总氮浓度，提高运行效率。然而，上述数据驱动的方法虽然能够实现水质参数的有效预测，但多应用于系统仿真平台中，难以应用于实际的城市污水处理运行过程，无法确保城市污水处理系统模型的适用性[180]。

为了提高基于过程数据的城市污水处理系统模型的适用性，学者通过分析污水处理过程水质参数与运行过程之间的关系，提取能够反映水质指标的关键变量，建立了基于神经网络的水质指标和关键变量之间的模型，实现水质指标的预测[181]。Verma 等[182]建立了一种基于多层感知器神经网络的出水固体悬浮物浓度系统模型，获得了出水固体悬浮物的特征，实现了出水固体悬浮物浓度的在线预测。为了实现出水总氮浓度的预测，Antwi 等[183]通过主成分分析法提取出水总氮浓度的相关特征变量，建立了基于前馈神经网络的系统模型，实现了出水总氮浓度的预测。同时，Santín 等[184]建立了基于前馈神经网络的出水氨氮浓度系统模型，提高了出水氨氮浓度的预测精度。Akratos 等[185]利用人工神经网络建立了污水处理脱氮过程模型，利用主成分分析法，选取了多孔介质孔隙率、废水温度和水滞停留时间等运行参数以及月份、气压、降雨量、风速和湿度等气象参数作为模型的输入变量，得到了较好的出水总氮浓度预测效果。Deng 等[186]设计了一种基于径向基神经网络的出水氨氮浓度系统模型，选取化学需氧量、生化需氧量及总悬浮物浓度等参数作为输入变量，实现了对出水氨氮浓度的实时预测。根据城市污水处理的运行机理，丛秋梅等[187]选择与出水化学需氧量相关的过程变量，利用集成神经网络，建立了出水化学需氧量与关键水质参数特征之间的关系，实现了出水化学需氧量的预测。黄明智等[188]设计了一种基于过程特征的出水固体悬浮物浓度系统模型，实现了出水固体悬浮物浓度的预测。赵立杰等[189]利用核主成分分析法提取了出水生化需氧量的特征，建立了出水生化需氧量系统模型，实现了出水生化需氧量的预测。Liu 等[190]以溶解氧浓度、污水流速等作为模型输入变量，出水生化需氧量作为模型输出变量，基于人工神经网络建立了污水处理厂出水生化需氧量系统模型，并基于污水处理厂实际运行数据完成了模型训练，具有较高的预测精度。另外，为提升对出水水质指标预测的精度，Noori 等[191]构建了一种基于支持向量机的出水生化需氧量系统模型，以水体电导率、溶解氧浓度、硝酸盐浓度和水体总磷浓度等作为输入变量，以生化需氧量作为输出变量，利用在伊朗萨菲德河流域获取的样本值，对模型进行校正，实现了出水生化需氧量的有效预测。Nezhad 等[192]对位于德黑兰南部某城市污水处理厂运行状况进行分析，利用人工神经网络建立了关于化学需氧量、总固体悬浮物浓度、pH 与出水水质之间的感知器模型，对出水水质指标进行预测。Manu 等[193]建立了基于自适应模糊推理和支持向量机的出水水质系统模型，构建了化学需氧量、总固体悬浮物浓度、游离氨浓度与出水凯氏氮浓度的关系，有效描述了氨氮去除率及各水质指标之间的关系。然而，以上基于过程数据的方法难以适应城市污水处理过程的时变特性，难以获得系统的实时动态特征，导致基于数据的模型性能难以满足实际应用需要[194]。

为了提高数据驱动的城市污水处理系统模型的自适应能力，Wu 等[195]研究了一种基于动态模糊神经网络的出水总磷浓度系统模型，利用椭圆基函数在线修改隶属度函数的中心值，实验结果表明出水总磷浓度系统模型能够实现出水总磷浓度的在线预测。Zhang 等[196]提出了一种基于自适应径向基神经网络的出水化学需氧量系统模型，利用主成分分析法筛选出与出水化学需氧量相关的特征变量，针对跟踪误差利用遗传算法动态更新模型参数，实验结果表明该出水化学需氧量系统模型能够提高出水化学需氧量的预测精度。Chen 等[197]设计了一种基于自适应径向基神经网络的出水总磷浓度系统模型，利用线性回归方法确定神经网络的输入变量，采用自适应神经模糊推理系统对模型参数动态调节，研究结果表明，相比于典型的径向基神经网络，该出水总磷浓度系统模型能较好地预测出水总磷浓度，达到了更为理想的预测精度。为了适应城市污水处理的动态变化特征，Ofman 等[198]设计了一种基于增长型前馈神经网络的出水总氮浓度系统模型，调整神经元个数或者隐含层层数来平衡跟踪误差及网络复杂度，实验结果表明该基于增长型前馈神经网络的出水总氮浓度系统模型比典型的前馈神经网络出水总氮浓度系统模型具有更好的预测精度，能够实现出水总氮浓度的在线预测。Dewasme[199]研究了一种基于敏感度的修剪型神经网络出水氨氮浓度系统模型，利用傅里叶变换分析隐含层神经元与输出层神经元间的敏感度，实现了模型结构的动态调整，实验结果表明该出水氨氮浓度系统模型能够准确预测出水氨氮浓度。Han 等[200]提出了一种基于自组织径向基神经网络的出水总磷浓度系统模型，采用自组织径向基神经网络实现了出水水质与相关过程变量之间的映射关系表征，利用改进的粒子群优化算法对神经网络结构和网络参数进行同步优化，实验结果表明该出水总磷浓度系统模型实现了出水总磷浓度的高精度预测，有效表征了城市污水处理过程的动态特性。

与基于机理的系统模型相比，基于过程数据的城市污水处理系统模型不但提高了模型精度，而且拓宽了模型的适用范围[201]。然而，由于基于过程数据的建模方法主要是通过分析历史数据获取关键变量，而关键水质参数随城市污水处理过程的变化而改变，离线获取的变量无法满足关键变量提取的需求。同时，由于水质参数传感器的不足，以及在数据传输过程中存在数据丢失、异常等数据不完备现象，造成数据获取不足，数据缺乏有效性，从而降低了系统模型的精度。数据质量已成为制约基于过程数据的城市污水处理系统建模的主要瓶颈[202]。

1.3.3　基于运行规律知识的城市污水处理系统模型

为了实现城市污水达标排放，基于运行规律知识的城市污水处理系统模型也得到了广泛的研究[203,204]。基于运行规律知识的城市污水处理系统模型是利用运行规律知识和专家经验，分析城市污水处理过程变量与运行指标之间的关系，实现运行指标的动态描述。

Adelodun 等[205]提出了一种非线性自回归模型用来预测出水生化需氧量，该模型不仅可以充分利用动态数据，而且引入了不确定的先验知识，从而提高了出水生化需氧量的预测精度。Lotfi 等[206]对城市污水处理过程进行分析，建立了基于模糊规则的出水化学需氧量系统模型，描述了污水处理过程中出水化学需氧量与溶解氧浓度、硝态氮浓度之间随时间变化的动态关系。Dürrenmatt 等[207]结合专家操作经验，建立了基于自组织映射的出水氨氮浓度系统模型，用于描述城市污水处理过程的关键变量与出水氨氮浓度之间的动态关系，该出水氨氮浓度系统模型能够准确预测出水氨氮浓度。Wang 等[208]设计了一种基于模糊推理的出水总氮浓度系统模型，利用模糊推理挖掘碳氮比、溶解氧浓度、次氯酸钠浓度、pH 和出水总氮浓度之间的关系，实现了出水总氮浓度的预测，实验结果显示该出水总氮浓度系统模型能够有效预测出水总氮浓度。Xiao 等[209]研究了一种规则辅助统计模型用于城市污水处理系统出水总磷浓度的预测，该统计模型能够充分利用基于规则的专家知识，提高出水总磷浓度的预测精度。Zuthi 等[210]设计了一种基于专家知识的出水总磷浓度系统模型，描述了污水处理过程中水质参数与出水总磷浓度之间的关系，实现了出水总磷浓度的在线预测。Fernandez 等[211]建立了一种基于案例推理的污水处理出水总氮浓度系统模型，描述了出水总氮浓度与溶解氧浓度、硝态氮浓度等关键过程变量之间的关系，并通过污水处理厂的实际运行过程数据和模型预测结果完成了模型验证。Torregrossa 等[212]基于模糊逻辑构建了城市污水处理过程的出水生化需氧量预测模型，描述了污水流量、能量与出水生化需氧量的动态关系，并将其应用于德国部分城市的污水处理厂中，实际应用表明了该系统模型具有较好的预测性能。虽然以上基于运行规律知识的城市污水处理系统模型具有较好的预测效果，但模型参数不易在线学习与更新，难以保证预测精度。

为了提高城市污水处理系统模型的学习能力和自适应能力，Deepnarain 等[213]设计了一种基于混合知识决策树算法的出水化学需氧量系统模型，其中模型的输入变量为混合悬浮物浓度、pH、溶解氧浓度、温度、总悬浮物浓度，根据运行结果动态更新知识库，与基于机理或过程数据的模型相比，基于混合知识决策树算法的出水化学需氧量系统模型更加准确。Corominas 等[214]提出了一种基于决策树和案例推理的出水氨氮浓度和出水总磷浓度系统模型，通过决策树将关键变量和出水水质参数之间的关系表达为 IF-THEN 的规则形式，实现出水氨氮浓度和出水总磷浓度的在线预测，利用基于案例推理的方法对决策树动态调整，提高出水水质参数的预测精度。尽管该出水氨氮浓度和出水总磷浓度系统模型实现了出水水质参数的预测，但是构造的出水水质参数软测量模型自身的信息处理能力较差，预测效果不能满足实际要求。为了解决上述问题，Chen 等[215]根据粗糙集理论，将与出水水质相关的实际污水处理过程中可测量的水质参数进行特征提取，采用提取出的四个水质变量作为案例库的输入，建立了一种基于案例推理的出水总氮浓度模型，实现了出水总氮浓度的预测。Comas 等[216]提出了一种基于启发式信息的知识建模方法，利用决策树开发获取污水处理过程知识，实现对过程中絮凝物形状、数量等特征的判断，提高污水处理厂的运行效率。针对污水处理脱氮过程，Baeza 等[217]设计了一种基于知识的专家系统出水总氮浓度系统模型，与常规操作条件相比，该模型提高了出水总氮浓度的预测精度。Xu 等[218]提出了一种知识驱动的城市污水处理过程的出水氨氮浓度系统模型，采用案例推理实现了出水氨氮浓度与相关过程变量之间的映射关系表征，并动态更新案例库，保证了出水氨氮浓度预测的准确性，有效表征了城市污水处理过程的动态特性。此外，Comas 等[219]设计了一种知识控制器应用于污水处理过程，通过调节渗透率、曝气流量等关键变量，利用基于决策支持的知识库，实现了对城市污水运行过程中空气流量的预测并降低了污染率。

与基于过程数据的系统模型相比，上述基于运行规律知识的城市污水处理系统模型能够弥补数据不完备状况下的建模缺陷，保证预测精度。然而，在实际应用过程中仍然存在一些挑战，如有效知识的获取、知识推理和增殖、知识的自适应学习等，均是当前基于运行规律知识的城市污水处理系统建模所面临的难题。

整体来看，虽然基于机理、基于过程数据和基于运行规律知识的城市污水处理系统模型能够实现对系统运行状态的描述，但仍难以完全满足城市污水处理系统建模的需求，无法保证优化运行。其主要原因是运行过程信息获取不充分，难以提取出有效的过程信息，直接影响最终系统模型的性能。同时，目前系统模型难以满足实时性的需求，且缺少模型的验证方法。因此，如何充分获取城市污水处理系统信息，构建实时高精度模型，并验证其性能是城市污水处理系统建模的主要挑战。

1.4 城市污水处理系统建模的主要挑战

城市污水处理系统建模受进水流量、进水成分、污染物种类等的影响，部分关键水质信息无法及时准确获取，只能依赖实验室离线化验。同时，城市污水处理过程环境恶劣、工艺流程长、信息来源复杂且类型多样，难以准确获取运行指标与关键水质参数之间的关系。因此，本节详细介绍城市污水处理系统过程信息获取、模型设计以及模型验证中遇到的主要挑战，为研究系统建模方法提供支撑。

1.4.1 城市污水处理系统过程信息获取

城市污水处理系统蕴含着丰富的过程信息，现场人员利用过程信息实现对城市污水处理系统的运行监控[220,221]。然而，城市污水处理过程中各类生化反应机理复杂，反应过程及运行指标特征难以获取，缺少有效的反应机理信息，同时部分关键水质参数无法通过检测仪表获得，只能依赖人工采样并进行离线分析，存在很大的滞后性(如污水中的总氮浓度需要检测后 2~4h 获得)[222,223]。此外，大部分在线仪表监测手段依靠取样测定，根据测定结果获取关键变量数据，从而调整设备运行状态。城市污水处理运行过程环境复杂多变，且各类检测信息存在非线性、时变性、耦合性等特点，造成设备运行状态调整滞后，特别是在污水水质、水量波动大的情况下，由于检测信息反馈不及时，只能依靠现场操作人员操作经验进行调整，造成城市污水处理过程调整目标不清晰与控制不及时，导致出水水质不稳定，甚至会发生异常工况现象[224,225]。此外，一些大型的城市污水处理厂为了提高运行过程水平，保证出水水质达标，利用政府投资成套引进城市污水处理工艺、设备、监测仪表、自控系统及相应的软件[226,227]。城市污水处理厂成套引进的设备一般配套性好、技术先进、自动化程度较高。然而，为了保障城市污水处理运行系统能够连续稳定运行，设备和仪表的维修管理也尤为重要。实际运行效果表明，设备和仪表出现问题，很难及时维修，若不能保证设备和仪表运行在较好的状态，会导致城市污水处理过程运行效果不佳[228,229]。因此，当前城市污水处理实际运行过程信息难以获取，导致城市污水处理系统模型难以建立，严重地影响并制约了城市污水处理行业的发展[230,231]。

1.4.2　城市污水处理系统模型设计

在城市污水处理厂中，为了保证运行系统的安全可靠，获得达标排放的出水，且在运行中出现故障导致处理水质恶化时，能采取有效措施，管理人员必须始终掌握流经各处的污水与污泥的质与量等信息[232,233]。因此，构建有效的城市污水处理系统模型是提供运行信息的重要手段[234,235]。随着科学技术的快速发展，检测仪表与设备在污水处理厂运行管理中的作用越来越大。检测设备相当于人的眼睛，而控制设备相当于人的大脑和双手，它们都对设施的运行管理起到至关重要的作用[236,237]。因此，为了有效利用检测仪表和设备，除应结合处理厂的运行规模和处理方法之外，还应根据选址条件、污水流入条件和操作人员技术水平等因素来设计和安装仪表和设备。安装仪表和设备的目的是通过监测获取有效的运行信息，来提高处理系统的稳定性、可靠性与处理效率，节省人力与改善操作环境，进而在保证处理水质量的前提下，尽可能节省运行费用[238,239]。同时，还应设计有效的城市污水处理系统模型，提供可靠的检测信息。以检测出水水质为例，现有的检测技术虽然能够利用传感器等仪表与设备获取部分水质的在线检测信息，但部分水质参数，如出水总磷浓度、出水总氮浓度、出水生化需氧量等，只能依靠实验室化验获取而无法实时检测，导致城市污水处理过程难以实现优化运行，造成城市污水处理厂存在运行过程不稳定且出水水质超标等问题[240,241]。此外，虽然目前已有部分基于机理、过程数据或者运行规律知识的建模方法，但是由于城市污水处理过程是一个复杂多变的系统，其运行机理涉及微生物的生理学、形态学、反应动力学及物质扩散理论等方面的知识尚未完全被认知，不仅微生物与微生物之间存在着制约关系，而且微生物与非微生物之间相互影响，导致模型性能难以满足实际需要[242,243]。同时，由于当前系统模型大部分依赖于静态模型，难以动态获取运行过程特征，无法构建精准的系统模型[244,245]。因此，如何设计有效的系统模型已经成为制约城市污水处理系统模型构建的主要瓶颈[246,247]。

1.4.3　城市污水处理系统模型验证

城市污水处理系统从进水到出水过程中包含诸多重要的生产流程，具有大规模、多流程、非平稳、强耦合、非线性等特点，导致现有的系统模型难以在实际污水处理厂中进行验证，致使城市污水处理过程优化运行水平较低[248,249]。同时，迫于降低污水处理成本的需要，城市污水处理过程正在向大规模、先进化和最优化等方向发展[250,251]。近年来，美国、日本等发达国家在完善污水处理新理论和新工艺的同时，十分重视自动化技术的研发。随着城市污水处理自动化水平的不断提高，在运行成本上涨、出水水质要求日益提高的背景下，城市污水处理厂的自动化仪表普及率及自动化水平都比较高。发达国家的实践证明，在实际污水处理厂中验证并实施先进的系统建模技术可以提高运行效率及节省运行费用[252,253]。为了满足污水处理更加高效运行的需求,推广先进的系统建模技术已逐步成为城市污水处理行业转型升级的重要发展基础,其中城市污水处理系统模型验证是其推广应用的关键。模型验证包括验证模型的可靠性、高效性及可移植性等,需要建立完备的模型性能评价体系,获取城市污水处理系统运行信息及相关系统模型的性能信息[254,255]。然而,由于城市污水处理过程复杂,模型验证需要量化评估的性能指标较多,系统模型验证平台无法建立,难以根据时变的运行工况完成系统模型性能的精确评估[256,257];同时,缺少可以进行系统模型性能测试的标准测试平台,单一的仿真平台已无法保证系统模型性能评价的有效性[258,259]。因此,如何建立有效的城市污水处理系统模型测试平台,完成对系统模型的验证,实现城市污水处理过程关键水质参数的准确检测,已经成为制约城市污水处理系统模型构建的另一个主要瓶颈[260,261]。

综上所述,城市污水处理系统建模是研究城市污水处理工艺设计及优化运行的基础[262,263]。城市污水处理系统模型的实现需要对运行状态和水质信息进行监测获取,根据运行信息对现场设备及时执行操作,完成预期的调控任务[264,265]。该过程对运行状态、关键水质参数等信息的质量要求较高,需要达到完备、实时和精准的标准。然而,当前城市污水处理过程关键水质参数难以在线精确检测,无法为系统建模提供必要的参考信息[266,267]。同时,由于城市污水处理系统具有典型的非线性时变特征,为了提高模型的适应能力,模型结构和参数动态调整已成为模型设计中亟须考虑的因素之一。此外,由于城市污水处理过程中存在耦合关系,不仅包含反应过程之间的耦合关系,还包括水质参数之间的相关影响,均对城市污水处理系统模型的构建造成影响[268,269]。而在系统模型实际应用方面,当前我国城市污水处理系统建模研究仍停留在理论层面,缺少有效的验证平台,难以推广应用系统建模的方法与系统[270]。因此,如何获取完备的过程信息、设计有效的系统模型以及完成系统模型验证,是制约城市污水处理系统模型发展的共性瓶颈问题。

1.5　章　节　安　排

本书共 10 章。第 1、2 章分别对活性污泥法城市污水处理系统运行特点和城市污水处理系统机理模型进行分析。第 3、4 章分别对城市污水处理系统数据采集与处理方法和知识获取与推理方法进行介绍。第 5、6 章分别设计数据驱动和知识驱动的城市污水处理系统模型。第 7~9 章分别采用机理和数据驱动混合建模方法、数据和知识驱动混合建模方法以及多源信息驱动混合建模方法构建城市污水处理系统模型。第 10 章对城市污水处理系统建模发展前景进行展望。本书整体架构的具体安排如图 1-5 所示。

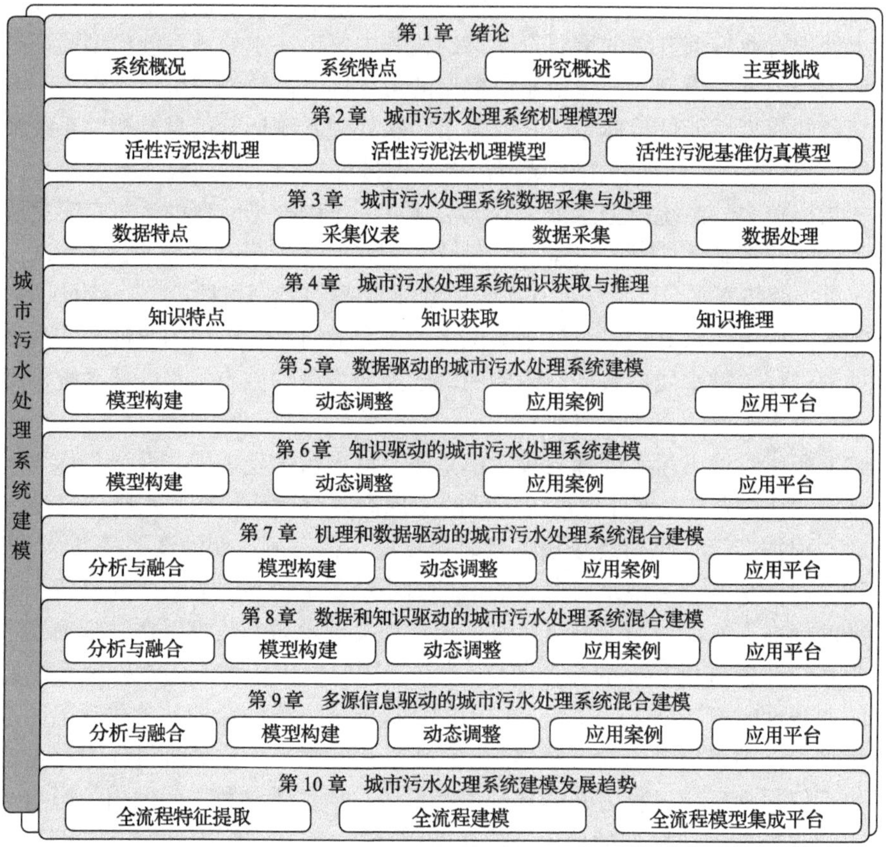

图 1-5　本书整体架构

第 1 章围绕水环境现状和城市污水处理系统工艺现状及存在的问题，介绍了城市污水处理系统建模的重要性和必要性，描述了城市污水处理系统的类型、发展及特点，分析了城市污水处理系统建模研究现状和存在的挑战性问题。

第 2 章介绍城市污水处理系统机理模型，分析活性污泥法反应过程机理，介绍活性污泥法机理模型的基本内容，并对活性污泥基准仿真模型进行概述。

第 3 章介绍城市污水处理系统数据采集与处理，分析城市污水处理系统的数据特点，描述城市污水处理系统数据采集过程，概述数据清洗、数据融合及数据共享等数据处理方法。

第 4 章介绍城市污水处理系统知识获取与推理，介绍城市污水处理系统知识特点，描述城市污水处理系统的知识发现、知识表示以及知识库构建关键过程，对系统知识搜索、知识评价及知识增值等知识推理方法进行概述。

第 5 章分析城市污水处理系统过程数据与运行状态之间的关系，建立数据驱动的城市污水处理系统模型，实现关键变量的实时预测，提出模型动态调整算法，提高模型性能，开发系统模型平台并在实际城市污水处理厂中进行应用。

第 6 章介绍城市污水处理系统知识获取方法，构建知识驱动的城市污水处理系统模型，实现关键变量的在线预测，提出模型参数和结构动态调整算法，为提高模型性能，开发系统模型应用平台并在实际污水处理过程中进行实验验证。

第 7 章分析城市污水处理系统机理和数据之间的关系，介绍运行机理和过程数据的融合方法，建立机理和数据驱动的城市污水处理系统模型，实现出水水质的在线预测，描述模型动态调整策略，增强系统模型性能，开发系统模型应用平台，并在实际污水处理厂中进行应用。

第 8 章介绍城市污水处理系统数据和知识之间的关系，概述过程数据和运行规律知识的融合方法，构建基于数据和知识驱动的城市污水处理系统模型，设计模型动态调整策略，实现关键水质参数的高精度预测，开发系统模型应用平台并在实际污水处理厂中进行应用。

第 9 章挖掘城市污水处理系统的机理、数据和知识之间的关系，介绍多源信息融合方法，建立多源信息驱动的城市污水处理系统模型，采用动态优化算法对模型进行调整，实现关键水质参数的在线高精度预测，研发系统模型应用平台并在实际污水处理厂中进行应用。

第 10 章概述城市污水处理系统全流程建模是未来系统模型发展的主要方向，分析城市污水处理系统全流程的特征提取、全流程建模及全流程模型集成平台的发展趋势。

第2章 城市污水处理系统机理模型

2.1 引　言

城市污水处理系统机理模型是用于描述系统内部运行机制的数学模型，主要是通过深入分析各底物成分在运行过程中的变化规律和相互关系，描述城市污水处理系统复杂的动态变化过程，是发展最早的城市污水处理系统模型。城市污水处理系统机理模型主要是通过利用数据关联关系，模拟从进水到出水全流程涉及的微生物和污染物的动态反应过程，展现城市污水处理运行全流程的运行状态特征，达到完整描述城市污水处理系统全流程运行状态的目的。城市污水处理系统机理模型已成为城市污水处理工艺设计应用最广泛的模型之一。

对活性污泥法城市污水处理系统机理模型的分析主要包括活性污泥法机理、活性污泥法机理模型及活性污泥基准仿真模型。活性污泥法机理主要涉及城市污水处理过程的生化反应和物理反应，可获取关键变量和反应过程之间的相互关系。基于活性污泥法机理分析，国际水质协会提出了 ASM 系列模型。该系列模型利用微分方程组来描述活性污泥法城市污水处理系统的动态过程，ASM 系列模型的提出标志着从依靠经验数据建立模型到根据理论建立模型的重要节点。随着研究的不断深入，国际水质协会与欧盟科学技术合作组织共同开发了 BSM 系列模型。该系列模型不仅局限于生化反应过程的描述，还逐渐引入其他实际反应过程以丰富机理模型，并提供理论保证。ASM 系列模型与 BSM 系列模型为城市污水处理系统模型的构建奠定了坚实的基础，对城市污水处理系统的设计和优化运行管理具有重要意义。

城市污水处理系统机理模型的性能主要由系统运行特征决定。研究人员根据系统的运行特征构建城市污水处理系统的数学模型，完成城市污水处理过程机理的模型设计。本章围绕城市污水处理系统机理模型的设计与实现进行展开：首先，介绍活性污泥法机理，深入分析脱氮过程、除磷过程及沉淀过程等关键反应过程机理；其次，重点描述 ASM 系列模型，分别介绍 ASM1 和 ASM2 中的组分参数和反应方程，建立组分参数与反应过程之间的相互关系；最后，概述 BSM 系列模型，以 BSM1 和 BSM2 为例，模拟城市污水处理系统的动态反应过程，对 BSM1 和 BSM2 的组分参数和反应方程进行介绍，挖掘出组分参数与反应方程之间的关联性，描述 BSM1 和 BSM2 的模型特征。

2.2　活性污泥法机理

活性污泥法机理以微生物生长和衰减过程机理为理论基础，采用生化反应方程描述底物降解、微生物生长和关键参数之间的动态关系，是城市污水处理系统模型构建的基础。本节围绕活性污泥法机理，介绍脱氮过程机理、除磷过程机理和沉淀过程机理，并分析反应机理的重要参数和原理。

2.2.1　脱氮过程机理

活性污泥法脱氮反应的主要作用是利用微生物的氨化反应、硝化反应和反硝化反应降低污水中的氮含量和城市污水出水总氮含量。其中，出水总氮含量包括出水水质中氨氮量和凯氏氮量，是氨化反应、硝化反应和反硝化反应过程的处理指标。脱氮反应过程的机理分析如图 2-1 所示。脱氮反应的基本过程为：污水中的有机氮化合物在异养型微生物的作用下转化为氨氮；在曝气供氧的条件下通过硝化菌的作用将废水中的氨氮氧化为亚硝酸盐和硝酸盐；反硝化菌在缺氧条件下以亚硝酸盐和硝酸盐作为底物，将其转化为氮气从污水中逸出，从而达到脱氮的目的。

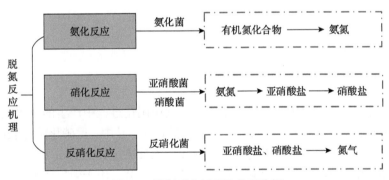

图 2-1　脱氮反应过程的机理分析

活性污泥法脱氮反应包括氨化反应、硝化反应、反硝化反应三个过程，不同反应过程的运行机理如下所述。

1. 氨化反应

氨化反应是有机氮化合物在氨化菌的作用下，分解转化为氨氮的过程。污水中含氮化合物主要以有机氮化合物，如蛋白质、尿素、胺类化合物、氨基化合物及氨基酸等形式存在，此外也有少量的氨氮。氨化反应方程式表示如下：

$$RCHNH_2COOH + O_2 \longrightarrow RCOOH + CO_2 + NH_3 \tag{2-1}$$

其中，$RCHNH_2COOH$ 为氨基酸；O_2 为氧气；$RCOOH$ 为有机酸；CO_2 为二氧化碳；NH_3 为氨气。

2. 硝化反应

硝化反应是自养型好氧微生物在有氧条件下将氨氮转化为硝酸盐的过程，硝化反应过程包括两个阶段。

第一阶段是亚硝酸菌通过短程硝化作用将氨氮转化为亚硝酸盐，该阶段称为亚硝化过程，表示如下：

$$55NH_4^+ + 76O_2 + 109HCO_3^- \longrightarrow C_5H_7O_2N + 54NO_2^- + 57H_2O + 104H_2CO_3$$

$$(2\text{-}2)$$

其中，NH_4^+ 为氨根离子；HCO_3^- 为碳酸氢根离子；$C_5H_7O_2N$ 为有机物的分子式；NO_2^- 为亚硝酸根离子；H_2O 为水分子；H_2CO_3 为碳酸。

第二阶段是由硝酸菌通过全程硝化作用将亚硝酸盐氧化为硝酸盐，该阶段为硝化过程，表示如下：

$$NH_4^+ + 1.98HCO_3^- + 1.86O_2 \longrightarrow \begin{array}{l} 0.02C_5H_7O_2 + 0.98NO_3^- \\ + 1.04H_2O + 1.88H_2CO_3 \end{array} \quad (2\text{-}3)$$

其中，NO_3^- 为硝酸根离子。

3. 反硝化反应

反硝化反应是反硝化菌在缺氧条件下，利用硝化过程中产生的亚硝酸盐和硝酸盐还原成氮气、一氧化氮以及一氧化二氮的过程。其中，反硝化菌是兼性细菌，既可以进行有氧呼吸，也可以进行无氧呼吸，该反应过程包括同化作用和异化作用。同化作用是亚硝酸盐和硝酸盐被还原转化为氨氮，用于微生物细胞的合成，将氮作为细菌细胞的组成部分；异化作用是在无分子氧的条件下，利用各种有机基质作为电子供体，把亚硝酸盐和硝酸盐还原转化为氮气，这是反硝化反应的主要过程。此过程表示如下：

$$NO_2^- + 3H \longrightarrow 0.5N_2 + H_2O + OH^-$$
$$NO_3^- + 5H \longrightarrow 0.5N_2 + 2H_2O + OH^- \quad (2\text{-}4)$$

其中，H 为氢原子；N_2 为氮气；OH^- 为氢氧根离子。

反硝化反应易受溶解氧和有机物影响，为了保证脱氮反应过程顺利进行，要求在发生反硝化反应的生化反应池中，尽量降低溶解氧浓度，并保证生化反应池中有充足的有机物。

2.2.2　除磷过程机理

活性污泥法除磷反应的主要作用是将污水中溶解性磷转化为颗粒性磷，实现污水中磷和水的分离(图 2-2)。除磷反应主要发生在生化反应池的厌氧区和好氧区，其反应机理为通过厌氧/好氧循环，使聚磷菌在厌氧区和好氧区中均成为优势菌种，利用聚磷菌完成吸磷和释磷反应，并通过排放剩余污泥达到除磷的目的。活性污泥法除磷反应包括厌氧释磷反应和好氧吸磷反应两个阶段，不同反应阶段的运行机理如下所述。

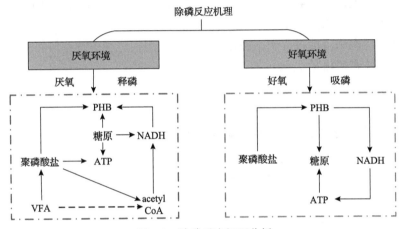

图 2-2　除磷反应机理分析

1. 厌氧释磷反应

聚磷菌在厌氧环境中水解聚磷酸盐和糖原产生三磷酸腺苷(adenosine triphosphate, ATP)和还原型烟酰胺腺嘌呤二核苷酸(nicotinamide adenine dinucleotide reduced, NADH)，并吸收污水中的挥发性脂肪酸，将其转化为乙酰辅酶 A(acetyl CoA)，利用还原型烟酰胺腺嘌呤二核苷酸，将乙酰辅酶 A 还原成聚 β-羟基丁酸盐(poly-β-hydroxybutyric, PHB)，并储存在细胞内。在该反应过程中，聚磷菌迅速吸收低分子有机物，同化成胞内的能源储存物，如 PHB 及糖原等有机颗粒。

2. 好氧吸磷反应

聚磷菌在好氧环境中以氧为电子受体，氧化分解体内储存的 PHB 释放能量，从污水中吸收过量磷元素，合成聚磷酸盐化合物储存于体内。其中，部分 PHB 转化为糖原，以补充微生物体内的糖原含量，待下一周期厌氧段利用。剩余的 PHB 转化为 NADHA，由三羧酸循环将质子和电子传递到电子受体产生三磷酸腺苷，产生的三磷酸腺苷部分用于微生物生长代谢，剩余部分以聚磷形式储存于聚磷菌体内。

2.2.3 沉淀过程机理

活性污泥法沉淀过程的主要作用是澄清混合液并回收、浓缩污泥，减少污染物的排放，是基于固体通量理论提出的澄清-浓缩过程动力学模型实现的。以二沉池为例进行说明，二沉池共分为 10 层，好氧池出水在二沉池第 6 层流入，位于第 10 层的澄清液污染物浓度最低，第 10 层的澄清液作为出水排出系统。二沉池污水中的大颗粒沉淀物质会沉淀到下层，实现泥水分离和污泥浓缩。浓缩后的部分污泥通过外回流进入厌氧区，为厌氧区提供生化反应过程所需要的微生物及养分，剩余污泥则排出污水处理系统，从而实现污染物排放。

在活性污泥法沉淀过程中，假定过程条件理想，过程中没有任何颗粒性组分的流失，固体颗粒流量 J_S 表示如下：

$$J_S = v_s X_S \tag{2-5}$$

其中，X_S 为总污泥浓度；双指数沉降速率 v_s 表示如下：

$$v_s = \min\left\{ v_0', v_0 \left(e^{-r_h(X_S - X_{Smin})} e^{-r_p(X_S - X_{Smin})} \right) \right\} \tag{2-6}$$

$$X_{Smin} = f_{ns} X_f \tag{2-7}$$

$$X_f = 0.75(X_{S,5} + X_{P,5} + X_{I,5} + X_{B,H,5} + X_{B,A,5}) \tag{2-8}$$

其中，X_f 为生化反应池第五单元流到二沉池的污泥浓度；$X_{S,5}$ 为第 5 层的颗粒性可慢速降解有机物浓度；$X_{P,5}$ 为第 5 层的生物固体衰减产生的惰性物质浓度；$X_{I,5}$ 为第 5 层的颗粒性不可生物降解有机物浓度；$X_{B,H,5}$ 为第 5 层的活性异氧菌生物固体浓度；$X_{B,A,5}$ 为第 5 层的活性自氧菌生物固体浓度；其他参数值如表 2-1 所示。

表 2-1 沉淀反应机理参数推荐值

参数	符号	推荐值	单位
最大实际沉降速率	v_0'	250	m/天
最大理论沉降速率	v_0	474	m/天
沉降扰动参数	r_h	0.000576	$m^3/(gSS)$
慢速沉降参数	r_p	0.00286	$m^3/(gSS)$
不可沉降悬浮物比例	f_{ns}	0.00228	—

注：SS 指固体悬浮物(suspended solids)。

2.3　活性污泥法机理模型

ASM 系列模型是一种描述污染物质与微生物之间复杂生化反应的模型,为研究基于活性污泥法机理的城市污水处理系统模型提供了理论基础。本节围绕 ASM 系列模型,深入分析 ASM1 和 ASM2 的组分参数,并给出各组分参数与各反应过程之间的关联关系。

2.3.1　活性污泥模型 1 号

根据生物降解特性,污水中的有机物可以分为可生物降解有机物和不可生物降解有机物两类。可生物降解有机物进一步划分为溶解性可快速生物降解有机物和颗粒性可慢速降解有机物。溶解性可快速生物降解有机物是指分子量较小的有机物,这类有机物可以直接被微生物吸收并用于微生物的生长;颗粒性可慢速降解有机物通过水解反应转化为溶解性可快速生物降解有机物,然后被微生物利用。不可生物降解有机物同样划分为溶解性不可生物降解有机物和颗粒性不可生物降解有机物,其中溶解性不可生物降解有机物在污水处理过程中不发生任何变化,直接随水排出;颗粒性不可生物降解有机物被污水中的活性污泥捕捉,一部分作为废弃污泥组成部分从系统中排出,另一部分随回流污泥进入活性污泥系统。

1. ASM1 组分参数

根据污水中有机物的划分,ASM1 中含氮物质按其生物降解性可划分为两类:可生物降解有机氮和不可生物降解有机氮。可生物降解有机氮划分为氨氮、溶解性可生物降解有机氮和颗粒性可生物降解有机氮。颗粒性可生物降解有机氮在水解反应过程中水解为溶解性可生物降解有机氮,溶解性可生物降解有机氮在异养菌的作用下转化成氨氮,氨氮为自养硝化菌的成长提供了能源。不可生物降解有机氮划分为溶解性不可生物降解有机氮和颗粒性不可生物降解有机氮,溶解性不可生物降解有机氮在污水中因含量极少而可忽略不计,颗粒性不可生物降解有机氮被活性污泥捕捉,随废弃污泥一起排出系统。ASM1 中的组分可分为 7 种溶解性组分和 6 种颗粒性组分,为了清楚地描述 ASM1 组分参数,给出组分参数的定义如表 2-2 所示。

表 2-2　ASM1 组分参数

组分序号	组分符号	定义	单位
1	S_I	溶解性不可生物降解有机物浓度	$mol(COD)/L^3$
2	S_S	溶解性可快速生物降解有机物浓度	$mol(COD)/L^3$

组分序号	组分符号	定义	单位
3	X_I	颗粒性不可生物降解有机物浓度	$mol(COD)/L^3$
4	X_S	颗粒性可慢速生物降解有机物浓度	$mol(COD)/L^3$
5	S_O	溶解氧(负COD)浓度	$mol(-COD)/L^3$
6	S_{NO}	NO_3-N 和 NO_2-N 浓度	$mol(N)/L^3$
7	S_{NH}	NH_4-N 和 NH_3-N 浓度	$mol(N)/L^3$
8	S_{ALK}	碱度	mol
9	$X_{B,H}$	活性异氧菌生物固体浓度	$mol(COD)/L^3$
10	$X_{B,A}$	活性自氧菌生物固体浓度	$mol(COD)/L^3$
11	X_P	生物固体衰减产生的惰性物质浓度	$mol(COD)/L^3$
12	S_{ND}	溶解性可生物降解有机氮浓度	$mol(N)/L^3$
13	X_{ND}	颗粒性可生物降解有机氮浓度	$mol(N)/L^3$

进水化学需氧量作为 ASM1 的输入项,是构建城市污水处理系统模型的主要参数之一,是影响 ASM1 性能的主要因素。受经济发展水平、生活习惯、排水管道系统、生物预处理方式的影响,不同城市的生活污水进水组分存在很大差异。因此,为了深入认识城市污水性质,建立有效的城市污水处理活性污泥机理模型,对进水化学需氧量组分划分十分必要。以生物降解特性为标准,进水化学需氧量可分为有机质化学需氧量和活性微生物化学需氧量。有机质化学需氧量分为可生物降解化学需氧量和不可生物降解化学需氧量。根据双基质模型,可生物降解化学需氧量还可分为可快速生物降解化学需氧量和可慢速生物降解化学需氧量两大类。不可生物降解化学需氧量针对那些不能发生反应或者反应速率非常慢的有机质,包含溶解性不可生物降解化学需氧量和颗粒性不可生物降解化学需氧量。

进水化学需氧量表示如下:

$$C_{TCOD} = S_A + S_F + S_I + X_S + X_I + X_A + X_H + X_{PAO} \tag{2-9}$$

其中,C_{TCOD} 为进水化学需氧量;S_A 为发酵产物浓度;S_F 为可发酵的易生物降解有机物浓度;X_A 为自养菌浓度;X_H 为异养菌浓度;X_{PAO} 为聚磷菌浓度。

在实际的城市污水处理过程中,不同组分参数的占比不同,其中 X_A 和 X_{PAO} 的占比很小,可以忽略不计,X_H 可以并入 X_S 组分中,因此进水化学需氧量可简化表示如下:

$$C_{TCOD} = S_A + S_F + S_I + X_S + X_I \tag{2-10}$$

2. ASM1 反应过程

ASM1 中包含 8 个反应过程，各个生化反应过程相互影响，不同组分之间相互转化。ASM1 的生化反应流程如图 2-3 所示。

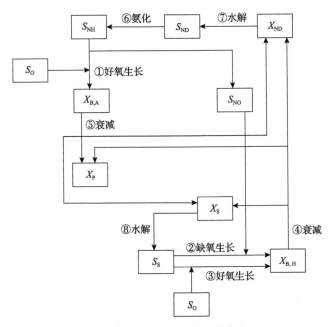

图 2-3　ASM1 的生化反应流程

①表示异养菌好氧生长反应过程；②表示异养菌缺氧生长反应过程；③表示自养菌好氧生长反应过程；
④表示异养菌衰减反应过程；⑤表示自养菌衰减反应过程；⑥表示可溶性有机氮氨化反应过程；
⑦表示颗粒性有机物水解反应过程；⑧表示颗粒性有机氮水解反应过程

ASM1 描述了城市污水处理过程中各种组分的变化规律和相互转换关系，包括四类基本反应过程：微生物的生长、微生物的衰减、有机氮的氨化及颗粒有机物的水解。

微生物生长过程主要包括三个子反应过程，即异养菌的好氧生长、异养菌的缺氧生长和自养菌的好氧生长，其反应过程和转化关系如图 2-4 所示。其中，异养菌的好氧生长是在有氧的条件下利用溶解性底物生成异养微生物，同时伴随溶解氧的利用和氨氮的去除，其反应过程主要受溶解性可快速生物降解底物和溶解氧的影响，生长速率与底物去除量成正比；异养菌的缺氧生长是在缺氧条件下利用溶解性可快速生物降解底物生成异养菌，反应过程中氨氮去除量与底物去除量和生成细胞量的差值成比例；自养菌的好氧生长过程主要是指溶解性的氨氮转化为硝态氮的过程，溶解氧作为最终的电子受体，其利用量与被氧化的氨氮量成正比。微生物生长过程中不同子反应过程及其包含的组分参数如表 2-3 所示。

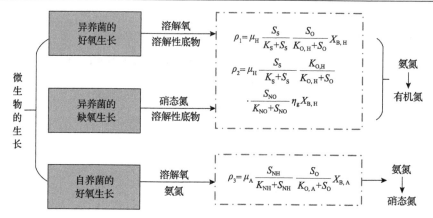

图 2-4　微生物的生长过程

μ_H、K_S、$K_{O,H}$、K_{NO} 表示异氧生长的动力学参数；μ_A、K_{NH}、$K_{O,A}$ 表示自氧生长的动力学参数；η_g 表示异养菌缺氧生长的校正因子

表 2-3　微生物生长过程中不同子反应过程与组分参数

序号	子反应过程	组分参数
1	异养菌的好氧生长	S_I、$X_{B,H}$、S_O、S_{NH}、S_{ALK}
2	异养菌的缺氧生长	S_I、$X_{B,H}$、S_O、S_{NO}、S_{ALK}
3	自养菌的好氧生长	$X_{B,A}$、S_O、S_{NO}、S_{NH}、S_{ALK}

　　微生物衰减过程主要包括两个子反应过程：异养菌的衰减反应和自养菌的衰减反应，其反应过程和转化关系如图 2-5 所示。其中，在异养菌衰减反应过程中，根据死亡-再生理论，通过恒定速度将微生物转化为颗粒物和可降解底物的结合物，可降解底物进行水解反应，并释放溶解性可快速生物降解化学需氧量。在好氧条件下，微生物用于合成新细胞；在缺氧条件下，利用硝态氮进行细胞生长；在氧和硝态氮都不存在的情况下，微生物不发生转化，直到恢复有氧条件才能继续被转化和利用。自养菌的衰减反应过程与异养菌的衰减反应过程相似，但自养菌的衰减速率常数比异养菌的衰减速率常数小。其中，参与异养菌衰减反应过程的组分参数包括 S_S、$X_{B,H}$、S_{NH} 和 S_{ND}，参与自养菌衰减反应过程的组分参数包括 S_S、$X_{B,A}$、S_P 和 S_{ND}。

　　可溶性有机氮的氨化过程是指在好氧或厌氧条件下，微生物通过自身代谢活动降解有机氮化物转变为无机氨氮的过程。过程中含氮有机化合物在微生物水解蛋白酶的作用下，分解为多肽、氨基酸、氨基糖、嘌呤等含氮化合物，这些产物进而在微生物脱氨基的作用下转化为氨。可溶性有机氮的氨化速率表达式是经验公式，参与有机氮氨化过程的组分参数包括 S_{ND}、S_{NH} 和 S_{ALK}。

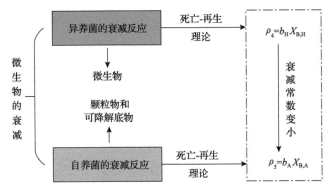

图 2-5 微生物的衰减过程

b_H 表示异氧生长的动力学参数；b_A 表示自氧生长的动力学参数

水解过程主要包括两个子反应过程：网捕性有机物的水解过程和网捕性有机氮的水解过程。针对网捕性有机物的水解过程，模型假定在氧和硝酸盐都不存在的情况下水解速率趋向零，当被网捕的含碳有机底物量较大时，水解速率将接近于饱和；针对网捕性有机氮的水解过程，模型假定有机氮被均匀地分散在慢速可生物降解有机底物中，则被捕捉的有机氮的水解速率与慢速可生物降解有机底物的水解速率成正比。其中，参与网捕性有机物的水解过程的组分参数包括 S_S 和 X_S，参与网捕性有机氮的水解过程的组分参数包括 S_{ND} 和 X_{ND}。

2.3.2 活性污泥模型 2 号

在 ASM1 的基础上，ASM2 引入聚磷微生物的概念，用于描述将磷元素转化为磷酸盐细菌微生物的过程。同时，ASM2 将含碳有机物、氮和磷的去除集合在一个模型中，描述了污染物去除的动态过程。ASM2 包括 19 种组分参数（9 种可溶性物质及 10 种颗粒性物质）；在反应过程中，ASM2 包括 19 种生化反应过程（水解过程、兼性异养菌过程、聚磷菌过程和硝化过程四类生物反应过程以及金属磷酸盐沉淀产生和金属磷酸盐沉淀溶解等化学过程）。

1. ASM2 组分参数

根据生物降解特性，ASM2 组分参数包含溶解性组分和颗粒性组分两类。溶解性组分只能通过水来传输，而颗粒性组分能够絮凝到活性污泥上，在沉淀池中通过沉积作用而浓缩，组分参数的定义如表 2-4 所示。

进水化学需氧量作为 ASM2 中的重要参数，表示如下：

$$C_{TCOD} = S_A + S_F + S_I + X_S + X_I + X_H + X_{PAO} + X_{PHA} + X_{AUT} \tag{2-11}$$

一般情况下，活性污泥法城市污水处理系统进水中的硝化菌、聚磷菌及聚磷菌胞内部储存的有机物的含量很低。因此，ASM2 的进水化学需氧量表达式可简化表示如下：

$$C_{\text{TCOD}} = S_{\text{A}} + S_{\text{F}} + S_{\text{I}} + X_{\text{S}} + X_{\text{I}} + X_{\text{H}} \tag{2-12}$$

表 2-4　ASM2 组分参数

组分序号	组分符号	定义	单位
1	S_{I}	溶解性不可生物降解有机物浓度	$\text{mol(COD)}/L^3$
2	S_{O}	溶解氧(负 COD)浓度	$\text{mol(–COD)}/L^3$
3	S_{NO}	NO$_3$-N 和 NO$_2$-N 浓度	$\text{mol(N)}/L^3$
4	S_{NH}	NH$_4$-N 和 NH$_3$-N 浓度	$\text{mol(N)}/L^3$
5	S_{ALK}	碱度	mol
6	S_{N_2}	氮气浓度	$\text{mol(N)}/L^3$
7	S_{A}	发酵产物浓度	$\text{mol(COD)}/L^3$
8	S_{F}	可发酵的易生物降解有机物浓度	$\text{mol(COD)}/L^3$
9	S_{PO_4}	溶解性无机磷浓度	$\text{mol(P)}/L^3$
10	X_{I}	颗粒性不可生物降解有机物浓度	$\text{mol(COD)}/L^3$
11	X_{S}	慢速可生物降解有机物浓度	$\text{mol(COD)}/L^3$
12	X_{AUT}	硝化菌浓度	$\text{mol(COD)}/L^3$
13	X_{H}	异氧菌浓度	$\text{mol(COD)}/L^3$
14	X_{TSS}	总固体悬浮物浓度	$\text{mol(TSS)}/L^3$
15	X_{MeOH}	金属氢氧化物浓度	$\text{mol(TSS)}/L^3$
16	X_{MeP}	金属磷酸盐浓度	$\text{mol(TSS)}/L^3$
17	X_{PAO}	聚磷菌浓度	$\text{mol(COD)}/L^3$
18	X_{PHA}	聚磷菌内部储存的有机物浓度	$\text{mol(COD)}/L^3$
19	X_{PP}	聚磷酸盐浓度	$\text{mol(P)}/L^3$

注：TSS 指总固体悬浮物(total suspended solids)。

2. ASM2 反应过程

ASM2 中包括 19 个反应过程,较 ASM1 增加了生物除磷和模拟磷化学沉淀两个化学过程。生物除磷过程和模拟磷化学沉淀过程的组分复杂,流程如图 2-6 所示。

ASM2 生化反应过程可以划分为五类基本反应过程,主要包括水解反应过程、兼性异氧菌反应过程、聚磷菌反应过程、硝化反应过程及化学反应过程。

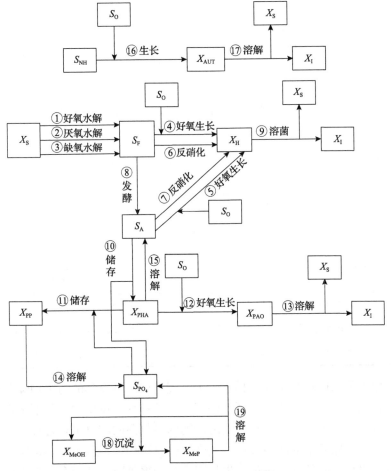

图 2-6　ASM2 的生化反应流程

①表示慢速可生物降解有机物好氧水解反应过程；②表示慢速可生物降解有机物厌氧水解反应过程；③表示慢速可生物降解有机物缺氧水解反应过程；④表示可发酵的易生物降解有机物好氧生长反应过程；⑤表示发酵产物的异氧菌的好氧生长过程的反应过程；⑥表示可发酵的易生物降解有机物的反硝化反应过程；⑦表示基于发酵产物的异氧菌的反硝化反应过程；⑧表示发酵反应过程；⑨表示溶菌反应过程；⑩表示聚磷菌胞内储存有机物的储存反应过程；⑪表示聚磷酸盐的储存反应过程；⑫表示聚磷菌的好氧生长反应过程；⑬表示聚磷菌的溶解反应过程；⑭表示聚磷酸盐的溶解反应过程；⑮表示聚磷菌胞内储存有机物的溶解反应过程；⑯表示硝化菌的生长反应过程；⑰表示硝化菌的溶解反应过程；⑱表示金属磷酸盐沉淀产生的反应过程；⑲表示金属磷酸盐沉淀的溶解反应过程

　　水解反应过程主要包括三个子反应过程：好氧条件下的慢速可生物降解有机物的水解过程、缺氧条件下的慢速可生物降解有机物的水解过程和厌氧条件下的慢速可生物降解有机物的水解过程(图 2-7)。其中,好氧条件为溶解氧浓度大于零；缺氧条件为溶解氧浓度约等于零、硝酸盐氮浓度和亚硝酸盐氮浓度大于零；厌氧条件为溶解氧浓度、硝酸盐氮浓度和亚硝酸盐氮浓度都约等于零。三种水解反应都是表面限制反应,缺氧条件和厌氧条件下的水解过程速率比好氧条件下的水解过程速率慢。水解过程中不同子反应过程及其包含的组分参数如表 2-5 所示。

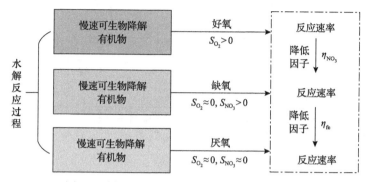

图 2-7　慢速可生物降解有机物的水解反应过程

η_{NO_3} 表示反硝化的速率降低修正因子；η_{fe} 表示厌氧水解速率降低修正因子

表 2-5　水解过程中不同子反应过程与组分参数

序号	子反应过程	组分参数
1	慢速可生物降解有机物好氧水解	S_F、S_{NH}、S_{PO_4}、S_{ALK}、X_S、X_{TSS}
2	慢速可生物降解有机物缺氧水解	S_F、S_{NH}、S_{PO_4}、S_{ALK}、X_S、X_{TSS}
3	慢速可生物降解有机物厌氧水解	S_F、S_{NH}、S_{PO_4}、S_{ALK}、X_S、X_{TSS}

兼性异氧菌反应过程主要包括六个子反应过程：可发酵的易生物降解有机物的好氧生长过程、发酵产物的异氧菌的好氧生长过程、反硝化作用下可发酵的易生物降解有机物的缺氧生长过程、发酵产物的异氧菌的缺氧生长过程、厌氧条件下的发酵过程及异养菌的溶菌过程，其反应过程和转化关系如图 2-8 所示。好氧生长反应过程有相同的异氧菌最大生长速率和产率系数，这两个过程需要氧、营养物及合适的碱度并产生固体悬浮物。缺氧生长反应过程硝酸盐是反硝化过程的主要电子受体，反硝化过程受氧的控制，发酵过程是将可发酵的易生物降解有机物转化为发酵产物，并用降低因子来修正异养菌缺氧生长时的最大速率，兼性异氧菌反应过程中不同子反应过程及其包含的组分参数如表 2-6 所示。

聚磷菌反应过程主要包括六个子反应过程：聚磷菌胞内有机物的储存、聚磷酸盐的储存、聚磷菌的好氧生长、聚磷菌的溶解、聚磷酸盐的溶解及聚磷菌胞内储存有机物的溶解，其反应过程和转化关系如图 2-9 所示。聚磷菌能以聚磷酸盐的形式储存无机磷酸盐，发酵产物是生物除磷过程被聚磷菌吸收的唯一底物，聚磷菌只能利用储存的聚羟基脂肪酸酯，而不是将发酵产物作为底物，在好氧条件下生长。聚磷菌在好氧条件下吸收发酵产物不是为了生长，而是为了磷酸盐的释放。因此，在聚磷菌反应过程中，聚磷菌胞内有机物的储存利用聚磷酸盐水解中放出的能量，将胞外发酵产物以聚磷菌胞内储存有机物的形式储存在聚磷菌细胞

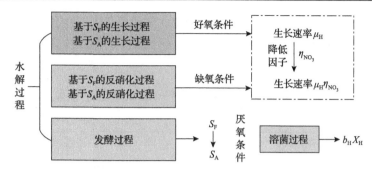

图 2-8　兼性异氧菌反应过程

μ_H 表示基于底物的最大生长速率；η_{NO_3} 表示反硝化的速率降低修正因子；b_H 表示溶菌速率常数

表 2-6　兼性异氧菌反应过程中不同子反应过程与组分参数

序号	子反应过程	组分参数
1	可发酵的易生物降解有机物的好氧生长过程	S_O、S_F、S_{NH}、S_{PO_4}、S_{ALK}、X_H、X_{TSS}
2	发酵产物的异氧菌的好氧生长过程	S_O、S_F、S_{NH}、S_{PO_4}、S_{ALK}、X_H、X_{TSS}
3	反硝化作用下可发酵的易生物降解有机物的缺氧生长过程	S_F、S_{NH}、S_{NO}、S_{PO_4}、S_{ALK}、S_{N_2}、X_H、X_{TSS}
4	发酵产物的异氧菌的缺氧生长过程	S_F、S_{NH}、S_{NO}、S_{PO_4}、S_{ALK}、S_{N_2}、X_H、X_{TSS}
5	厌氧条件下的发酵过程	S_F、S_A、S_{NH}、S_{PO_4}、S_{ALK}
6	异养菌的溶菌过程	S_{NH}、S_{PO_4}、S_{ALK}、X_I、X_S、X_H

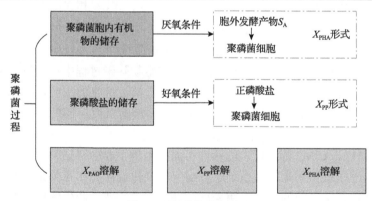

图 2-9　聚磷菌反应过程

内。这一过程主要是在厌氧条件下进行，但也可在好氧条件和缺氧条件下进行。聚磷酸盐的储存是在好氧条件下进行的，当聚磷菌从聚磷菌胞内储存有机物的呼吸中获得能量后，将正磷酸盐以聚磷酸盐的形式储存在细胞内，当聚磷菌中磷含量太高时，聚磷酸盐的储存就会停止。聚磷菌的好氧生长过程只在消耗胞内储存的聚磷菌胞内储存有机物的基础上进行，磷在聚磷酸盐溶解时释放出来，作为生物体繁殖所需要的营养。聚磷菌、聚磷酸盐、聚磷菌胞内储存有机物的溶解是分开考虑的,对应不同的衰减过程,聚磷菌反应过程中不同子反应过程及其包含的组分参数如表 2-7 所示。

表 2-7　聚磷菌反应过程中不同子反应过程与组分参数

序号	子反应过程	组分参数
1	聚磷菌胞内有机物的储存	S_A、S_{PO_4}、S_{ALK}、X_{PP}、X_{PHA}
2	聚磷酸盐的储存	S_O、S_{PO_4}、S_{ALK}、X_{PP}、X_{PHA}
3	聚磷菌的好氧生长	S_O、S_{NH}、S_{PO_4}、S_{ALK}、X_{PAO}、X_{PHA}
4	聚磷菌的溶解	S_{NH}、S_{PO_4}、S_{ALK}、X_I、X_S、X_{PAO}
5	聚磷酸盐的溶解	S_{PO_4}、S_{ALK}、X_{PP}、X_{TSS}
6	聚磷菌胞内储存有机物的溶解	S_A、S_{ALK}、X_{PHA}、X_{TSS}

硝化反应过程主要包括两个子反应过程:硝化菌的生长过程和硝化菌的溶解过程。在硝化菌的生长过程中,硝化菌消耗氨氮作为基质和营养物生成硝酸盐,小部分氨结合到微生物中,不考虑中间产物亚硝酸盐的生长和转化;硝化菌的溶解过程与异养菌的衰减过程相似,但硝化菌的衰减速率常数比异养菌的衰减速率常数小,衰减产物只能作为异养菌的基质。其中,参与硝化菌的生长反应过程的组分参数包括 S_O、S_{NH}、S_{NO}、S_{PO_4}、S_{ALK} 和 X_{TSS},参与硝化菌的溶解反应过程的组分参数包括 S_{NH}、S_{PO_4}、S_{ALK}、X_I、X_S、X_{AUT} 和 X_{TSS}。

化学反应过程主要包括两个子反应过程:金属磷酸盐沉淀的产生和金属磷酸盐沉淀的溶解。城市污水中的金属离子会与生物脱氮/除磷系统中释放出来的正磷酸盐发生沉淀作用产生金属磷酸盐。此外,在生物除磷过程中投加铁盐或铝盐,对金属磷酸盐进行溶解。其中,参与金属磷酸盐沉淀产生的反应过程的组分参数包括 S_{NO}、X_{TSS}、X_{MeOH} 和 X_{MeP},参与金属磷酸盐沉淀溶解的反应过程的组分参数包括 S_{NO}、X_{TSS}、X_{MeOH} 和 X_{MeP}。

以 ASM1 和 ASM2 等为代表的活性污泥模型最主要的特征是采用矩阵的形式描述活性污泥法城市污水处理系统中各组分的变化规律和相互关系,并在矩阵反应速率中使用开关函数的概念,用来反应环境因素改变而产生的抑制作用,避免那些具有开关型不连续特征的反应过程表达式在模拟过程中出现数值不稳定的现象;同时该模型的主要特点是以活性污泥法城市污水处理系统为研究对象,对城市污水处理过程的运行特征进行深入研究,将城市污水处理系统整体分割成局部,建立各个局部反应过程的模型,再分析局部模型之间的关联关系,挖掘出不同模型之间的内部联系,完成整个城市污水处理系统模型的构建。活性污泥模型描述了城市污水处理过程中污染物和活性微生物之间的动态关系,利用微分方程组来描述活性污泥法城市污水处理系统的动态过程，因此该模型更加注重城市污水处理过程的反应机理。活性污泥模型的提出不仅提高了活性污泥法的工艺研究效率和设计准确度，同时大幅降低运行成本，而且是城市污水处理过程系统建模、控制、优化的前提，为城市污水处理新技术的开发、新方法的提出提供了理论依据，为城市污水处理厂实现可靠运行、节约成本和降低能耗的目的奠定了基础。

2.4　活性污泥基准仿真模型

活性污泥基准仿真模型(BSM)不仅可以描述城市污水处理系统生化反应过程，还可以模拟物理过程，为客观评价城市污水处理系统模型的性能以及改善城市污水处理厂的管理奠定基础。因此，本节围绕 BSM，分别介绍活性污泥基准仿真模型 1 号(BSM1)和活性污泥基准仿真模型 2 号(BSM2)的组分参数和反应过程。

2.4.1　活性污泥基准仿真模型 1 号

BSM1 是国际水质协会和欧盟科学技术合作组织共同开发的一种描述活性污泥法城市污水处理系统的数学模型。BSM1 是由一个生化反应池和一个二沉池组成的(图 2-10)。生化反应池包括五个反应单元(前两个单元为缺氧池，后三个单元为好氧池(曝光池))，每个缺氧池的体积为 1000m³，每个好氧池的体积为 1333m³；二沉池中不发生生化反应，利用二次指数沉淀速率模型来模拟沉淀过程，该过程划分为 10 层，上部分(1~6 层)为处理后的出水，下部分(7~10 层)的污泥一部分回流作为生化反应的载体，另一部分作为剩余污泥处理，二沉池的体积为 6000m³。

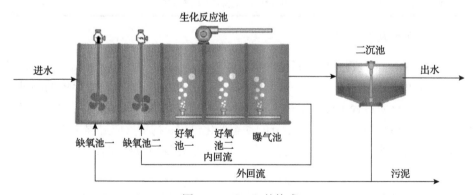

图 2-10　BSM1 的构成

BSM1 作为城市污水处理系统的常用仿真模型，其依靠 ASM1 机理，为城市污水处理领域提供了统一的测试平台。因此，BSM1 包括 13 种组分参数和 8 个生化反应过程以及 1 个污水沉淀反应过程，具体分析如下。

1. BSM1 的组分参数

依据城市污水处理过程中有机物的生物降解特性，BSM1 组分参数可分为可生物降解有机物和不可生物降解有机物，包括 13 种组分参数（7 种溶解性组分参数和 6 种颗粒性组分参数），具体组分参数如表 2-8 所示。

表 2-8　BSM1 的组分参数

组分序号	组分符号	定义	单位
1	S_I	溶解性不可生物降解有机物浓度	$\text{mol(COD)}/L^3$
2	S_S	溶解性可快速生物降解有机物浓度	$\text{mol(COD)}/L^3$
3	S_O	溶解氧（负 COD）浓度	$\text{mol(–COD)}/L^3$
4	S_{NO}	NO_3-N 和 NO_2-N 浓度	$\text{mol(N)}/L^3$
5	S_{NH}	NH_4-N 和 NH_3-N 浓度	$\text{mol(N)}/L^3$
6	S_{ND}	溶解性可生物降解有机氮浓度	$\text{mol(N)}/L^3$
7	S_{ALK}	碱度	mol
8	X_I	颗粒性不可生物降解有机物浓度	$\text{mol(COD)}/L^3$
9	X_S	慢速可生物降解有机物浓度	$\text{mol(COD)}/L^3$
10	$X_{B,H}$	活性异氧菌生物固体浓度	$\text{mol(COD)}/L^3$
11	$X_{B,A}$	活性自氧菌生物固体浓度	$\text{mol(COD)}/L^3$
12	X_P	生物固体衰减产生的惰性物质浓度	$\text{mol(COD)}/L^3$
13	X_{ND}	颗粒性可生物降解有机氮浓度	$\text{mol(N)}/L^3$

2. BSM1 的反应过程

BSM1 的反应过程主要包括两个部分：一部分是具有微生物生长、衰亡、吸收、降解等生化反应过程；另一部分是包括沉淀、浓缩、脱水、储存等的物理反应过程。生化反应过程主要是通过生物和化学等相关理论，描述活性污泥法城市污水处理过程中微生物、有机物等组分的动态变化过程；物理反应过程主要是通过物理手段实现对污水二次处理的变化过程。具体的生化反应过程如表 2-9 所示。

表 2-9　BSM1 的生化反应过程与组分参数

序号	生化反应过程	组分参数
1	异养菌的好氧生长	S_I、$X_{B,H}$、S_O、S_{NH}、S_{ALK}
2	异养菌的缺氧生长	S_I、$X_{B,H}$、S_O、S_{NO}、S_{ALK}
3	自养菌的好氧生长	$X_{B,A}$、S_O、S_{NO}、S_{NH}、S_{ALK}

序号	生化反应过程	组分参数
4	异养菌的衰减	S_S、$X_{B,H}$、S_{NH}、S_{ND}
5	自养菌的衰减	S_S、$X_{B,A}$、S_P、S_{ND}
6	可溶性有机氮的氨化	S_{ND}、S_{NH}、S_{ALK}
7	网捕性有机物的水解	S_S、X_S
8	网捕性有机氮的水解	S_{ND}、X_{ND}
9	双指数沉降速度模型	X_f(二沉池进水中污泥浓度)

2.4.2 活性污泥基准仿真模型 2 号

BSM2 在 BSM1 的基础上增加了初沉池、污泥浓缩池、厌氧硝化池、脱水池四个部分(图 2-11)。其中初沉池用于实现水泥分离,其工作效率直接影响活性污泥处理的效果;污泥浓缩池是将从二沉池中排出的污泥进行浓缩,随后一部分回流输入给初沉池,另一部分与初沉池出水混合后进入模型转换装置,继续进行处理;厌氧硝化池利用厌氧硝化反应,在无氧条件下,由兼性厌氧菌和专性厌氧菌将污泥中可生物降解的有机物分解,该过程将活性污泥中的一部分有机物转化为甲烷等气体,一部分转化成为稳定性良好的腐殖质;脱水池是将来自厌氧硝化池中的污泥进行脱水处理,经过浓缩处理后的污泥一部分排到外界,一部分污水将再回流到初沉池中,另一部分则回流到生化反应池中进行再处理。

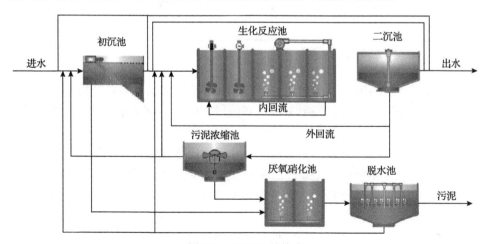

图 2-11　BSM2 的构成

BSM2 在 BSM1 的基础上新增了 24 种组分参数,包括 13 种溶解性组分参数和 11 种颗粒性组分参数;同时,在反应过程上增加了厌氧硝化反应,包括水解反应、产酸反应、产甲烷反应等 19 个反应过程。

1. BSM2 的组分参数

BSM2 的生化反应主要集中在生化反应池和厌氧硝化池中。生化反应池中的组分参数已在 BSM1 中进行介绍，故不再赘述。厌氧硝化池中主要是基于微生物的厌氧硝化利用过程，其中污水底物分为溶解性组分参数和颗粒性组分参数，其组分参数如表 2-10 所示。

表 2-10　BSM2 厌氧硝化池的组分参数

组分符号 1	定义(组分符号 1)	组分符号 2	定义(组分符号 2)	单位
S_{su}	单糖浓度	X_c	合成物浓度	$kg(COD)/m^3$
S_{aa}	氨基酸浓度	X_{ch}	碳水化合物浓度	$kg(COD)/m^3$
S_{fa}	总长链脂肪酸浓度	X_{pr}	蛋白质浓度	$kg(COD)/m^3$
S_{va}	总戊酸盐浓度	X_{li}	脂类浓度	$kg(COD)/m^3$
S_{bu}	总丁酸盐浓度	X_{su}	糖降解者浓度	$kg(COD)/m^3$
S_{pro}	总丙酸盐浓度	X_{aa}	氨基酸降解者浓度	$kg(COD)/m^3$
S_{ac}	总乙酸盐浓度	X_{fa}	长链脂肪酸降解者浓度	$kg(COD)/m^3$
S_{NH_3}	氨浓度	X_{c4}	戊酸盐和丁酸盐降解者浓度	$kg(COD)/m^3$
S_{CH_4}	甲烷浓度	X_{pro}	丙酸盐降解者浓度	$kg(COD)/m^3$
X_{H_2}	氢降解者浓度	X_{ac}	乙酸盐降解者浓度	$kg(COD)/m^3$
S_{cat}	阳离子浓度	S_{an}	阴离子浓度	$kmol/m^3$
S_{IC}	无机碳浓度	S_{IN}	无机氮浓度	$kmol/m^3$

2. BSM2 的反应过程

BSM2 在 BSM1 的基础上增加了厌氧硝化反应，包括复杂颗粒物质的分解阶段、有机物(糖类、蛋白质及脂类)的水解阶段、中间产物降解产酸过程及产甲烷阶段。

厌氧硝化反应第一阶段为水解阶段。水解是复杂有机物分裂和溶解成可溶性底物的中间过程。水解阶段主要包括四个水解反应过程：分解过程、水解糖过程、蛋白质水解过程和脂类水解过程。城市污水处理过程的底物中包括复杂的混合颗粒体、颗粒性碳水化合物、蛋白质和脂类，其中混合颗粒体水解产物包括颗粒性碳水化合物、蛋白质、脂类、颗粒性不可生物降解有机物和溶解性不可生物降解有机物。碳水化合物、蛋白质和脂类的水解产物分别为单糖、氨基酸和长链脂肪酸。参与水解反应的组分参数包括 S_I、S_{su}、S_{aa} 以及 S_{fa}。

厌氧硝化反应第二阶段为产氢气和乙酸阶段，包括八个吸收生化反应过程，分别为糖的吸收、氨基酸的吸收、长链脂肪酸的吸收、戊酸盐的吸收、丁酸盐的吸收、丙酸盐的吸收、乙酸盐的吸收、氢的吸收。产氢气菌和产乙酸菌把丙酸、丁酸、戊酸等中间产物进一步发酵为乙酸、氢气和二氧化碳等。涉及的菌类种群包括厌氧菌和兼性菌。具体表现为糖、氨基酸等有机化合物被糖降解者、氨基酸降解者等微生物降解的过程，其中糖被糖降解者降解为丁酸、丙酸、乙酸等；氨基酸被氨基酸降解者降解为戊酸、丁酸、丙酸等；长链脂肪酸被长链脂肪酸降解者降解为乙酸和氢；戊酸盐被戊酸盐和丁酸盐降解者降解为丙酸、乙酸和氢；丁酸盐被戊酸盐和丁酸盐降解者降解为乙酸和氢；丙酸盐被丙酸盐降解者降解为乙酸和氢；乙酸盐被乙酸营养型产甲烷菌分解产生甲烷；氢被氢营养型产甲烷菌利用并产生甲烷。产氢气和乙酸阶段的具体反应过程与组分参数如表 2-11 所示。

表 2-11　产氢气和乙酸阶段的反应过程与组分参数

序号	反应过程	组分参数
1	糖的吸收	S_{su}、S_{bu}、S_{pro}、S_{ac}、S_{NH_3}、S_{IC}、S_{IN}
2	氨基酸的吸收	S_{aa}、S_{va}、S_{pro}、S_{ac}、S_{NH_3}、S_{IC}、S_{IN}
3	长链脂肪酸的吸收	S_{fa}、S_{ac}、S_{NH_3}、S_{IN}
4	戊酸盐的吸收	S_{va}、S_{pro}、S_{ac}、S_{NH_3}、S_{IN}
5	丁酸盐的吸收	S_{bu}、S_{ac}、S_{NH_3}、S_{IN}
6	丙酸盐的吸收	S_{pro}、S_{ac}、S_{NH_3}、S_{IC}、S_{IN}
7	乙酸盐的吸收	S_{ac}、S_{CH_4}、S_{IC}、S_{IN}
8	氢的吸收	S_{ac}、S_{CH_4}、S_{IC}、S_{IN}

厌氧硝化反应的第三阶段为产甲烷阶段，主要包括七个衰减反应过程，分别为糖降解者的衰减、氨基酸降解者的衰减、长链脂肪酸降解者的衰减、戊酸盐和丁酸盐降解者的衰减、丙酸盐降解者的衰减、乙酸盐降解者的衰减、氢降解者的衰减。产甲烷菌负责把厌氧硝化反应第一阶段和第二阶段发生生化反应过程生成的乙酸、氢气和二氧化碳等通过乙酸降解和氢气降解转化为甲烷，涉及此反应过程的菌类种群只有厌氧菌。由于厌氧硝化反应过程遵循微生物的死亡-再生理论，微生物的衰减可以使微生物转化为溶解性可慢速生物降解的产物和颗粒性不可生物降解的残留物。其中，参与糖降解者的衰减反应过程的组分参数包括 X_c 和 X_{su}，参与氨基酸降解者的衰减反应过程的组分参数包括 X_c 和 X_{aa}，参与长链脂肪酸降解者的衰减反应过程的组分参数包括 X_c 和 X_{fa}，参与戊酸盐和丁酸盐降解者的衰减反应过程的组分参数包括 X_c 和 X_{c4}，参与丙酸盐降解者的衰减反应过程的组分参数包括 X_c 和 X_{pro}，参与乙酸盐降解者的衰减反应过程的组分参数包括 X_c 和 X_{ac}，参与氢降解者的衰减反应过程的组分参数包括 X_c 和 X_{H_2}。

2.5　本 章 小 结

本章针对城市污水处理系统机理模型的构建，介绍了脱氮/除磷过程及沉淀过程等关键过程机理，描述了活性污泥模型和活性污泥基准仿真模型，对模型的组分参数和反应方程进行了概述，刻画了城市污水处理系统机理模型的特征，主要内容如下：

(1)活性污泥法机理。重点描述了城市污水处理系统的运行机理，以脱氮过程、除磷过程和沉淀过程为例，通过数学方程分析了关键变量与反应过程之间的动态关系。

(2)活性污泥模型。着重介绍了 ASM1 和 ASM2 的组分参数和生化反应方程，描述了组分参数与生化反应过程的动态关系，刻画了城市污水处理系统的复杂生化反应过程。

(3)活性污泥基准仿真模型。深入分析了 BSM1 和 BSM2 的组分参数和反应方程，描述了系统动态反应过程的特征，模拟了城市污水处理系统生化反应过程，为城市污水处理系统建模奠定了基础。

第3章 城市污水处理系统数据采集与处理

3.1 引 言

城市污水处理系统数据采集与处理主要是根据数据特点利用现场仪器仪表完成城市污水处理过程的数据采集，结合实验室化验数据及历史数据，采用数据清洗、数据融合及数据共享等技术对数据进行处理，实现异常数据的识别与剔除，建立数据库并对数据进行储存，完成实时状态数据、关键水质数据及工况环境数据等的有效完备获取。城市污水处理系统数据采集与处理是城市污水处理系统的重要环节与系统建模的重要依据，同时也是保障出水水质达标、实现城市污水处理系统安全稳定运行的关键步骤。如何克服数据采集、传输和储存过程中存在的数据缺失、数据异常等问题是城市污水处理系统数据采集和处理的难点。

城市污水处理系统数据采集与处理的流程如下：首先，深入分析城市污水处理系统机理，挖掘城市污水处理系统的数据特点，根据城市污水处理系统中关键水质参数特征，选择合适的采集仪表。其次，针对不同的数据类型，采用不同的数据获取和传输方式，实现城市污水处理系关键水质参数的采集，将采集到的数据通过分类、编辑、整合等处理后送入数据库，完成城市污水处理系统数据库的构建。最后，利用数据清洗等技术对采集到的数据中存在的异常数据进行剔除，运用数据融合等技术，获取更准确、更完整的可靠有效数据，并进一步完善城市污水处理数据库，利用数据共享技术减少重复数据采集，避免资源浪费，实现城市污水处理全流程数据交互。

本章围绕城市污水处理系统数据采集和处理过程进行展开：首先，分析城市污水处理系统的数据特点，确定城市污水处理系统数据采集和处理过程的挑战；其次，介绍城市污水处理仪表的选用、性能、安装使用与数据采集技术，实现对城市污水处理系统数据的采集；最后，对采集的数据进行处理，处理步骤包括数据清洗、数据融合和数据共享，获取更有效、更可靠的数据并建立完备的数据库，减少数据的重复采集，提高数据的利用率和有效性。

3.2 城市污水处理系统数据特点

城市污水处理系统数据既包括在线检测的污水流量、污泥排出量、温度、pH

等实时数据，又包括离线检测的有机物浓度、污泥浓度等实验室化验数据。系统数据不仅具有数量庞大、质量不高和形式多样的特点，还存在较强的耦合关系，这为数据采集与处理带来了严峻的挑战。本节深入分析城市污水处理系统数据体量大、种类多、质量低的特点，为数据采集与处理奠定基础。

3.2.1　城市污水处理系统数据规模性

城市污水处理系统运行过程复杂，包括多种生化反应过程，不同反应过程蕴含着大量的水质参数。操作人员或研究人员往往需要对城市污水处理系统中相同单元的不同水质参数、不同单元的相同水质参数以及不同单元的不同水质参数进行数据采集，才能实现对城市污水处理系统中水质参数的实时检测。例如，溶解氧浓度是城市污水处理系统中重要的水质参数之一，由于不同反应池的溶解氧浓度反映不同的运行状态，需要对不同反应池的溶解氧浓度数据进行数据采集。此外，城市污水处理系统的数据是以周期性的形式进行存储的，不同的城市污水处理厂采用不同的储存周期。因此，随着时间的积累，城市污水处理系统采集到的数据不断累加，造成系统数据庞大且数据属性多样。

根据不同的数据采集和储存方式，城市污水处理系统数据不断累积，数据体量不断增大。以北京市六座城市污水处理厂为例，不同城市污水处理厂的数据采集量如表 3-1 所示，每个城市污水处理厂每天需要采集和处理 8064～9696 组的数据，采集变量个数为 84～100 个，采集变量属性包括开关量、数值、频率等。

表 3-1　北京市六座城市污水处理厂采集的数据量

水厂序号	每日采集数/组	变量个数	采集方式	变量属性
1	9216	96	无线传输	开关量、数值
2	8832	92	无线传输、电流传输	开关量、数值、频率
3	8064	84	无线传输、电流传输	开关量、数量
4	9696	100	无线传输、电流传输	开关量、数值
5	9046	98	无线传输、电流传输	开关量、数值、频率
6	8617	91	无线传输、电流传输	开关量、数量、频率

3.2.2　城市污水处理系统数据多样性

城市污水处理系统的关键水质参数能够反映系统的运行状态，为系统运行提供重要支撑。然而，由于受到城市污水处理过程复杂多变、运行环境干扰等影响，相同的水质参数存在不同的数据类型，不同的水质参数也存在多种数据储存形式。以城市污水处理系统中的内回流量和外回流量为例，内回流量和外回流量数据既包括离线数据类型又包括在线数据类型，两种数据类型均能够描述城市污水处理过程的运行状态，为操作人员提供运行数据。因此，城市污水处理系统数据具有种类多的特点。

为了进一步描述城市污水处理系统数据种类多的特点，以北京市某城市污水处理厂为例，不同的数据类型如表 3-2 所示。水质参数类型主要包括历史数据、实时数据、延时数据和化验数据。相同水质参数可存在不同的数据类型，不同水质参数可能属于同一种数据类型。

表 3-2　北京市某城市污水处理厂的数据种类

类型	相关水质参数	类型	相关水质参数
历史数据	总处理水量	实时数据	总处理水量
	单系列进水量		单系列进水量
	进水、出水生化需氧量		水温
	进水、出水污泥浓度		鼓风机气量
	进水、出水氨氮浓度		厌氧区、缺氧区氧化还原电位
	进水、出水总磷浓度		内、外回流量
	水温		内、外回流比
	好氧区 NH_4-N 浓度	延时数据	缺氧区 MLSS 浓度
	鼓风机气量		好氧区 NH_4-N 浓度
	缺氧区 MLSS 浓度		进水、出水固体悬浮物浓度
	缺氧区 NH_4-N 浓度		好氧区溶解氧浓度
	内、外回流量	化验数据	生化需氧量
	内、外回流比		化学需氧量
	好氧区溶解氧浓度		总磷浓度
	厌氧区、缺氧区氧化还原电位		总氮浓度

注：MLSS 指混合液固体悬浮物（mixed liquor suspended solids）。

3.2.3　城市污水处理系统数据价值性

城市污水处理系统在线数据是利用现场仪表进行采集的，并通过在线检测设备局域网传输存储到服务器中进行获取。然而，由于受到采集仪表和数据传输方式的局限性影响，系统数据易出现数据缺失、数据离群及数据异常随机等现象，最终导致数据质量低，影响数据的正常使用。常见的异常数据特点如下。

1. 数据缺失

在城市污水处理系统数据采集过程中，采集仪表出现故障或者数据传输过程中出现数据丢包等异常现象，导致系统数据存在少采、漏采等现象，造成系统数据连续或间断性缺失。

2. 数据离群

城市污水处理系统具有非线性、时变性和耦合性等特点，导致采集到的水质参数在线数据存在偏差；同时，当前的城市污水处理系统水质参数在线采集技术有限，在被测变量波动较大时，仪表读数易出现超量程或漂移等异常现象，导致出现离群数据。

3. 数据异常随机

根据城市污水处理系统机理，各反应过程及关键水质参数之间存在一定的关联性。当关键水质参数受到外界干扰、自身仪表故障等影响时，不同时间段采集的不同关键水质参数数据随机发生异常现象，易导致同一检测时段出现单个或几个变量的异常值。

根据城市污水处理系统动态特性，水质参数变量众多且相互关联，异常数据通常不以单一特征出现，往往是以多种异常特征相伴出现。以北京市某污水处理厂好氧区中段污泥浓度为例(图3-1)，该数据段中存在明显的缺失数据和离群数据。

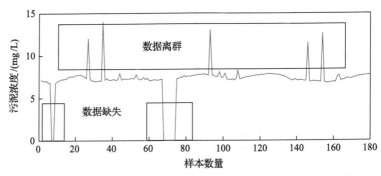

图 3-1　北京市某城市污水处理厂好氧区中段污泥浓度异常数据

3.3　城市污水处理系统采集仪表

采集仪表是获取城市污水处理过程变量和参数数据的重要设备，是实现城市污水处理关键信息检测的根本。本节从常用的采集仪表简介、采集仪表的选用和安装,以及采集仪表的性能几个方面对城市污水处理系统采集仪表进行详细介绍,描述采集仪表的重要性。

3.3.1 城市污水处理系统采集仪表简介

在实际的城市污水处理系统中,需要通过采集仪表获取关键水质参数数据,实现运行数据的实时检测,进而掌握运行过程信息,为城市污水处理系统建模提供有效的数据信息。城市污水处理过程常用的数据采集仪表主要包括温度采集仪表、pH 采集仪表、溶解氧浓度采集仪表及污泥浓度采集仪表等,如图 3-2 所示。

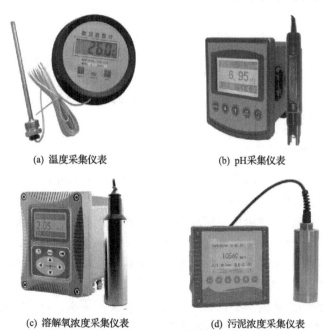

(a) 温度采集仪表   (b) pH 采集仪表

(c) 溶解氧浓度采集仪表   (d) 污泥浓度采集仪表

图 3-2 城市污水处理过程常用的数据采集仪表

1. 温度采集仪表

温度是一种表示城市污水冷热程度的物理量,对于保持城市污水处理系统中微生物活性、有机物降解具有重要的作用,是城市污水处理系统的关键水质参数之一。温度采集仪表按工作原理分为膨胀式温度采集仪表、热电阻温度采集仪表和热电偶温度采集仪表等。膨胀式温度采集仪表的工作原理是物体受热体积膨胀,利用两种膨胀系数不同的金属元件实现温度的测量,其具有结构简单、响应速度快且适应性强等特点。热电阻温度采集仪表的工作原理是金属导体的电阻值随温度的变化而改变,根据电阻的变化信息实现温度检测,其具有高精度、低漂移和适用范围广等特点。热电偶温度采集仪表的工作原理为热电效应,利用两种不同的导体(或半导体)材料产生热电势实现对温度的测量,其具有测量精度高、性能稳定和结构简单等特点。

2. pH 采集仪表

pH 是一种表示城市污水酸碱性强弱的物理量,是城市污水处理系统的关键水质参数之一。pH 采集仪表的工作原理是在被测液体中插入两个电极,其中工作电极的电位随被测液体中的氢离子浓度的变化而变化,工作电极与固定电极形成原电池,通过测定原电池的电动势,完成 pH 测量。pH 采集仪表可分为笔式 pH 采集仪表、便携式 pH 采集仪表、实验室 pH 采集仪表和工业 pH 采集仪表。笔式 pH 采集仪表主要用于代替 pH 试纸的功能,具有精度低、使用方便的特点;便携式 pH 采集仪表主要用于现场和野外测试环境,具有较高的精度和完善的功能;实验室 pH 采集仪表主要用于实验室化验,是一种台式高精度分析仪表,具有精度高、功能全等特点;工业 pH 采集仪表主要用于工业流程的连续采集,具有测量显示、报警和控制等功能。

3. 溶解氧浓度采集仪表

溶解氧浓度是一种表示溶解于城市污水中分子态氧数量的物理量,溶解氧浓度的高低直接关系到微生物的活性,是城市污水处理系统的关键水质参数之一。溶解氧浓度采集仪表主要由传感器和变送器两部分组成,其工作原理是:氧透过隔膜被工作电极还原,产生的电流与被测介质中的氧浓度成正比,电流被转换为溶解氧浓度显示在显示屏上。溶解氧浓度采集仪表按便携性可分为台式溶解氧浓度采集仪表、便携式溶解氧浓度采集仪表和笔式溶解氧浓度采集仪表。笔式溶解氧浓度采集仪表的测量范围小,主要满足快速检测的需求;台式溶解氧浓度采集仪表和便携式溶解氧浓度采集仪表的测量范围较广,其不同点在于台式溶解氧浓度采集仪表一般采用交流供电,便携式溶解氧浓度采集仪表一般采用直流供电。

4. 污泥浓度采集仪表

污泥浓度是一种表示城市污水中混合液固体悬浮物浓度的物理量,是城市污水处理系统的关键水质参数之一。污泥浓度采集仪表根据工作原理可分为超声波式污泥浓度采集仪表和光学式污泥浓度采集仪表。超声波式污泥浓度采集仪表的工作原理是利用超声波传播过程中能量的衰减,将一对超声波发射器和接收器安装在被测样本两侧,超声波在被测样本中传播时被污泥中的固体悬浮物吸收和分散,使能量发生衰减,其衰减量和污泥浓度成正比,可通过测定超声波在传播过程中的衰减量实现对污泥浓度的检测,多用于高浓度污泥采集。光学式污泥浓度采集仪表又可分为透射光式污泥浓度采集仪表、散射光式污泥浓度采集仪表和透光散射光式污泥浓度采集仪表,一般用于低浓度污泥采集。透射光式污泥浓度采集仪表的工作原理是将装有被测样本的试管固定在光源和受光器中间,照射在被测样本上的光被样本中的固体悬浮物吸收并散射,受光器接收光的透射量发生相应的衰减,根据固体悬浮物浓度与受光器透光量的关系计算污泥浓度,实现污泥浓度的检测。散射光式污泥浓度采集仪表的工作原理是利用光源发射到被测样本的光遇到样本中的固体悬浮物会发生散射原理,根据受光器接收的散射光量与固体悬浮物浓度的相关关系检测污泥浓度。透光散射光式污泥浓度采集仪表的工作原理是同时考虑受光器接收的透光量和散射光量与被测样本中的固体悬浮物浓度的关系,实现污泥浓度的获取。

3.3.2 城市污水处理系统采集仪表选用和安装

采集仪表能够获取城市污水处理系统中出水水质指标、污泥状态指标等关键水质参数的数据信息,其检测结果能够实时准确反映城市污水处理过程运行设备与工艺的状态,将运行信息传递给现场工作人员,影响后续运行的决策操作,为城市污水处理过程的稳定运行奠定基础。采集仪表的选取和安装对检测结果的精度、可靠性与经济性都有着不可忽视的影响。因此,在选择和安装采集仪表时应当选用仪表规格、说明书与操作方法明确且易于维护管理的产品。除此之外,还要根据以下各项内容与要求来进行选择。

1. 目标需求

采集仪表在城市污水处理系统应用中日趋多样化。在同类仪表中,因其原理、结构、测量范围、特性等不同而存在许多种类和型号,并且各具优缺点与特色,适用于不同的城市污水处理过程。因此,采集仪表应该根据不同城市污水处理系统的检测目标需求,选择合适类型的采集仪表,确定仪表的型号。

2. 环境条件

城市污水处理系统中的采集仪表通常工作在温度变化大、潮湿、腐蚀性强的场所,若选取不当,则难以达到正常工作条件下的检测效果。因此,在选择城市污水处理系统采集仪表时,应充分考虑采集仪表的工作环境,选用可靠又耐久的采集仪表,使其能够适应检测对象所处的工作环境条件,达到需要的检测精度。

3. 仪表性能

采集仪表选取应当考虑其自身性能是否与系统检测需求相匹配。在选择采集仪表时并不需要一味地追求性能,例如,对于变化缓慢或均匀性较差的检测对象,不必选用响应性很高的仪表;当检测对象仅作为大致标准或只要求知道其大致的变化范围时，不需要选用检测精度特别高的仪表。同时，从维护管理方面来看，在选用采集仪表时应尽可能统一仪表型号，使其具有互换性，在维护、检修与调试校正时都相对容易。因此，检测对象特性、检测要求与经济性是选择仪表设备的重要因素。

根据上述城市污水处理系统采集仪表的选择要求，城市污水处理厂操作人员可确定采集仪表的安装位置。表 3-3 给出了温度采集仪表、pH 采集仪表、溶解氧浓度采集仪表及污泥浓度采集仪表在城市污水处理厂中的安装位置。

表 3-3　城市污水处理厂常用采集仪表的安装位置

采集仪表	安装位置
温度采集仪表	进水前端、曝气池、污泥硝化池、出水池的末端
pH 采集仪表	沉砂池、曝气池、排放管渠、污泥输送、污泥硝化池
溶解氧浓度采集仪表	曝气池
污泥浓度采集仪表	初次沉淀池、曝气池、二沉池、污泥浓缩池、污泥脱水设备

3.3.3　城市污水处理系统采集仪表性能

城市污水处理系统采集仪表的性能指标是评价仪表性能好坏、质量优劣的主要依据，也是正确选用仪表的必备知识。了解采集仪表性能指标的相关知识，能避免因采集仪表的选择和使用不当导致难以充分发挥采集仪表的作用，无法达到理想的检测效果。因此，深入了解采集仪表的性能指标是正确选择和使用仪表的前提。

采集仪表的性能指标主要包括技术指标、使用指标和经济指标三个方面。技术指标包括采集范围、采集精度、采集灵敏度等；使用指标主要是指操作容易程度、维修方便程度、抗干扰能力等；经济指标包括能耗、价格、使用寿命等。在城市污水处理系统采集仪表的选择过程中，需综合考虑选择同时具备良好的技术指标、使用指标和经济指标的采集仪表。因此，下面对采集仪表的一些重要性能指标进行介绍。

1. 采集范围

采集范围是指采集仪表在正常工作条件下所能采集数据的最小值到最大值，其最小值和最大值分别称为采集下限和采集上限。采集范围表示法是用下限值 ($l_下$) 至上限值 ($l_上$) 来表示。采集量程是采集上限与采集下限的代数差，记为 $L=l_上 - l_下$。给出采集仪表的采集范围，便可知采集上限、采集下限。若仅给出采集量程，无法判断采集仪表的采集范围。

2. 采集精度

采集精度是指采集仪表在正常工作条件下的采集结果与真值的一致程度，包括绝对误差、相对误差、引用误差及变差等。绝对误差是指采集结果与被测量参数真实值之间的代数差，即采集结果偏离真值的大小，绝对误差可以用来校正采集仪表的显示值。相对误差是指绝对误差与被测参数真实值的比值，相较于绝对误差能更好地说明采集的精确程度。引用误差是指绝对误差与仪表量程的比值，由于每次仪表检测示值的绝对误差都是不同的，引用误差仍与采集仪表的被测值有关，为此引入最大引用误差的概念。最大引用误差是指当被测参数稳定增加或减少时，各示值绝对误差的最大值与满量程比值的百分数，最大引用误差能够更准确地描述采集仪表的测量准确度，是重要的质量指标。变差是指在外界条件不变的情况下，令被检测变量逐渐增加（上行）和逐渐减少（下行），上行读数与下行读数代数差的绝对值，变差是判断采集仪表是否合格的重要性能指标之一，若采集仪表的变差除以量程的结果在允许误差范围之内，则表示采集仪表合格。

3. 采集灵敏度

采集灵敏度是指采集仪表在稳定状态下输出增量与输入增量的比值，即输入与输出特性曲线的斜率。若系统的输出和输入之间有线性关系，则采集灵敏度是一个常数，否则随输入量的大小而变化。采集灵敏度应与精度等级相适应，前者应略高于后者。过高的灵敏度提高不了采集精度，反而使读数不稳定。

3.4　城市污水处理系统数据采集

城市污水处理系统数据采集技术能够利用采集仪表及实验室化验等手段，获取城市污水处理过程的水质参数信息，并通过有线或无线数据传输方式传送给上位机，建立城市污水处理系统数据库实现数据的存储。城市污水处理系统数据采集技术不仅是系统建模的基础，也是实现城市污水处理过程优化运行的前提。本节围绕城市污水处理系统数据采集技术，详细介绍城市污水处理系统数据获取、数据传输和数据存储等技术。

3.4.1　城市污水处理系统数据获取

城市污水处理系统数据获取主要涉及在线检测技术和离线检测技术两种。在线检测技术利用采集仪表实现城市污水处理系统水质参数的实时在线获取；离线检测技术利用人工录入的方式实现对城市污水处理过程难以在线采集的数据获取。下面具体介绍以上两种数据获取方式。

1. 在线检测技术

在线检测技术能够利用采集仪表对城市污水处理过程的关键水质数据信息进行获取，城市污水处理过程中部分关键水质参数可以采用基于采集仪表的在线检测技术。以城市污水处理过程关键水质参数如温度、pH、溶解氧浓度和污泥浓度为例，各种温度采集仪表、pH 采集仪表、溶解氧浓度采集仪表和污泥浓度采集仪表的开发为在线数据的获取提供了可能。在线检测技术利用在线采集仪表，实现关键水质参数数据的实时检测，及时掌握城市污水处理过程的运行信息，是城市污水处理过程重要的数据获取方式之一。

2. 离线检测技术

离线检测技术能够采用人工录入的方式对数据进行获取，适用于非自动化设备及不具备数据获取功能的自动化设备。在城市污水处理过程中存在部分关键水质参数无法采用采集仪表进行在线检测的情况，以城市污水处理过程出水水质指标为例，生化需氧量、化学需氧量等出水水质指标检测方式为实验室化验。离线检测技术利用实验室化验，实现关键水质参数数据的获取，并手动录入系统数据库，进一步丰富系统数据，是一种常见的城市污水处理系统数据获取方式。

3.4.2　城市污水处理系统数据传输

城市污水处理系统数据传输技术通过一条或者多条数据链路，将系统数据从数据源传输到数据终端，可以实现点对点之间的数据传输与交换。根据城市污水处理系统实际的需求，城市污水处理系统的数据传输技术主要包括有线数据传输技术和无线数据传输技术两种。

1. 城市污水处理系统有线数据传输技术

城市污水处理系统有线数据传输技术采用物理连接将数字信号或模拟信号从通信设备的一方传输到另一方。在有线数据传输过程中，有线传输介质主要包括双绞线、同轴电缆和光纤三类。双绞线是由两根具有绝缘保护层的铜导线按照一定密度相互绞在一起组成的，一般可分为屏蔽双绞线和非屏蔽双绞线两类，双绞线既可以传输模拟信号也可以传输数字信号；同轴电缆由内导体、绝缘介质、外导体和护套四部分组成，一般可分为基带同轴电缆和宽带同轴电缆两类，基带同轴电缆用于传输数字信号，宽带同轴电缆用于传输模拟信号；光纤由中心高折射率玻璃纤芯、低折射率硅玻璃包层和树脂涂层三部分组成，一般可分为单模光纤和多模光纤。每一根光纤在任何时候都只能单向传输数字信号，因此若要实现双向通信就必须成对使用光纤。三种有线传输介质的主要特性如表 3-4 所示。

表 3-4　城市污水处理系统三种常见的有线传输介质特性

传输介质	连通性	抗干扰性
双绞线	点到点连接、多点连接	在低频传输时,抗干扰性高于同轴电缆;而在 10～100kHz 传输时,则抗干扰性低于同轴电缆
同轴电缆	点到点连接、多点连接	基带同轴电缆和宽带同轴电缆的抗干扰性通常均高于双绞线
光纤	点到点连接	不受外界电磁干扰或噪声影响

2. 城市污水处理系统无线数据传输技术

　　城市污水处理系统无线数据传输技术利用无线数据传输模块,实现数据远程传递。在城市污水处理系统中,常用的无线数据传输技术主要包括紫蜂、蓝牙、无线宽带、通用无线分组业务和数字式无线数据传输电台等技术。紫蜂传输技术是一种应用广泛的无线通信技术,通常用于传输范围小、传输速率低的通信设备之间,既可以实现近距离的无线通信,又可以降低能源的消耗;蓝牙传输技术是一种无线数据和声音传输的近距离通信技术,能够有效地简化移动通信设备和终端设备之间的通信,能在设备间实现快捷、准确、安全的数据通信和语音通信;无线宽带传输技术是一种无线局域网传输方式,其传输覆盖范围较广,且传输速度较快;通用无线分组业务传输技术是一种基于全球移动通信系统的无线传输技术,能够传输高速和低速的数据信息;数字式无线数据传输电台技术简称数传电台技术,是一种整合了数字信号处理技术、数字调制解调技术和软件无线电技术的高性能无线数据传输技术,其具有数据传输实时性好、稳定性高等优势。几种常见的无线数据传输技术的优缺点如表 3-5 所示。

表 3-5　城市污水处理系统几种常见的无线数据传输技术的优缺点

传输技术	优点	缺点
紫蜂	低功耗、低成本	传输范围小、传输速率低
蓝牙	低延迟、低功耗	传输距离有限、兼容性差
无线宽带	传输覆盖范围广	传输保密性差、费用高
通用无线分组业务	传输速率快,传输距离远	通信质量不稳定、延时高
数传电台	可靠性高,保密性强	建设费用高、维护难

　　在城市污水处理系统数据传输技术中,传输协议作为关键因素定义了数据单元使用的格式,包含信息含义、连接方式、信息发送和接收的时序等,确保系统中数据能够顺利地传送到确定的地方。城市污水处理系统数据传输技术常用的通信协议包括传输控制协议和用户数据报协议。根据传输控制协议,在数据传输时通信端会发送一个通信请求,这个请求必须被送到一个确切的地址,在双方"握

手"之后，将在通信端和接收端建立一个全双工通信，实现信息的输出；传输控制协议具有高可靠性，能够确保传输数据的正确性，不易出现数据丢失和数据乱序，被广泛应用于城市污水处理系统的数据传输过程中。根据用户数据报协议，在数据传输时传输数据的通信端和接收端不建立连接，当传送时抓取来自通信端的数据，并尽可能快地将其"扔"到网络传输接收端，用户数据报协议具有较快的传输速度和较好的实时性。传输控制协议和用户数据报协议是城市污水处理系统数据传输过程中常用的两种通信协议，传输控制协议是面向连接的传输服务，而用户数据报协议提供了无连接的传输服务，可根据城市污水处理厂的需求选择合适的通信协议。

3.4.3　城市污水处理系统数据存储

城市污水处理系统数据存储技术利用城市污水处理系统的数据库，实现在计算机内部或外部存储介质上的数据记录。因此，构建数据库是数据存储的基础。城市污水处理系统数据库将城市污水处理过程关键水质参数的数据获取、数据处理、数据库管理、数据库维护等压缩至一个平台和载体上。城市污水处理系统数据库为城市污水处理过程建模提供了数据基础，方便城市污水处理过程数据的处理和海量城市污水处理数据的集成化管理。城市污水处理系统数据库的创建包括需求分析、数据库设计、数据库实施、数据库运行和维护。

1. 需求分析

需求分析是指对城市污水处理系统的整体运行情况进行全面且详细的调查，收集支持城市污水处理系统设计需求的基础数据，明确城市污水处理系统目标用户群体和用户群体的各种需求，确定城市污水处理系统数据库的总体情况、数据库结构和数据库功能。为了使城市污水处理系统目标用户获得准确完整的数据信息，城市污水处理系统数据采集技术主要包括在线检测技术和离线检测技术，城市污水处理系统数据传输技术包括有线数据传输技术和无线数据传输技术，利用不同的数据采集技术和数据传输技术获取数据，各种数据类型相互补充，形成了一个完整的城市污水处理系统数据库。

2. 数据库设计

数据库设计是指对城市污水处理系统数据库的基本结构进行初步设计，是创建城市污水处理系统数据库的关键步骤。城市污水处理系统数据库设计的三个层次分别为物理数据层、概念数据层和逻辑数据层，分别反映了观察数据库的三种不同角度。

1) 物理数据层

物理数据层是城市污水处理系统数据库的最底层，是物理存储设备上实际存储的数据集合。物理数据层存储的数据是数据库中的原始数据，由位串、字符和字组成，使用者可以对原始数据进行加工，由物理数据层内部设计的指令实现对原始数据的简单操作。

2) 概念数据层

概念数据层是城市污水处理系统数据库的中间层，描述城市污水处理系统数据库的整体逻辑结构，同时也是物理数据层和逻辑数据层的桥梁，实现物理数据层、概念数据层和逻辑数据层之间的数据连接和指令传达。概念数据层给出每个城市污水处理过程数据的逻辑定义以及数据与数据间的逻辑关系，是城市污水处理过程数据存储记录逻辑的集合。与物理数据层表示数据的物理情况不同，概念数据层涉及城市污水处理系统数据库中所有对象之间的逻辑关系，直接面对数据库管理人员。

3) 逻辑数据层

逻辑数据层是城市污水处理系统数据库直接面向用户的一层，用来记录特定用户对数据的使用，即逻辑记录的集合，实现城市污水处理系统数据库数据的输入和输出。

3. 数据库实施

城市污水处理系统数据库的实施阶段在城市污水处理系统数据库的设计之后，设计人员选择合适的数据语言和编程语言，根据物理数据层、概念数据层和逻辑数据层的设计需求编制与调试应用程序，完成城市污水处理系统数据库的建立，并组织数据入库。在数据入库后，测试人员对城市污水处理系统数据库进行试运行，测试数据库的功能，根据测试结果对数据库进行相应的修改，完善城市污水处理系统数据库的功能。

4. 数据库运行和维护

为保证城市污水处理系统数据库的成功应用，数据库的运行与维护也是城市污水处理系统数据库的设计和开发不可缺少的部分。城市污水处理系统数据库的运行与维护阶段的主要任务包括保证数据的安全性、监控数据库的性能及定期更新数据库等。

1) 保证数据的安全性

在数据库投入使用前制定合理完备的城市污水处理系统数据库安全运行策略是保障系统数据库安全稳定运行的关键环节，具体的安全运行策略主要包括管理用户权限、设定数据库密码、实施数据备份等方式。

2) 监控数据库的性能

监控数据库的性能，就是对城市污水处理系统数据库定期进行存储空间状况和响应速度评价分析，确定优化和改善措施，适时增加一些新的数据和功能，及时调整数据库的运行状况。

3) 定期更新数据库

根据城市污水处理系统数据库性能分析结果，对城市污水处理系统数据库在运行中发生的错误，维护人员须及时修正、更新数据库，保证数据库的正常运行。

3.5 城市污水处理系统数据处理

城市污水处理系统数据处理指利用数据清洗、数据融合和数据共享等技术，保证系统数据的质量，提高数据的准确性和可靠性，实现系统数据信息充分有效的利用。城市污水处理系统数据处理技术为城市污水处理系统建模提供有效信息，对保障系统模型性能具有重要的意义和价值。因此，本节围绕城市污水处理系统数据处理技术，详细介绍城市污水处理系统中常用的数据处理技术，包括数据清洗、数据融合和数据共享。

3.5.1 城市污水处理系统数据清洗

城市污水处理系统数据清洗技术能够对系统数据进行审查、检测、校验和补偿。由于城市污水处理系统运行环境复杂，具有非线性、时变性和耦合性等特点，获取的系统数据易出现缺失、离群等异常现象，严重影响了系统数据的有效性。因此，采用数据清洗技术对系统数据进行处理，保证采集数据的准确性和完整性，确保为城市污水处理系统模型的构建提供有效信息。数据清洗技术包括异常数据识别、缺失数据分类，以及缺失数据补偿和纠正三个步骤，如图 3-3 所示。

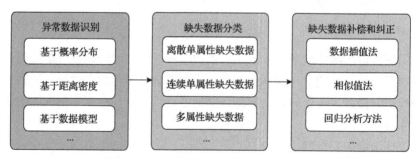

图 3-3　城市污水处理系统数据清洗技术

城市污水处理系统异常数据识别技术能够快速准确识别系统数据中的异常数

据并对其进行剔除。常用的异常数据识别技术主要包括基于概率分布的异常数据识别技术、基于距离密度的异常数据识别技术和基于数据模型的异常数据识别技术。基于概率分布的异常数据识别技术主要是结合滑动窗口技术与假设检验理论，假设没有发生异常的数据服从某种概率分布，一旦真实的数据出现不服从假设概率分布的情况，则判断出现异常数据。基于距离密度的异常数据识别技术是计算被测数据点与正常数据点之间的距离，将距离大于事先给出阈值的数据点标记为异常数据。基于距离密度的异常识别技术以局部异常因子算法为基础，能够有效识别局部异常数据和全局异常数据。基于数据模型的异常数据识别技术需根据正常数据构建数据模型，将实际数据样本与模型输出之间的偏差用于标记测试样本，对异常数据进行识别剔除后，形成缺失数据集，根据缺失数据的分布将缺失数据划分为不同模式，为选取合适的缺失值处理方法提供参考依据。

　　城市污水处理系统缺失的数据可大致分为单属性缺失数据和多属性缺失数据。单属性缺失数据又分为离散单属性缺失数据和连续单属性缺失数据。离散单属性缺失数据是指缺失值在数据集中随机分布。连续单属性缺失数据是指在某个属性中出现连续多个数据值缺失。多属性缺失数据是指在某一时刻多个变量同时出现数据值缺失。城市污水处理系统运行环境复杂，进水流量波动大，采集的系统数据中存在多种异常数据，因此需要根据系统数据特点，选择合适的异常数据识别方法，辨识出系统数据中的异常数据。

　　城市污水处理系统异常数据补偿和纠正技术能够对系统缺失数据采用数据补偿和纠正的方法进行处理，完成城市污水处理系统异常数据的清洗。常用的数据补偿和纠正技术主要包括基于数据插值法、相似值法、回归分析方法及深度学习的数据补偿和纠正技术等。

　　基于数据插值的数据补偿和纠正技术可以用来求解未知函数，或者对于已知但难以精确计算的函数，寻找与其特征相似的近似曲线。城市污水处理系统常用的数据插值法主要包括均值插值、线性插值、多项式插值等。基于相似值的数据补偿和纠正技术能够在数据库中使用与缺失数据相似的数据对其进行补偿和纠正，该数据补偿和纠正技术可以通过观察法直接选取一个随机的数据来弥补缺失值，还可以在现有观测值的基础上通过对数据进行分类，根据分类结果随机选择数据对缺失数据进行补偿和纠正，其更适合类别较为明显的缺失数据。基于回归分析的数据补偿和纠正技术能够通过回归方程，建立缺失数据与现有数据之间的相关依赖关系，修正异常数据，其根据参数数量的不同可分为一元回归分析和多元回归分析，而根据参数之间的不同关系又可分为线性回归分析和非线性回归分析，考虑到计算的复杂度，城市污水处理系统通常使用线性回归分析对缺失数据进行补偿。

　　城市污水处理系统数据清洗技术的选择主要与采集数据的类型、维度，以及数据缺失情况有关，具体技术的选取将根据实际城市污水处理系统的需求确定。

3.5.2　城市污水处理系统数据融合

城市污水处理系统数据融合技术能够通过对清洗后的数据信息进行分析和处理，捕捉到数据间的耦合性，融合多个因素对某一关键过程变量的影响，有效消除冗余信息，降低数据采集过程中的不确定性，提高数据信息的准确性，为城市污水处理系统提供准确的数据。数据融合方法包括基于处理模式、基于数据信息量变化及基于操作抽象级别的数据融合，如图 3-4 所示。

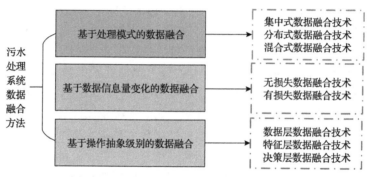

图 3-4　城市污水处理系统数据融合方法分类

1. 基于处理模式的数据融合

基于处理模式的数据融合技术能够根据传感器采集的数据流通方式进行数据处理。在城市污水处理系统中，根据传感器的布局，基于处理模式的数据融合方法可以分为集中式数据融合技术、分布式数据融合技术和混合式数据融合技术三种。集中式数据融合技术对城市污水处理系统中每个传感器节点采集的原始系统数据直接进行传输，传输前不进行融合处理，当数据传输到汇聚节点处时对数据进行集中式数据融合处理；分布式数据融合技术将城市污水处理系统传感器采集的数据在进行数据传输前进行局部处理，再把经过处理后的数据传输到汇聚节点，在汇聚节点处对城市污水处理数据进行统一处理；混合式数据融合技术同时将原始的城市污水处理系统数据和经过城市污水处理系统传感器节点处理后的数据传输给汇聚节点。为了进一步描述基于处理模式的数据融合技术的特点，总结以上技术的优缺点如表 3-6 所示。

2. 基于数据信息量变化的数据融合

基于数据信息量变化的数据融合技术根据采集前后数据量和数据种类的变化进行数据处理。基于数据信息量变化的数据融合方法可分为无损失数据融合技术

表 3-6　基于处理模式的数据融合技术的优缺点

数据融合技术	优点	缺点
集中式数据融合技术	保证城市污水处理系统数据的完整性, 融合精度高	城市污水处理系统通信带宽负担重, 网络生存时间短
分布式数据融合技术	减轻城市污水处理系统通信带宽的压力、延长网络寿命	传输的城市污水处理系统通信带宽数据量小, 污水数据信息精度低
混合式数据融合技术	同时具备集中式和分布式的优点, 优势互补	复杂程度高、城市污水处理系统的花费高

和有损失数据融合技术两种。无损失数据融合技术是对城市污水处理系统传感器节点采集的原始数据进行冗余信息的去除,保留其他污水数据信息,将其全部传输给汇聚节点。有损失数据融合技术是将城市污水处理系统传感器采集到的原始城市污水处理数据信息进行合并和删减,并将融合后的城市污水处理系统的数据信息传输给汇聚节点。在城市污水处理系统中,有损失数据融合技术传输的信息相对完整,但是融合效果不明显;无损失数据融合技术能够降低数据量,提高资源利用率,但是会破坏数据的完整性。

3. 基于操作抽象级别的数据融合

基于操作抽象级别的数据融合技术根据数据的抽象层次进行数据处理。在城市污水处理系统中,根据传感器的种类和数据特征提取流程的不同,基于操作抽象级别的数据融合技术可以分为数据层数据融合技术、特征层数据融合技术和决策层数据融合技术三种。数据层数据融合技术是对城市污水处理系统底层传感器节点采集的原始数据直接进行数据层的数据融合,并对融合后的数据进行特征提取及决策;特征层数据融合技术针对城市污水处理系统传感器节点采集的原始数据信息提取数据特征,并对数据特征进行特征层融合;决策层数据融合技术是在城市污水处理系统中每个传感器对采集的数据信息进行初步的特征提取和决策后,再进行高层次的决策融合。为了进一步描述基于操作抽象级别的数据融合技术的特点,总结以上技术的优缺点如表 3-7 所示。

表 3-7　基于操作抽象级别数据融合技术的优缺点

数据融合技术	优点	缺点
数据层数据融合技术	融合精度最高,能够减少城市污水处理系统数据量的损失	只适用于相同介质的传感器
特征层数据融合技术	融合精度次之,压缩网络传输城市污水处理系统的数据	不要求多传感器是否属于同类
决策层数据融合技术	融合精度最差,融合结果能够直接执行城市污水处理系统的任务	不要求多传感器是否属于同类

3.5.3　城市污水处理系统数据共享

城市污水处理系统数据共享能够实现工作人员在不同的操作场所互相读取数据，并进行各种操作和处理，完成数据资源交互及充分利用，减少重复的数据采集工作，有效避免了资源浪费。城市污水处理系统常用的数据共享方法主要包括基于文件的数据共享、基于消息的数据共享和基于数据库的数据共享三种方法。

1. 基于文件的数据共享

基于文件的数据共享方法能够将以硬盘为载体在计算机上存储需要共享的城市污水处理系统的数据文件，包括文字信息、图片信息、视频信息或应用程序信息等，通过有线网络或无线网络传输、存储设备复制等方式，传送给共享数据文件的接收方。基于文件的数据共享方法是城市污水处理系统中最常用的数据共享方法，广泛应用于各城市污水处理厂，其具有操作简便、快捷且安全性较高等特点。

2. 基于消息的数据共享

基于消息的数据共享方法能够通过消息中间件传输共享数据，实现数据在不同设备之间的共享。常用的基于消息的数据共享方法主要包括四个部分：消息规范、信息中心、消息处理器和数据适配器。基于消息的数据共享方法在消息规范过程中统一描述和表达城市污水处理系统的消息数据，经信息中心为城市污水处理系统的消息数据配置位置信息和路由信息。通过消息处理器共享城市污水处理系统的数据标识，查找在信息中心配置的位置信息和路由信息，实现城市污水处理系统数据共享。

3. 基于数据库的数据共享

基于数据库的数据共享方法能够将数据库中的数据保存在缓冲数据库并公开数据库结构，数据应用方根据需求从数据缓冲区读取共享数据。各个城市污水处理厂都建立了独立的城市污水处理系统数据库，基于数据库的数据共享方法为各个城市污水处理厂数据信息的交互提供了有效的途径，通过构建数据共享模型，允许数据应用者统一访问数据库缓冲区，实现对城市污水处理系统数据的连接和查询，提供城市污水处理系统数据的共享服务。

3.6　本章小结

本章针对城市污水处理系统数据采集和处理过程，分析了城市污水处理系统的数据特点，介绍了城市污水处理系统采集仪表的安装使用与数据采集技术，并详细描述了数据清洗、数据融合和数据共享等数据处理技术，建立了完备的数据库，提高了数据有效性。主要内容如下：

(1)城市污水处理系统数据特点。深入分析了城市污水处理系统的在线数据及离线数据，结合系统运行特征，介绍了城市污水处理系统数据体量大、种类多及质量低等特点，为系统数据采集和处理奠定了基础。

(2)城市污水处理系统采集仪表。详细介绍了采集仪表的选用、安装以及采集仪表的性能和规范化等内容，为城市污水处理系统的信息获取提供了关键途径。

(3)城市污水处理系统数据采集技术。重点描述了城市污水处理系统在线数据和离线数据的采集技术，通过数据传输技术将系统数据传输至上位机，并建立城市污水处理系统数据库实现数据的存储，完成水质参数数据的有效获取。

(4)城市污水处理系统数据处理技术。着重概述了城市污水处理系统原始数据的录入、编辑、分析、存储管理等处理技术，获取有价值且有意义的数据，保证城市污水处理系统数据质量，提高数据的准确性和可靠性。

第4章 城市污水处理系统知识获取与推理

4.1 引 言

城市污水处理系统知识获取与推理主要包括知识获取与知识推理两部分。城市污水处理系统知识获取分析城市污水处理过程运行特点，提取用于描述运行机理、操作经验及运行规律等的知识信息。城市污水处理系统知识推理能够在运用知识信息的基础上，利用智能推理策略获取有效知识，实现城市污水处理运行问题的求解。城市污水处理系统知识获取与推理方法可以在机器与机器以及人与机器之间进行知识交流、知识挖掘，并使知识适应不同工况下的城市污水处理系统，为城市污水处理系统建模提供有效的引导和支持。

城市污水处理系统知识获取将蕴含于城市污水处理过程中的知识通过识别、形式化、筛选等过程抽取出来，通过知识表达，将抽取的知识变换为城市污水处理系统可识别的知识形式，并以计算机和人类可理解的表示形式将知识编辑、编译送入知识库，并对知识进行检测及重新组织提高城市污水处理系统知识的有效性，完成城市污水处理系统知识库的构建。城市污水处理系统知识推理通过知识归纳将知识库中的知识按照用途进行分类，根据城市污水处理过程的问题需求，利用知识搜索方法找到相应分类目录，在目录中寻找与当前问题相匹配的城市污水处理知识，采用知识增值等方法将获取的匹配知识进一步修改，并利用修改的知识解决当前问题，最后将修改的知识导入城市污水处理系统知识库中，完成城市污水处理系统知识库的扩充。

城市污水处理系统知识获取与推理效果对系统模型的构建起到至关重要的作用。如何从城市污水处理系统中提取并利用有效的知识信息是城市污水处理系统知识获取与推理的重点和难点。本章围绕城市污水处理系统知识获取与推理过程进行展开：首先，介绍城市污水处理系统的知识特点，包括城市污水处理过程的知识多样性、知识复杂性和知识易变性，并分别举例说明每个知识特点；其次，详述城市污水处理系统知识获取方法，通过列举知识发现、知识表达及知识库构建方法来表述一个完整的知识获取周期；最后，描述城市污水处理系统知识推理方法，按照知识归纳、知识评价和知识增值等步骤进行知识应用，实现城市污水处理过程的知识推理。

4.2　城市污水处理系统知识特点

城市污水处理系统知识按照获取方式不同，可分为机理知识、操作人员经验知识及运行规律知识。本节详细介绍城市污水处理系统的知识多样性、知识复杂性及知识易变性等特点，为系统知识获取与推理奠定基础。

4.2.1　城市污水处理系统知识多样性

城市污水处理系统知识具有多样性，主要包括机理知识、运行规律知识及操作人员经验知识，如表 4-1 所示。首先，城市污水处理系统各个反应池内包含多种处理工艺和生物菌落，衍生出了多样化的机理知识。机理知识包括城市污水处理过程初沉池、厌氧池、缺氧池、好氧池、二沉池、污泥浓缩池、机械压滤脱水池等机理知识。其次，城市污水处理系统溶解性和颗粒性组分众多，衍生出了多样性的运行规律知识。城市污水处理系统运行规律知识用于描述各个组分在运行过程中的必然发展趋势，包括流量、溶解性组分、颗粒性组分的变化趋势。再次，城市污水处理厂工人在进行生产、管理活动时，会积累大量的操作经验，产生出了多种多样的操作人员经验知识。操作人员经验知识一般源于操作人员的长期积累。一般情况下，操作人员经验知识仅描述所观察某个事实的表面现象，主观性较强，通常用于在紧急事故发生时指导污水处理系统恢复到正常水平。此外，城市污水处理系统存在污泥膨胀、污泥上浮、泡沫问题、污泥解体和污泥腐化等多种异常工况，每一种异常工况都有其对应的操作人员经验知识。

表 4-1　城市污水处理过程代表性知识类型

一级知识	二级知识	三级知识
机理知识	初沉池机理知识	固液分离机理
	厌氧池机理知识	溶解性磷有效释放、快速降解基质消耗机理
	缺氧池机理知识	反硝化反应过程和缺氧水解机理
	好氧池机理知识	异养菌好氧增殖、好氧水解机理
	二沉池机理知识	载体与水分离机理
运行规律知识	初沉池运行规律知识	初沉池组分变化规律
	厌氧池运行规律知识	厌氧池组分变化规律
	缺氧池运行规律知识	缺氧池组分变化规律
	好氧池运行规律知识	好氧池组分变化规律
	二沉池运行规律知识	二沉池组分变化规律

续表

一级知识	二级知识	三级知识
操作人员经验知识	污泥膨胀操作人员经验知识	污泥膨胀的原因和处理方式
	污泥上浮操作人员经验知识	污泥上浮的原因和处理方式
	泡沫问题操作人员经验知识	泡沫问题的原因和处理方式
	污泥解体操作人员经验知识	污泥解体的原因和处理方式
	污泥腐化操作人员经验知识	污泥腐化的原因和处理方式

4.2.2　城市污水处理系统知识复杂性

城市污水处理系统知识具有复杂性，其复杂性由多种影响因素造成，如表 4-2 所示。对于机理知识，生化反应过程具有多种微生物种类，不同微生物发生生化反应的条件、基质和产物不同。同时，微生物在进行不同生化反应时降解有机污染物的类型和质量不同。此外，微生物的不同生长阶段的活性具有很大区别，同一种微生物在不同时间段内具有不同的生化反应速率。因此，城市污水处理系统机理知识具有复杂性。对于运行规律知识，生化反应过程具有一系列过程变量，且进水流量、进水水质及外界环境动态变化。同时，不同反应过程具有多种多样的组分，各个组分呈现不同的反应趋势。因此，城市污水处理系统运行规律知识具有复杂性。对于操作人员经验知识，操作人员在处理各种事故时具有自己的主观性，知识的主观性导致了复杂性。此外，不同的事故类型具有独特的影响因素，例如，针对污泥膨胀，若进水有机物少，则增加碳源排放量；若有机负荷率太低，则减少水力停留时间或补充微生物食料；若进水氮不足或碳水化合物的含量过高，则投加尿素等。可见知识的特殊性也会导致复杂性。

表 4-2　城市污水处理过程知识的影响因素

一级知识	二级知识	影响因素
机理知识	初沉池机理知识	有效沉淀面积、进水量、表面负荷等
	厌氧池机理知识	释磷速率常数、水力停留时间、反应器容积等
	缺氧池机理知识	反硝化反应速率、反硝化菌生长速率等
	好氧池机理知识	内源分解速率、水解速率等
	二沉池机理知识	活性污泥沉降参数、有效沉淀面积等
运行规律知识	初沉池运行规律知识	S_{NH_4}、S_S、S_I、S_{NVSS} 等
	厌氧池运行规律知识	S_{NH_4}、S_S、S_I、S_{NO_3}、S_{ALK} 等
	缺氧池运行规律知识	S_{NH_4}、S_S、S_I、S_{PO_4}、S_{ALK} 等

续表

一级知识	二级知识	影响因素
运行规律知识	好氧池运行规律知识	S_{NH_4}、S_S、S_I、S_{NO_3}、S_{ALK} 等
	二沉池运行规律知识	S_{NH_4}、S_S、S_{NO_3}、S_{PO_4} 等
操作人员经验知识	污泥膨胀操作人员经验知识	进水有机物浓度、进水氮浓度、溶解氧浓度等
	污泥上浮操作人员经验知识	进水盐浓度、进水量、COD 负荷等
	泡沫问题操作人员经验知识	污泥停留时间、微生物种类等
	污泥解体操作人员经验知识	污水量、回流污泥量、空气量等
	污泥腐化操作人员经验知识	污泥停留时间、溶解氧浓度等

4.2.3　城市污水处理系统知识易变性

城市污水处理系统知识具有易变性,当城市污水处理系统发生运行条件变化、进水负荷变化或污水处理系统受到干扰时,机理知识、运行规律知识和操作人员经验知识会发生改变,产生动态变化的知识。

城市污水处理系统的运行条件变化主要是指工厂改造所带来的变化,工厂改造会带来反应器容积、有效沉淀面积、表面负荷的变化。反应器容积、有效沉淀面积、表面负荷是机理知识的主要影响因素,当这些因素随污水处理厂的运行条件变化时,相应的机理知识和操作人员经验知识也会随之发生改变,如表 4-2 所示。

进水负荷的动态变化是由居民用水习惯及日常降雨造成的,影响着进水量、反应组分浓度、表面负荷、水力停留时间的变化。由表 4-2 可知,进水量、表面负荷、水力停留时间是机理知识的影响因素,当这些因素随城市污水处理厂的进水负荷变化时,相应的机理知识也会发生改变。反应组分浓度和反应趋势是运行规律知识的影响因素,当这些因素随进水负荷变化时,污水处理反应池的运行规律知识会发生改变。此外,污泥停留时间、微生物种类是泡沫问题、污泥腐化等操作人员经验知识的影响因素,当进水负荷动态变化时,泡沫问题、污泥腐化等操作人员经验知识也会发生改变。

城市污水处理系统的干扰主要是指由电力、雷电、雷达、高频感应加热设备等产生的空间辐射干扰、供电网络干扰、接地系统混乱干扰、信号线干扰等。在污水处理系统运行过程中,干扰会对传感器信号、系统运行信号产生影响,进一步使城市污水处理过程中的进水量、溶解氧浓度、溶解性组分浓度和颗粒性组分浓度的采集信号值产生偏差,影响城市污水处理系统机理知识、运行规律知识和操作人员经验知识的变化。

4.3　城市污水处理系统知识获取

城市污水处理系统知识获取是通过分析城市污水处理过程的运行特点，提取用于描述运行机理、操作经验及运行规律等的知识信息。本节首先介绍采用知识发现技术从城市污水处理系统中挖掘出系统知识；其次介绍利用知识表示方法将系统知识转化为城市污水处理系统可识别的知识形式；最后介绍构建知识库存储有效的城市污水处理系统知识，完成城市污水处理系统的知识获取。

4.3.1　城市污水处理系统知识发现

城市污水处理系统知识发现根据运行过程需求，从城市污水处理系统中挖掘出可用知识，为知识获取奠定基础。城市污水处理系统知识发现主要包括三个方面，分别为机理知识发现、运行规律知识发现和操作人员经验知识发现。下面分别对这三种知识的发现过程进行介绍。

1. 机理知识发现

机理知识发现通过分析城市污水处理系统反应过程中组分间的相互作用关系，挖掘用于描述运行过程的机理知识。机理知识发现过程可分为需求分析、机理挖掘和知识调整三个步骤：首先，在需求分析阶段，根据城市污水处理系统反应过程的需求或运行过程存在的问题，分析运行过程中蕴含的反应机理；其次，在机理挖掘阶段，分析反应机理中涉及的相关组分和参数，将反应机理中组分与组分、组分与参数之间的相互作用关系描述成知识的形式，实现机理知识的挖掘；最后，在知识调整阶段，针对反应组分的重复列举或不全面列举造成机理冗余或不完整问题，评价机理知识的冗余性和完整性，动态调整机理知识，重新挖掘适用的机理知识，实现知识的自适应调整，完成机理知识发现。

为了更清晰深入地了解机理知识发现过程，本节以厌氧池机理知识发现为例描述机理知识发现的过程。首先，在需求分析阶段，以挖掘厌氧池运行机理知识为目标，分析厌氧池的反应机理，确定厌氧池运行机理知识为溶解性磷的有效释放和快速降解基质的消耗，根据厌氧池的反应机理挖掘出磷释放量与其他组分和参数的相互作用关系，包括厌氧池内磷释放量与水力停留时间的相互作用关系和厌氧池内最大有效磷释放量与快速生物降解基质消耗量的相互作用关系。其次，在机理挖掘阶段，将反应机理各组分间的相互作用关系描述成知识形式：厌氧池内磷释放量随水力停留时间的增大而增大，厌氧池内最大有效磷释放量随快速生物降解基质消耗量的增大而增大。最后，在知识调整阶段，利用专家经验对挖掘出的机理知识进行冗余性和完整性评价，对冗余和不完整的知识进行适当调整，完成厌氧池机理知识的发现。

城市污水处理系统主要包括初沉池、厌氧池、缺氧池、好氧池、二沉池等多个处理单元，下面分别对每个处理单元的机理知识进行描述。

1) 初沉池机理知识

在初沉池中，进水的部分固体污染物在重力作用下沉淀，实现固液分离并降低污染物净化负荷。在初沉池固液分离反应过程中，初沉池污泥浓度与有效沉淀面积有关，相关机理表示如下：

$$X_{\text{TSS,13}} = \left[a_{\text{p}}(n_{\text{p}}-1) \right]^{1/n_{\text{p}}} \frac{n_{\text{p}}}{n_{\text{p}}-1} \left(\frac{A_{\text{A}}}{Q_{13}} \right)^{1/n_{\text{p}}}$$

$$A_{\text{A}} = Q_1 / q_{\text{A}}$$

(4-1)

其中，$X_{\text{TSS,13}}$ 为初沉池污泥浓度；a_{p} 和 n_{p} 为初沉池沉淀污泥的浓缩常数；A_{A} 为初沉池有效沉淀面积；Q_{13} 为初沉池污泥排放流量；Q_1 为初沉池出水流量；q_{A} 为表面负荷。相关机理知识表示为：在其他变量固定的前提下，初沉池污泥浓度随初沉池有效沉淀面积的增大而增大；初沉池有效沉淀面积随初沉池表面负荷的增大而减少。同时，初沉池出水固体悬浮物浓度与初沉池进水固体悬浮物浓度及其表面负荷有关：

$$\frac{X_{\text{TSS,1}}}{X_{\text{TSS,0}}} = 1 - v_1 (X_{\text{TSS,0}})^{v_2} (q_{\text{A}})^{-v_3}$$

(4-2)

其中，$X_{\text{TSS,1}}$ 为初沉池出水固体悬浮物浓度；$X_{\text{TSS,0}}$ 为初沉池进水固体悬浮物浓度；v_1、v_2、v_3 分别为正值沉淀参数。相关机理知识表示为：在其他变量固定的前提下，初沉池出水固体悬浮物浓度随表面负荷的增大而减小。

2) 厌氧池机理知识

厌氧池反应过程包括溶解性磷的有效释放和快速降解基质的消耗。在厌氧池溶解性磷的有效释放过程中，厌氧池内磷释放量与水力停留时间有关，表示如下：

$$\Delta S_{\text{P}} = \Delta S_{\text{P,M}} \left(1 - \text{e}^{-k_{\text{B,1}} t_{\text{B}}} \right)$$

$$t_{\text{B}} = \frac{V_{\text{B}}}{Q_2}$$

(4-3)

其中，ΔS_{P} 为厌氧池内磷释放量；$\Delta S_{\text{P,M}}$ 为厌氧池内最大有效磷释放量；$k_{\text{B,1}}$ 为释磷过程的时间速率常数；t_{B} 为水力停留时间；V_{B} 为厌氧反应器容积；Q_2 为厌氧池出水流量。上述关系的机理知识表示为：在其他变量固定的前提下，厌氧池内磷释放量随水力停留时间的增大而增大。同时，在快速降解基质的消耗过程中，厌氧池内最大有效磷释放量与快速生物降解基质消耗量有关：

$$\Delta S_{\mathrm{P,M}} = v_{\mathrm{SS,PO_4}}(S_{\mathrm{S,1}} - S_{\mathrm{S,2}}) \tag{4-4}$$

其中，$v_{\mathrm{SS,PO_4}}$ 为快速生物降解基质消耗量与有效磷释放量之间的计量学系数；$S_{\mathrm{S,1}}$ 为厌氧池进水快速生物降解基质浓度；$S_{\mathrm{S,2}}$ 为厌氧池出水快速生物降解基质浓度。相关机理知识表示为：在其他变量固定的前提下，厌氧池内最大有效磷释放量随快速生物降解基质消耗量的增大而增大。

3）缺氧池机理知识

缺氧池反应过程主要为反硝化反应过程和缺氧水解过程。在缺氧池反硝化反应过程中，反硝化异养菌的增殖反应速率与溶解氧浓度、快速可生物降解有机物浓度、氨氮浓度、硝酸盐浓度、碱度、溶解性磷浓度、异养菌浓度等有关，表示如下：

$$
\begin{aligned}
r_{\mathrm{XH}} = & \frac{S_{\mathrm{O_2,3}}}{S_{\mathrm{O_2,3}} + K_{\mathrm{O_2}}} \frac{S_{\mathrm{S,3}}}{S_{\mathrm{S,3}} + K_{\mathrm{S}}} \frac{S_{\mathrm{NH_4,3}}}{S_{\mathrm{NH_4,3}} + K_{\mathrm{NH_4}}} \\
& \cdot \frac{S_{\mathrm{NO_3,3}}}{S_{\mathrm{NO_3,3}} + K_{\mathrm{NO_3}}} \frac{S_{\mathrm{ALK,3}}}{S_{\mathrm{ALK,3}} + K_{\mathrm{ALK}}} \frac{S_{\mathrm{PO_4,3}}}{S_{\mathrm{PO_4,3}} + K_{\mathrm{PO_4}}} \mu_{\mathrm{H}} \eta_{\mathrm{g}} X_{\mathrm{H,3}}
\end{aligned}
\tag{4-5}
$$

其中，r_{XH} 为反硝化异养菌的增殖反应速率；$S_{\mathrm{O_2,3}}$ 为缺氧池出水溶解氧浓度；$K_{\mathrm{O_2}}$ 为氧的饱和抑制系数；$S_{\mathrm{S,3}}$ 为缺氧池出水快速可生物降解有机物浓度；K_{S} 为可快速降解有机物的饱和抑制系数；$S_{\mathrm{NH_4,3}}$ 为缺氧池出水氨氮浓度；$K_{\mathrm{NH_4}}$ 为氨氮的饱和抑制系数；$S_{\mathrm{NO_3,3}}$ 为缺氧池出水硝酸盐浓度；$K_{\mathrm{NO_3}}$ 为硝酸盐的饱和抑制系数；$S_{\mathrm{ALK,3}}$ 为缺氧池出水碱度；K_{ALK} 为碱度的饱和抑制系数；$S_{\mathrm{PO_4,3}}$ 为缺氧池出水溶解性磷浓度；$K_{\mathrm{PO_4}}$ 为溶解性磷的饱和抑制系数；η_{g} 为反硝化反应速率的修正因子；μ_{H} 为反硝化异养菌最大比生长速率；$X_{\mathrm{H,3}}$ 为缺氧池出水异养菌浓度。相关机理知识表示为：反硝化异养菌最大比生长速率随缺氧池出水溶解氧浓度、可快速降解基质浓度、氨氮浓度、硝酸盐浓度、碱度、溶解性磷浓度的增大而减小，随异养菌浓度的增大而减小。同时，在缺氧水解反应过程中，缺氧水解反应速率与溶解氧浓度、可快速降解基质浓度、硝酸盐浓度、溶解性磷浓度、异养菌浓度有关，表示如下：

$$r_{\mathrm{XS}} = \frac{S_{\mathrm{O_2,3}}}{S_{\mathrm{O_2,3}} + K_{\mathrm{O_2}}} \frac{S_{\mathrm{NO_3,3}}}{S_{\mathrm{NO_3,3}} + K_{\mathrm{NO_3}}} \frac{X_{\mathrm{S,3}}/X_{\mathrm{H,3}}}{X_{\mathrm{S,3}}/X_{\mathrm{H,3}} + K_{\mathrm{X}}} \mu_{\mathrm{H}} \eta_{\mathrm{NO_3}} \tag{4-6}$$

其中，r_{XS} 为缺氧水解过程的反应速率；$X_{\mathrm{S,3}}$ 为缺氧池内颗粒性可慢速降解有机物浓度；K_X 为颗粒性物质的饱和抑制系数；η_{NO_3} 为缺氧水解速率修正因子。相关机理知识表示为：在其他变量固定的前提下，缺氧水解过程的反应速率随缺氧池出水溶解氧浓度、颗粒性可慢速降解有机物浓度、硝酸盐浓度的增大而增大。

4）好氧池机理知识

好氧池反应过程包括异养菌好氧增殖、好氧水解等。在异养菌好氧增殖的反应过程中，好氧池中颗粒性可慢速降解有机物浓度与好氧池中异养菌浓度、污泥龄等有关，表示如下：

$$X_{S,6}=\frac{Q_1 X_{S,1}+f_P K_b f_T X_{H,6} V_D}{K_h f_T V_D + V_D/\theta_Z} \tag{4-7}$$

其中，$X_{S,6}$ 为好氧池内颗粒性可慢速降解有机物的浓度；$X_{S,1}$ 为初沉池进水颗粒性可慢速降解有机物的浓度；f_P 为污泥中内源呼吸衰亡分解的微生物转化为可降解有机物的比例；K_b 为污泥中异养微生物内源分解速率常数；f_T 为温度修正系数；$X_{H,6}$ 为好氧池中混合液异养菌浓度；V_D 为好氧池的设计容积；K_h 为水解速率常数；θ_Z 为系统所需总污泥龄。相关机理知识表示为：在其他变量固定的前提下，好氧池中颗粒性可慢速降解有机物浓度随好氧池中混合液异养菌浓度和污泥龄的增大而增大。同时，在异养菌好氧增殖的反应过程中，好氧池中回流混合液颗粒性不可生物降解有机物浓度与好氧池中异养菌浓度、污泥龄等有关，表示如下：

$$X_{I,6}=\frac{Q_1 X_{I,1}+f_I K_b f_T X_{H,6} V_D}{V_D/\theta_Z} \tag{4-8}$$

其中，$X_{I,6}$ 为好氧池中回流混合液颗粒性不可生物降解有机物浓度；$X_{I,1}$ 为初沉池混合液中颗粒性不可生物降解有机物浓度；f_I 为污泥中内源呼吸衰亡分解的微生物转化为不可降解有机物的比例。相关机理知识表示为：在其他变量固定的前提下，好氧池中回流混合液颗粒性不可生物降解有机物浓度随好氧池中混合液异养菌浓度和污泥龄的增大而增大。此外，在好氧水解反应过程中，好氧池中活性污泥挥发性组分浓度与初沉池混合液中颗粒性不可生物降解有机物浓度、初沉池进水颗粒性可慢速降解有机物浓度、好氧池中异养菌浓度有关，表示如下：

$$X_{VSS,6}=(X_{I,1}+X_{S,1}+X_{H,1})/f_{CV} \tag{4-9}$$

其中，$X_{VSS,6}$ 为好氧池活性污泥挥发性组分浓度；$X_{H,1}$ 为好氧池混合液异养菌浓度；f_{CV} 为挥发性固体悬浮物浓度与化学需氧量浓度的转化系数。相关机理知识表示为：在其他变量固定的前提下，好氧池活性污泥挥发性组分浓度随初沉池混合液中颗粒性不可生物降解有机物浓度、初沉池进水颗粒性可慢速降解有机物浓度、好氧池中异养菌浓度的增大而增大。好氧池中活性污泥非挥发性组分浓度与污泥龄有关，表示如下：

$$X_{NVSS,0} = \frac{Q_1 X_{NVSS,1} \theta_Z}{V_D} \tag{4-10}$$

其中，$X_{NVSS,0}$为好氧池中活性污泥非挥发性组分浓度；$X_{NVSS,1}$为初沉池出水活性污泥非挥发性组分浓度。相关机理知识表示为：在其他变量固定的前提下，好氧池中活性污泥非挥发性组分浓度随污泥龄的增大而增大。此外，好氧水解反应过程中，好氧池中进水固体悬浮物浓度与好氧池中活性污泥挥发性组分浓度、非挥发性组分浓度有关，表示如下：

$$X_{TSS,6} = X_{VSS,6} + X_{NVSS,0} \tag{4-11}$$

其中，$X_{TSS,6}$为好氧池进水固体悬浮物浓度。相关机理知识表示为：在其他变量固定的前提下，好氧池中进水固体悬浮物浓度随好氧池中活性污泥挥发性组分浓度、非挥发性组分浓度的增大而增大。

5) 二沉池机理知识

在二沉池中，污水中的颗粒性悬浮物质在重力的作用下，通过自由沉淀、絮凝沉淀、区域沉淀及压缩等不同的沉淀过程，实现与载体水的分离。在二沉池固液分离过程中，二沉池出水污泥浓度与有效沉淀面积有关，相关机理公式表示如下：

$$X_{TSS,5} = (175 - c_1) + c_2 X_{TSS,4} + (c_3 - 121)\frac{Q_4}{A_E} \tag{4-12}$$

其中，$X_{TSS,5}$为二沉池出水污泥浓度；$X_{TSS,4}$为二沉池进水污泥浓度；c_1、c_2、c_3为活性污泥沉降参数；Q_4为二沉池进水流量；A_E为二沉池有效沉淀面积。相关机理知识表示为：在其他变量固定的前提下，二沉池出水污泥浓度随二沉池有效沉淀面积的增大而减小。同样，在二沉池固液分离过程中，二沉池回流污泥浓度与有效沉淀面积有关，表示如下：

$$X_{TSS,10} = [a_w(n_w - 1)]^{1/n_w} \frac{n_w}{n_w - 1}\left(\frac{A_E}{Q_{10}}\right)^{1/n_w} \tag{4-13}$$

其中，$X_{TSS,10}$为二沉池回流污泥浓度；a_w、n_w为污泥的浓缩参数；Q_{10}为二沉池回流流量。相关机理知识表示为：二沉池回流污泥浓度随二沉池有效沉淀面积的增大而增大。

6) 污泥浓缩池机理知识

污泥浓缩池通过重力浓缩、气浮浓缩和离心浓缩等方式，实现污泥的压缩。污泥浓缩过程的机理知识包括浓缩面积、污泥浓缩参数、浓缩污泥浓度、溶气量、水力表面负荷、溶气比、水力停留时间与其他参数的相关作用关系。浓缩面积表示如下：

$$A_{\mathrm{F}} = \frac{Q_{14} X_{\mathrm{TSS},14}}{G_{\mathrm{F}}} \tag{4-14}$$

其中，A_{F} 为污泥浓缩池浓缩面积；Q_{14} 为污泥浓缩池出水流量；$X_{\mathrm{TSS},14}$ 为污泥浓缩池污泥浓度；G_{F} 为气浮浓缩池的固体负荷率。相关机理知识表示为：在其他变量固定的前提下，污泥浓缩池浓缩面积随气浮浓缩池的固体负荷率的增大而减小。同样，浓缩污泥浓度的相关作用关系表示如下：

$$X_{\mathrm{TSS},14} = [a_{\mathrm{c}}(n_{\mathrm{c}}-1)]^{1/n_{\mathrm{c}}} \frac{n_{\mathrm{w}}}{n_{\mathrm{c}}-1} \left(\frac{A_{\mathrm{E}}}{Q_{14}}\right)^{1/n_{\mathrm{c}}} \tag{4-15}$$

其中，a_{c}、n_{c} 为污泥的浓缩常数。相关机理知识表示为：在其他变量固定的前提下，污泥浓缩池污泥浓度随污泥浓缩池有效沉淀面积的增大而增大。污泥浓缩常数表示如下：

$$\begin{aligned} a_{\mathrm{c}} &= a_{\mathrm{w}} + a_1 p^{a_1} \\ n_{\mathrm{c}} &= n_{\mathrm{w}} e^{n_1 p} \end{aligned} \tag{4-16}$$

其中，a_1、n_1 为混合污泥质量分数相关的修正常数；p 为初沉池污泥的质量分数。相关机理知识表示为：在其他变量固定的前提下，污泥浓缩池污泥浓缩常数随初沉池污泥质量分数的增大而增大。同时，污泥浓缩池的溶气比可以表示如下：

$$\frac{A_{\mathrm{a}}}{S} = \frac{S_{\mathrm{a}} R_{\mathrm{T}} (fP-1)}{X_{\mathrm{TSS},混}} \tag{4-17}$$

其中，A_{a}/S 为气浮浓缩时有效空气重量与污泥中颗粒固体重量的比值，即溶气比；S_{a} 为空气在水中的饱和溶解度；R_{T} 为加压水量回流比；f 为回流加压水的饱和度；P 为溶气压力罐压力；$X_{\mathrm{TSS},混}$ 为污泥浓缩池混合液污泥浓度。相关机理知识表示为：在其他变量固定的前提下，污泥浓缩池溶气比随初沉池污泥的饱和溶解度、加压水量回流比的增大而增大。溶气量的相关机理公式可以表示如下：

$$Q_{\mathrm{a}} = \frac{(Q_{12}+Q_{13}) X_{\mathrm{TSS},混} (A_{\mathrm{a}}/S)}{\gamma} \tag{4-18}$$

其中，Q_a 为污泥浓缩池溶气量；Q_{12} 为污泥浓缩池回流流量；Q_{13} 为初沉池进水流量；γ 为空气容重。相关机理知识表示为：在其他变量固定的前提下，污泥浓缩池溶气量随污泥浓缩池空气容重的增大而减小。水力表面负荷表示如下：

$$q_{\mathrm{F}} = \frac{Q_{12} + Q_{13} + Q_{\mathrm{w}}}{A_{\mathrm{F}}} \tag{4-19}$$

其中，q_{F} 为污泥浓缩池水力表面负荷；Q_{w} 为污泥排放量。相关机理知识表示为：在其他变量固定的前提下，污泥浓缩池水力表面负荷随污泥浓缩池浓缩面积的增大而减小。水力停留时间表示如下：

$$t_{\mathrm{F}} = \frac{A_{\mathrm{F}} H_{\mathrm{F}}}{Q_{12} + Q_{13} + Q_{\mathrm{w}}} \tag{4-20}$$

其中，t_{F} 为污泥浓缩池水力停留时间；H_{F} 为气浮浓缩池的有效深度。相关机理知识表示为：在其他变量固定的前提下，污泥浓缩池水力停留时间随污泥浓缩池有效深度的增大而增大。

7) 机械压滤脱水池机理知识

机械压滤脱水池通过真空吸滤法、带式压滤法及离心脱水法等方式，使污泥中的水分强制通过过滤介质形成滤液，同时固体颗粒被截留在介质上形成滤饼，以达到脱水的目的。机械压滤脱水池的机理知识包括过滤时间、过滤产率、污泥脱水过滤面积等重要参数，其中过滤时间表示如下：

$$\frac{t}{V} = \frac{\mu \omega r}{2PA^2} V + \frac{\mu R_{\mathrm{f}}}{PA} \tag{4-21}$$

其中，t 为过滤时间；μ 为过滤上清液的动力黏滞度；ω 为滤过单位体积滤液在过滤介质上截留的固体重量；r 为单位过滤面积上过滤阻力；V 为过滤上清液的体积；R_{f} 为过滤介质的阻抗；P 为过滤压力；A 为过滤面积。相关机理知识表示为：在其他变量固定的前提下，过滤时间随过滤上清液的体积增大而增大，随过滤压力和过滤器面积的增大而减小。过滤产率表示如下：

$$q_{\mathrm{G}} = \frac{W}{A t_{\mathrm{c}}} \tag{4-22}$$

其中，q_{G} 为过滤产率；W 为滤饼干重；t_{c} 为脱水的过滤周期。相关机理知识表示为：在其他变量固定的前提下，过滤产率随滤饼干重的增大而增大，随脱水过滤周期的增大而减小。机械压滤脱水池的污泥脱水过滤面积可以表示如下：

$$A_G = \frac{Q_{14} X_{TSS,14}}{q_G}$$
(4-23)

其中，A_G 为污泥脱水过滤面积。相关机理知识表示为：在其他变量固定的前提下，污泥脱水过滤面积随过滤产率的增大而减小。

2. 运行规律知识发现

运行规律知识发现通过分析城市污水处理运行过程数据，并根据过程数据的特点和变化规律，挖掘出能够表示运行过程的知识。运行规律知识发现包括问题定义、知识挖掘、知识校正三个步骤。首先，在问题定义阶段，根据城市污水处理过程运行需求，从原始数据库中选取相关数据，初次抽取一般选取全量抽取，将城市污水处理过程中的运行过程数据原封不动地抽取出来，非初次抽取选用增量抽取，只抽取上次抽取后增加、修改、删除的数据，为接下来的知识挖掘奠定基础。其次，在知识挖掘阶段，按照城市污水处理过程优化运行的原则，面向出水水质、运行成本、操作技术及维护服务等目标建立数据评价指标，根据评价指标挑选出合适的过程数据，采用无指导或有指导的知识挖掘算法进行知识提取。对于上述两种知识挖掘算法，无指导的知识挖掘算法是在所有的属性中寻找知识来描述污水处理过程变量之间的关系，如关联分析；有指导的知识挖掘算法利用可用的数据建立一个城市污水处理过程知识模型，如分类模型、检测模型、预测模型，将该过程数据分为训练数据集和测试数据集，利用训练数据集提取运行规律知识，利用测试数据集对运行规律知识进行验证，完成运行规律的知识挖掘。最后，在知识校正阶段，根据运行效果分析及专家评估，剔除存在冗余或无关的知识，实现城市污水处理过程运行规律知识的发现。

为了全面了解运行规律知识发现的过程，下面以城市污水处理过程中的除磷过程为例，描述运行规律知识发现过程。首先，在问题定义阶段，根据城市污水处理除磷过程的运行需求，从原始数据库中选取总磷浓度数据和与总磷浓度有关的组分数据；其次，在知识挖掘阶段，选用软测量方法作为知识挖掘算法来预测总磷浓度数据未来的变化趋势，深入分析总磷浓度及与总磷浓度相关的组分或参数，提取出与总磷浓度相关的特征变量作为总磷浓度预测的辅助变量，利用数据训练软测量模型，提取运行规律知识；最后，在知识校正阶段浓度评估软测量模型的预测精度，若不能满足需求则对软测量模型进行调整，进一步完善运行规律知识，实现除磷过程中运行规律知识的发现。

城市污水处理系统的初沉池、厌氧池、缺氧池、好氧池、二沉池等处理单元的运行规律知识具体如下。

1) 初沉池运行规律知识

初沉池被动接受进水和回流污水，排放污泥并排水给厌氧池。为了描述初沉池运行规律知识，需要做出以下假设：溶解性组分在初沉池与污水一起传输，物化属性不变。假设回流控制的上清液回流中只有快速生物降解基质浓度 $S_{S,9}$ 以及氨氮浓度 $S_{NH4,9}$ 对初沉池进水和出水水质产生影响，且其回流浓度值恒定，则初沉池内组分的运行规律知识如表 4-3 所示。

表 4-3 初沉池内组分的运行规律知识

组分类型	运行规律
流量 Q	$Q_0 + Q_9 = Q_1 + Q_{13}$
氨氮浓度 S_{NH_4}	$Q_0 S_{NH_4,0} + Q_9 S_{NH_4,9} = Q_1 S_{NH_4,1}$
固体悬浮物浓度 X_{TSS}	$Q_1 X_{TSS,1} + Q_{13} X_{TSS,13} = Q_0 X_{TSS,0}$
快速可生物降解有机物浓度 S_S	$Q_0 S_{S,0} + Q_9 S_{S,9} = Q_1 S_{S,1}$
溶解性不可生物降解有机物浓度 S_I	$Q_0 S_{I,0} = Q_1 S_{I,1}$
碱度 S_{ALK}	$Q_0 S_{ALK,0} = Q_1 S_{ALK,1}$
溶解性无机磷浓度 S_{PO_4}	$Q_0 S_{PO_4,0} = Q_1 S_{PO_4,1}$
慢速可生物降解有机物浓度 X_S	$X_{S,0}/X_{TSS,0} = X_{S,1}/X_{TSS,1} = X_{S,13}/X_{TSS,13}$
颗粒性不可生物降解有机物浓度 X_I	$X_{I,0}/X_{TSS,0} = X_{I,1}/X_{TSS,1} = X_{I,13}/X_{TSS,13}$
异养菌浓度 X_H	$X_{H,0}/X_{TSS,0} = X_{H,1}/X_{TSS,1} = X_{H,13}/X_{TSS,13}$
非挥发性悬浮物浓度 X_{NVSS}	$X_{NVSS,0}/X_{TSS,0} = X_{NVSS,1}/X_{TSS,1} = X_{NVSS,13}/X_{TSS,13}$

表 4-3 中，Q_0 为初沉池进水流量，Q_1 为初沉池出水流量，Q_9 为污泥回流流量，Q_{13} 为初沉池排放污泥流量，$S_{NH_4,0}$ 为初沉池进水氨氮浓度，$S_{NH_4,1}$ 为初沉池出水氨氮浓度，$S_{NH_4,9}$ 为初沉池回流污水氨氮浓度，$X_{TSS,0}$ 为初沉池进水固体悬浮物浓度，$X_{TSS,1}$ 为初沉池出水固体悬浮物浓度，$X_{TSS,13}$ 为初沉池排放污泥固体悬浮物浓度，$S_{S,0}$ 为初沉池进水的快速可生物降解有机物浓度，$S_{S,1}$ 为初沉池出水的快速可生物降解有机物浓度，$S_{S,9}$ 为初沉池回流污水的快速可生物降解有机物浓度，$S_{I,0}$ 为初沉池进水的颗粒性不可生物降解有机物浓度，$S_{I,1}$ 为初沉池出水的颗粒性不可生物降解有机物浓度，$S_{ALK,0}$ 为初沉池进水的碱度，$S_{ALK,1}$ 为初沉池出水的碱度，$S_{PO_4,0}$ 为初沉池进水的溶解性无机磷浓度，$S_{PO_4,1}$ 为初沉池出水的溶解性无机磷浓度，$X_{S,0}$ 为初沉池出水的慢速可生物降解有机物浓度，$X_{S,1}$ 为初沉池出水的慢速可生物降解有机物浓度，$X_{S,13}$ 为初沉池排放污泥的慢速可生物降解有机物浓度，$X_{I,0}$ 为初沉池进水的颗粒性不可生物降解有机物浓度，$X_{I,1}$ 为初

沉池出水的颗粒性不可生物降解有机物浓度，$X_{I,13}$ 为初沉池排放污泥的颗粒性不可生物降解有机物浓度，$X_{H,0}$ 为初沉池进水的异氧菌浓度，$X_{H,1}$ 为初沉池出水的异氧菌浓度，$X_{H,13}$ 为初沉池排放污泥的异氧菌浓度，$X_{NVSS,0}$ 为初沉池进水的非挥发性悬浮物浓度，$X_{NVSS,1}$ 为初沉池出水的非挥发性悬浮物浓度，$X_{NVSS,13}$ 为初沉池排放污泥的非挥发性悬浮物浓度。表 4-3 显示的初沉池的运行规律知识如下：对于流量，初沉池进水流量与污泥回流流量的总量等于初沉池出水流量与污泥排放流量的总量；对于氨氮，初沉池进水氨氮与污泥回流氨氮的总量等于出水氨氮的总量；对于固体悬浮物，出水固体悬浮物的总量污泥与排放固体悬浮物总量等于初沉池进水固体悬浮物；对于快速可生物降解有机物，初沉池进水快速可生物降解有机物与污泥回流快速可生物降解有机物的总量等于出水快速可生物降解有机物总量；对于溶解性不可生物降解有机物，初沉池进水溶解性不可生物降解有机物总量等于出水溶解性不可生物降解有机物总量；对于碱度，初沉池的进水碱度总量等于出水碱度总量；对于溶解性无机磷，初沉池进水溶解性无机磷总量等于出水溶解性无机磷总量；对于慢速可生物降解有机物，初沉池进水慢速可生物降解有机物浓度与固体悬浮物浓度比等于出水慢速可生物降解有机物浓度与固体悬浮物浓度比，也等于污泥回流慢速可生物降解有机物浓度与固体悬浮物浓度比；对于颗粒性不可生物降解有机物，初沉池进水颗粒性不可生物降解有机物浓度与固体悬浮物浓度比等于出水颗粒性不可生物降解有机物浓度与固体悬浮物浓度比，也等于污泥回流颗粒性不可生物降解有机物浓度与固体悬浮物浓度比；对于异氧菌，初沉池进水异氧菌浓度与固体悬浮物浓度比等于出水异氧菌浓度与固体悬浮物浓度比，也等于污泥回流异氧菌浓度与固体悬浮物浓度比；对于非挥发性悬浮物，初沉池进水非挥发性悬浮物浓度与固体悬浮物浓度比等于污泥回流异氧菌浓度与固体悬浮物浓度比。

2) 厌氧池运行规律知识

厌氧池被动接受初沉池出水和回流污泥，并排水到缺氧池。为了描述厌氧池运行规律知识，需要做出以下假设：厌氧池内释磷作用需要能够被可快速降解基质满足；微生物在厌氧释磷池内的增殖过程可以忽略，有机物的降解仅用于微生物维持基本的生命活动；系统回流污泥中少量的可快速降解基质及其他的溶解性组分可以忽略。考虑回流控制的上清液回流中仅有颗粒性组分对厌氧池进水水质、出水水质产生影响，且其回流浓度值恒定，厌氧池内组分的运行规律知识如表 4-4 所示。

表 4-4 中，Q_2 为厌氧池出水流量，Q_{11} 为厌氧池回流污泥流量，$S_{NH_4,2}$ 为厌氧池出水氨氮浓度，$S_{NH_4,11}$ 为厌氧池回流污泥氨氮浓度，$S_{S,2}$ 为厌氧池出水快速可生物降解有机物浓度，$S_{S,11}$ 为厌氧池回流污泥快速可生物降解有机物浓度，$S_{I,2}$

表 4-4　厌氧池内组分的运行规律知识

组分类型	运行规律
流量 Q	$Q_1 + Q_{11} = Q_2$
氨氮浓度 S_{NH_4}	$Q_1 S_{NH_4,11} = Q_2 S_{NH_4,2}$
快速可生物降解有机物浓度 S_S	$Q_1 S_{S,11} - r_{SS} V_B = Q_2 S_{S,2}$
溶解性不可生物降解有机物浓度 S_I	$Q_1 S_{I,11} = Q_2 S_{I,2}$
碱度 S_{ALK}	$Q_1 S_{ALK,11} = Q_2 S_{ALK,2}$
硝态氮浓度 S_{NO_3}	$Q_1 S_{NO_3,11} = Q_2 S_{NO_3,2}$
慢速可生物降解有机物浓度 X_S	$Q_1 X_{S,1} + Q_{11} X_{S,11} - r_{XS} V_B = Q_2 X_{S,2}$
异氧菌浓度 X_H	$Q_1 X_{H,1} + Q_{11} X_{H,11} = Q_2 X_{H,2}$
硝化菌浓度 X_{AUT}	$Q_1 X_{AUT,1} + Q_{11} X_{AUT,11} = Q_2 X_{AUT,2} Q_2$
颗粒性不可生物降解有机物浓度 X_I	$Q_1 X_{I,1} + Q_{11} X_{I,11} = Q_2 X_{I,2}$
非挥发性悬浮物浓度 X_{NVSS}	$Q_1 X_{NVSS,1} + Q_{11} X_{NVSS,11} = Q_2 X_{NVSS,2}$

为厌氧池出水的溶解性不可生物降解有机物浓度，$S_{I,11}$ 为厌氧池回流污泥的溶解性不可生物降解有机物浓度，$S_{ALK,2}$ 为厌氧池出水的碱度，$S_{ALK,11}$ 为厌氧池回流污泥的碱度，$S_{NO_3,2}$ 为厌氧池出水的硝态氮浓度，$S_{NO_3,11}$ 为厌氧池回流污泥的硝态氮浓度，$X_{S,2}$ 为厌氧池出水的慢速可生物降解有机物浓度，$X_{S,11}$ 为厌氧池回流污泥的慢速可生物降解有机物浓度，$X_{H,2}$ 为厌氧池出水的异氧菌浓度，$X_{H,11}$ 为厌氧池回流污泥的异氧菌浓度，$X_{AUT,2}$ 为厌氧池出水的硝化菌浓度，$X_{AUT,11}$ 为厌氧池回流污泥的硝化菌浓度，$X_{I,2}$ 为厌氧池出水的颗粒性不可生物降解有机物浓度，$X_{I,11}$ 为厌氧池回流污泥的颗粒性不可生物降解有机物浓度，$X_{NVSS,2}$ 为厌氧池出水的非挥发性悬浮物浓度，$X_{NVSS,11}$ 为厌氧池回流污泥的非挥发性悬浮物浓度，r_{SS} 为快速可生物降解有机物降解速率，r_{XS} 为慢速可生物降解有机物降解速率，V_B 为厌氧反应器容积。表 4-4 显示厌氧池的运行规律知识如下：对于流量，厌氧池进水流量与污泥回流流量的总和等于出水流量；对于氨氮，厌氧池进水氨氮总量等于出水氨氮总量；对于快速可生物降解有机物，厌氧池进水快速可生物降解有机物与快速可生物降解有机物降解量的差等于出水快速可生物降解有机物的总量；对于溶解性不可生物降解有机物，厌氧池进水溶解性不可生物降解有机物总量等于出水溶解性不可生物降解有机物总量；对于碱度，厌氧池进水碱度总量等于出水碱度总量；对于硝态氮，厌氧池进水硝态氮总量等于出水硝态氮总量；对于慢速可生物降解有机物，厌氧池进水慢速可生物降解有机物、污泥回流慢速

可生物降解有机物和慢速可生物降解有机物降解量的总和等于出水慢速可生物降解有机物的总量;对于异氧菌,厌氧池进水异氧菌和污泥回流异氧菌总量等于出水异氧菌的总量;对于硝化菌,厌氧池进水硝化菌和污泥回流硝化菌总量等于出水硝化菌的总量;对于颗粒性不可生物降解有机物,厌氧池进水颗粒性不可生物降解有机物和污泥回流颗粒性不可生物降解有机物总量等于出水颗粒性不可生物降解有机物的总量;对于非挥发性悬浮物,厌氧池进水非挥发性悬浮物和污泥回流非挥发性悬浮物的总量等于出水非挥发性悬浮物的总量。

3) 缺氧池运行规律知识

缺氧池被动接受厌氧池出水和回流污水,并排水到好氧池。厌氧池运行规律的表示需要满足以下假设:缺氧反硝化反应器内的各种组分在反应器内均匀分布;混合液回流的硝酸盐作为氧的替代物,提供给反硝化菌进行无氧呼吸;考虑回流控制的上清液回流中仅有颗粒性组分对厌氧池进水、出水水质产生影响,且其回流浓度值恒定,则缺氧池内组分的运行规律知识如表 4-5 所示。

表 4-5　缺氧池内组分的运行规律知识

组分类型	运行规律
流量 Q	$Q_2 + Q_6 = Q_3$
氨氮浓度 S_{NH_4}	$Q_2 S_{NH_4,2} + Q_6 S_{NH_4,6} = Q_3 S_{NH_4,3}$
快速可生物降解有机物浓度 S_S	$Q_2 S_{S,2} + Q_6 S_{S,6} - r_{SS} V_C = Q_3 S_{S,3}$
溶解性不可生物降解有机物浓度 S_I	$Q_2 S_{I,2} + Q_6 S_{I,6} = Q_3 S_{I,3}$
碱度 S_{ALK}	$Q_2 S_{ALK,2} + Q_6 S_{ALK,6} + r_{ALK} V_C = Q_3 S_{ALK,3}$
溶解性无机磷浓度 S_{PO_4}	$Q_2 S_{PO_4,2} + Q_6 S_{PO_4,6} = Q_3 S_{PO_4,3}$
慢速可生物降解有机物浓度 X_S	$Q_2 X_{S,2} + Q_6 X_{S,6} - r_{XS} V_C = Q_3 X_{S,3}$
异氧菌浓度 X_H	$Q_2 X_{H,2} + Q_6 X_{H,6} - r_H V_C = Q_3 X_{H,3}$
颗粒性不可生物降解有机物浓度 X_I	$Q_2 X_{I,2} + Q_6 X_{I,6} = Q_3 X_{I,3}$
非挥发性悬浮物浓度 X_{NVSS}	$Q_2 X_{NVSS,2} + Q_6 X_{NVSS,6} = Q_3 X_{NVSS,3}$

表 4-5 中, Q_3 为缺氧池出水流量, Q_6 为缺氧池回流污泥流量, $S_{NH_4,3}$ 为缺氧池出水氨氮浓度, $S_{NH_4,6}$ 为缺氧池回流污泥氨氮浓度, $S_{S,3}$ 为缺氧池出水的快速可生物降解有机物浓度, $S_{S,6}$ 为缺氧池回流污泥的快速可生物降解有机物浓度, $S_{I,3}$ 为缺氧池出水的溶解性不可生物降解有机物浓度, $S_{I,6}$ 为缺氧池回流污泥的溶解性不可生物降解有机物浓度, $S_{ALK,3}$ 为缺氧池出水的碱度, $S_{ALK,6}$ 为缺氧池回流污泥的碱度, $S_{PO_4,3}$ 为缺氧池出水的溶解性无机磷浓度, $S_{PO_4,6}$ 为缺氧池回流污

泥的溶解性无机磷浓度，$X_{S,3}$ 为缺氧池出水的慢速可生物降解有机物浓度，$X_{S,6}$ 为缺氧池回流污泥的慢速可生物降解有机物浓度，$X_{H,3}$ 为缺氧池出水的异氧菌浓度，$X_{H,6}$ 为缺氧池回流污泥的异氧菌浓度，$X_{I,3}$ 为缺氧池出水的颗粒性不可生物降解有机物浓度，$X_{I,6}$ 为缺氧池回流污泥的颗粒性不可生物降解有机物浓度，$X_{NVSS,3}$ 为缺氧池出水的非挥发性悬浮物浓度，$X_{NVSS,6}$ 为缺氧池回流污泥的非挥发性悬浮物浓度，V_C 为缺氧池的体积，r_H 为异养菌消耗速率，r_{ALK} 为碱度在反应过程中的增长速率。表 4-5 显示缺氧池的运行规律知识如下：对于流量，缺氧池进水流量与污泥回流流量的总和等于出水流量；对于氨氮，缺氧池氨氮和污泥回流氨氮的总和等于出水氨氮的总量；对于快速可生物降解有机物，缺氧池进水快速可生物降解有机物与污泥回流快速可生物降解有机物总和，再与快速可生物降解有机物消耗量的差等于出水快速可生物降解有机物的总量；对于溶解性不可生物降解有机物，缺氧池溶解性不可生物降解有机物和污泥回流溶解性不可生物降解有机物的总和等于出水溶解性不可生物降解有机物的总量；对于碱度，缺氧池碱度总量、污泥回流碱度总量和反硝化碱度增加量的总和等于出水碱度总量；对于溶解性无机磷，缺氧池溶解性无机磷和污泥回流溶解性无机磷的总和等于出水溶解性无机磷的总量；对于慢速可生物降解有机物，缺氧池慢速可生物降解有机物、污泥回流慢速可生物降解有机物和慢速可生物降解有机物消耗量的总和等于出水慢速可生物降解有机物的总量；对于异氧菌，缺氧池异氧菌、污泥回流异氧菌和异氧菌消耗量的总和等于出水异氧菌的总量；对于颗粒性不可生物降解有机物，缺氧池颗粒性不可生物降解有机物和污泥回流颗粒性不可生物降解有机物的总和等于出水颗粒性不可生物降解有机物的总量；对于非挥发性悬浮物，缺氧池的非挥发性悬浮物和污泥回流非挥发性悬浮物的总和等于出水的非挥发性悬浮物的总量。

4) 好氧池运行规律知识

好氧池被动接受缺氧池出水，并排水到二沉池，污水回流到缺氧池。考虑回流控制上清液回流中的快速生物降解基质、颗粒性组分对好氧池的出水水质产生影响，且其回流浓度值恒定，则好氧池内组分的运行规律知识如表 4-6 所示。

表 4-6 好氧池内组分的运行规律知识

组分类型	运行规律
流量 Q	$Q_3 + Q_7 = Q_4$
氨氮浓度 S_{NH_4}	$Q_3 S_{NH_4,3} + Q_7 S_{NH_4,7} - r_{NH_4} t_D = Q_4 S_{NH_4,4}$
快速可生物降解有机物浓度 S_S	$Q_3 S_{S,3} + Q_7 S_{S,7} - r_{SS} t_D = Q_4 S_{S,4}$

续表

组分类型	运行规律
溶解性不可生物降解有机物浓度 S_I	$Q_3 S_{I,3} + Q_6 S_{I,6} = Q_4 S_{I,4}$
碱度 S_{ALK}	$Q_3 S_{ALK,3} + Q_7 S_{ALK,7} + r_{ALK} t_D = Q_4 S_{ALK,4}$
硝态氮浓度 S_{NO_3}	$Q_3 S_{NO_3,3} + Q_7 S_{NO_3,7} - r_{NO_3} t_D = Q_4 S_{NO_3,4}$

表 4-6 中，Q_4 为好氧池出水流量，Q_7 为好氧池回流污泥流量，$S_{NH_4,4}$ 为好氧池出水氨氮浓度，$S_{S,4}$ 为好氧池出水的快速可生物降解有机物浓度，$S_{I,4}$ 为好氧池出水的溶解性不可生物降解有机物浓度，$S_{ALK,4}$ 为好氧池出水的碱度，$S_{ALK,7}$ 为好氧池回流污泥的碱度，r_{NH_4} 为氨氮在反应过程中的增长速率，r_{NO_3} 为硝态氮在反应过程中的增长速率，t_D 为水力停留时间。表 4-6 显示好氧池的运行规律知识如下：对于流量，好氧池进水流量与污泥回流流量的总量等于出水流量；对于氨氮，好氧池进水氨氮总量与回流污泥氨氮总量的总和，再与好氧水解消耗量的差等于出水氨氮总量；对于快速可生物降解有机物，进水好氧池快速可生物降解有机物与污泥回流快速可生物降解有机物的总和，再与快速可生物降解有机物消耗量的差等于出水快速可生物降解有机物的总量；对于溶解性不可生物降解有机物，好氧池进水溶解性不可生物降解有机物总量与污泥回流溶解性不可生物降解有机物总量的总和等于出水溶解性不可生物降解有机物总量；对于碱度，好氧池进水碱度总量、污泥回流碱度总量与异养菌和自养菌增殖过程中产生碱度总量的总和等于出水碱度总量；对于硝态氮，好氧池进水硝态氮浓度等于出水硝态氮浓度，也等于污泥回流硝态氮浓度和好氧水解产生硝态氮浓度的总和。

5）二沉池运行规律知识

二沉池被动接受好氧池出水，并排放污水和污泥回流。为了描述二沉池运行规律知识，二沉池需要做出以下假设：二沉池内的微生物增殖和内源代谢造成的污泥量增加或减少可以忽略；在通过二沉池后，好氧曝气池出水中的溶解性组分物质不发生特性改变；回流污泥中只存在固体颗粒，可以忽略溶解性组分浓度。考虑回流控制的颗粒性组分对厌氧池的进水和出水水质产生影响，则缺氧池内组分的运行规律知识如表 4-7 所示。

表 4-7　二沉池内组分的运行规律知识

组分类型	运行规律
流量 Q	$Q_5 = Q_4 + Q_{10}$
氨氮浓度 S_{NH_4}	$S_{NH_4,4} = S_{NH_4,5} = S_{NH_4,10}$
快速可生物降解有机物浓度 S_S	$S_{S,4} = S_{S,5} = S_{S,10}$

续表

组分类型	运行规律
硝态氮浓度 S_{NO_3}	$S_{NO_3,4} = S_{NO_3,5} = S_{NO_3,10}$
溶解性无机磷浓度 S_{PO_4}	$S_{PO_4,4} = S_{PO_4,5} = S_{PO_4,10}$
慢速可生物降解有机物浓度 X_S	$Q_4 X_{S,4} + Q_{10} X_{S,10} = Q_5 X_{S,5}$
异氧菌浓度 X_H	$Q_4 X_{H,4} + Q_{10} X_{H,10} = Q_5 X_{H,5}$
颗粒性不可生物降解有机物浓度 X_I	$Q_4 X_{I,4} + Q_{10} X_{I,10} = Q_5 X_{I,5}$
固体悬浮物浓度 X_{TSS}	$Q_4 X_{TSS,4} + Q_{10} X_{TSS,10} = Q_5 X_{TSS,5}$

表 4-7 中，Q_5 为二沉池出水流量，Q_{10} 为二沉池回流污泥流量，$S_{NH_4,5}$ 为二沉池出水氨氮浓度，$S_{NH_4,10}$ 为二沉池回流污泥氨氮浓度，$S_{S,5}$ 为二沉池出水的快速可生物降解有机物浓度，$S_{S,10}$ 为二沉池回流污泥的快速可生物降解有机物浓度，$S_{NO_3,5}$ 为二沉池出水的硝态氮浓度，$S_{NO_3,10}$ 为二沉池回流污泥的硝态氮浓度，$S_{PO_4,5}$ 为二沉池出水的溶解性无机磷浓度，$S_{PO_4,10}$ 为二沉池回流污泥的溶解性无机磷浓度，$X_{S,5}$ 为二沉池出水的慢速可生物降解有机物浓度，$X_{S,10}$ 为二沉池回流污泥的慢速可生物降解有机物浓度，$X_{H,5}$ 为二沉池出水的异氧菌浓度，$X_{H,10}$ 为二沉池回流污泥的异氧菌浓度，$X_{I,5}$ 为二沉池出水的颗粒性不可生物降解有机物浓度，$X_{I,10}$ 为二沉池回流污泥的颗粒性不可生物降解有机物浓度，$X_{TSS,5}$ 为二沉池出水的固体悬浮物浓度，$X_{TSS,10}$ 为二沉池回流污泥的固体悬浮物浓度。表 4-7 显示的二沉池运行规律知识总结如下：对于流量，二沉池进水流量与污泥回流流量的总和等于出水流量；对于氨氮，二沉池进水氨氮浓度等于出水氨氮浓度，也等于污泥回流氨氮浓度；对于快速可生物降解有机物，二沉池进水快速可生物降解有机物浓度等于出水快速可生物降解有机物浓度，也等于污泥回流快速可生物降解有机物浓度；对于硝态氮，二沉池进水硝态氮浓度等于出水硝态氮浓度，也等于污泥回流硝态氮浓度；对于溶解性无机磷，二沉池进水溶解性无机磷浓度等于出水溶解性无机磷浓度，也等于污泥回流溶解性无机磷浓度；对于慢速可生物降解有机物，二沉池进水慢速可生物降解有机物总量与污泥回流慢速可生物降解有机物总量的总和等于出水慢速可生物降解有机物；对于异养菌，二沉池进水异养菌总量与污泥回流异氧菌总量的总和等于出水异养菌总量；对于颗粒性不可生物降解有机物，二沉池进水颗粒性不可生物降解有机物总量与污泥回流颗粒性不可生物降解有机物总量的总和等于出水颗粒性不可生物降解有机物总量；对于固体悬浮物，二沉池进水固体悬浮物总量与污泥回流固体悬浮物总量的总和等于出水固体悬浮物总量。

6) 污泥浓缩池运行规律知识

污泥浓缩池被动接受初沉池污泥和系统剩余污泥，并排放污泥和下清液旁流污水。考虑系统剩余污泥点 12 的颗粒性组分对污泥浓缩池进水和污泥浓缩池出水水质产生的影响，同时忽略其他组分的影响，则污泥浓缩池内组分的运行规律知识如表 4-8 所示。

表 4-8　污泥浓缩池内组分的运行规律知识

组分类型	运行规律
流量 Q	$Q_{12} + Q_{13} = Q_8 + Q_{14}$
快速可生物降解有机物浓度 S_S	$S_{S,8} = C(常数)$
慢速可生物降解有机物浓度 X_S	$Q_{12}X_{S,12} + Q_{13}X_{S,13} = Q_{14}X_{S,14}$
异氧菌浓度 X_H	$Q_{12}X_{H,12} + Q_{13}X_{H,13} = Q_{14}X_{H,14}$
颗粒性不可生物降解有机物浓度 X_I	$Q_{12}X_{I,12} + Q_{13}X_{I,13} = Q_{14}X_{I,14}$
固体悬浮物浓度 X_{TSS}	$Q_{12}X_{TSS,12} + Q_{13}X_{TSS,13} = Q_{14}X_{TSS,14}$

表 4-8 中，Q_8 为下清液旁流污泥流量，Q_{12} 为系统剩余污泥流量，Q_{13} 为污泥浓缩池进水流量，Q_{14} 为污泥浓缩池出水流量，$S_{S,8}$ 为下清液旁流污泥的快速可生物降解有机物浓度，$X_{S,12}$ 为系统剩余污泥的慢速可生物降解有机物浓度，$X_{S,14}$ 为污泥浓缩池的慢速可生物降解有机物浓度，$X_{H,12}$ 为系统剩余污泥的异氧菌浓度，$X_{H,14}$ 为污泥浓缩池的异氧菌浓度，$X_{I,12}$ 为系统剩余污泥的颗粒性不可生物降解有机物浓度，$X_{I,14}$ 为污泥浓缩池的颗粒性不可生物降解有机物浓度，$X_{TSS,12}$ 为系统剩余污泥的固体悬浮物浓度，$X_{TSS,14}$ 为污泥浓缩池污泥浓度。表 4-8 显示污泥浓缩池的运行规律知识如下：对于流量，系统剩余污泥进水流量与初沉池污泥处进水流量的总量等于下清液旁流污泥出水流量与污泥浓缩池出泥出水流量的总和；对于快速可生物降解有机物，系统下清液旁流污泥处快速可生物降解有机物的总量始终等于一个常数；对于慢速可生物降解有机物，系统剩余污泥处慢速可生物降解有机物与初沉池污泥处慢速可生物降解有机物的总量等于污泥浓缩池出泥处慢速可生物降解有机物的总量；对于异氧菌，系统剩余污泥处异氧菌总量与初沉池污泥处异氧菌的总量等于污泥浓缩池出泥处异氧菌的总量；对于颗粒性不可生物降解有机物，系统剩余污泥处颗粒性不可生物降解有机物总量与初沉池污泥的颗粒性不可生物降解有机物的总量等于污泥浓缩池出泥处颗粒性不可生物降解有机物的总量；对于固体悬浮物，系统剩余污泥处固体悬浮物与初沉池污泥处总固体悬浮物的总量等于污泥浓缩池出泥处固体悬浮物的总量。

7) 机械压滤脱水池运行规律知识

机械压滤脱水池被动接受污泥浓缩池出泥,并排放成压缩滤饼和滤液旁流污水。根据污水处理过程机械压滤脱水池的基本结构,考虑污泥浓缩池出泥点 14 的颗粒性组分对机械压滤脱水池进水和出水水质产生影响,污泥浓缩池内组分运行规律知识如表 4-9 所示。

表 4-9　机械压滤脱水池内组分运行规律知识

组分类型	运行规律
流量 Q	$Q_{14} = Q_7 + Q_{15}$
慢速可生物降解有机物浓度 X_S	$Q_{14}X_{S,14} = Q_7X_{S,7} + Q_{15}X_{S,15}$
异氧菌浓度 X_H	$Q_{14}X_{H,14} = Q_7X_{H,7} + Q_{15}X_{H,15}$
颗粒性不可生物降解有机物浓度 X_I	$Q_{14}X_{I,14} = Q_7X_{I,7} + Q_{15}X_{I,15}$
固体悬浮物浓度 X_{TSS}	$Q_{14}X_{TSS,14} = Q_7X_{TSS,7} + Q_{15}X_{TSS,15}$

表 4-9 中,Q_7 为滤液旁流污水的流量,Q_{15} 为压缩滤饼处的流量,$X_{S,7}$ 为滤液旁流污水的慢速可生物降解有机物浓度,$X_{S,15}$ 为压缩滤饼的慢速可生物降解有机物浓度,$X_{H,7}$ 为滤液旁流污水的异氧菌浓度,$X_{H,15}$ 为压缩滤饼的异氧菌浓度,$X_{I,7}$ 为滤液旁流污水的颗粒性不可生物降解有机物浓度,$X_{I,15}$ 为压缩滤饼的颗粒性不可生物降解有机物浓度,$X_{TSS,7}$ 为滤液旁流污水的固体悬浮物浓度,$X_{TSS,15}$ 为压缩滤饼的固体悬浮物浓度。表 4-9 显示机械压滤脱水池的运行规律知识如下:对于流量,污泥浓缩池出泥点流量等于压缩滤饼处出水流量与滤液旁流污水流量的总和;对于慢速可生物降解有机物,污泥浓缩池出泥点处慢速可生物降解有机物的总量等于压缩滤饼处慢速可生物降解有机物和滤液旁流污水处慢速可生物降解有机物的总量;对于异氧菌,污泥浓缩池出泥点处异氧菌的总量等于压缩滤饼处异氧菌和滤液旁流污水处异氧菌的总量;对于颗粒性不可生物降解有机物,污泥浓缩池出泥点处颗粒性不可生物降解有机物的总量等于压缩滤饼处颗粒性不可生物降解有机物和滤液旁流污水处颗粒性不可生物降解有机物的总量;对于固体悬浮物,污泥浓缩池出泥点处固体悬浮物的总量等于压缩滤饼处固体悬浮物和滤液旁流污水处固体悬浮物的总量。

3. 操作人员经验知识发现

操作人员经验知识发现是指城市污水处理操作人员通过对日常操作经验进行筛选、整合、验证,完成经验知识提取的过程。操作人员经验知识发现包括操作记录、经验筛选、知识验证三个步骤。首先，操作人员在日常生产过程中对操作过程进行记录，并根据城市污水处理运行工况对记录信息进行分类处理，详细记录相应的操作效果；其次，操作人员在经验筛选阶段根据操作效果对操作过程进行评价筛选，将该过程效果较好的操作过程作为操作经验，并描述成知识；最后，操作人员在知识验证阶段根据机理知识对操作人员经验知识进行校验，并进行合理解释，动态调整经验知识，实现经验知识的自适应调整，完成操作人员经验知识发现。

下面介绍城市污水处理过程中不同故障下的具有代表性的操作人员经验知识。城市污水处理系统的操作人员经验知识可分为污泥膨胀、污泥上浮、泡沫问题、污泥解体和污泥腐化的操作人员经验知识等。

1) 污泥膨胀的操作人员经验知识

污泥膨胀包括丝状菌膨胀和非丝状菌膨胀。对于丝状菌膨胀，活性污泥絮体中的丝状菌过度繁殖，从而导致丝状菌膨胀。对于非丝状菌膨胀，进水中的溶解性有机物使污泥负荷变高，同时进水中没有足够的氮、磷，或者溶解氧等组分来分解有机物，细菌把大量有机物吸入体内，使得活性污泥的结合水升高，呈黏性的凝胶状，导致非丝状菌膨胀。

针对污泥膨胀的不同原因，给出相应的操作人员经验知识。若进水有机物少，则增加碳源排放量；若 F/M(代表污泥负荷)太低，则减少水力停留时间或补充微生物食料；若进水氮不足或碳水化合物的含量过高，则投加尿素、碳酸铵或氯化铵；若混合液溶解氧太低，则增加曝气量。

2) 污泥上浮的操作人员经验知识

污泥上浮主要是指污泥脱氮上浮。污泥脱氮上浮的主要原因如下：污水在二沉池中经过长时间停留会造成缺氧，硝酸盐在缺氧环境下被反硝化菌转化成氨和氮气，污泥吸附氨和氮气导致上浮。

污泥上浮的操作人员经验知识包括：①降低进水盐浓度，控制高负荷化学需氧量的冲击；②在运行操作上要控制曝气池进水量，准确地控制曝气池内的化学需氧量负荷，控制混合液固体悬浮物浓度和曝气池进水量，将化学需氧量调整到适当范围；③将污泥输送到酸化池进行调试和酸化；④投加剩余污泥，控制混合液浓度；⑤降低曝气池的混合液固体悬浮物浓度，根据进水有机负荷调整溶解氧浓度；⑥通过增加污泥回流量，排除剩余污泥降低混合液污泥浓度。

3) 泡沫问题的操作人员经验知识

泡沫分为启动泡沫、反硝化泡沫和生物泡沫。启动泡沫由污水中的一些表面活性物质引起；反硝化泡沫出现在硝化阶段，当曝气不足发生反硝化作用时，氮等气体带动部分污泥上浮，形成泡沫；生物泡沫是丝状微生物的异常生长而造成的，丝状微生物与气泡、絮体颗粒混合成为泡沫。

泡沫问题的操作人员经验知识包括：①喷水流或水珠打碎气泡，使污泥颗粒重新恢复沉降性能，由于丝状细菌仍然存在于混合液中，这种方法不能从根本上消除泡沫现象；②投加消泡剂，如氯、臭氧和过氧化物等具有强氧化性的杀菌剂，降低泡沫的增长，但这种方法可以暂时消除气泡，但不能抑制泡沫的形成；③降低曝气池中污泥的停留时间，抑制放线菌的生长；④增加捕食性和拮抗性的微生物，抑制泡沫细菌。

4)污泥解体的操作人员经验知识

污泥解体的原因有两种：①微生物代谢功能受到损害或消失导致污泥中毒，污泥失去净化活性和絮凝活性；②过度曝气导致污泥自身氧化过度，菌胶团絮凝性能下降从而污泥解体。

污泥解体的操作人员经验知识包括：①针对运行方面的问题，对污水量、回流污泥量、空气量和排泥状态等多项指标进行检查和调整；②针对污水中的有毒物质，查明来源，按国家排放标准加以处理。

5)污泥腐化的操作人员经验知识

污泥腐化上浮是指沉淀池内的污泥由于缺氧而吸附厌氧分解产生的甲烷及二氧化碳气体上浮。造成污泥腐化上浮的主要原因是污泥长期滞留造成厌气发酵，生成上浮气体(硫化氢、甲烷等)。

污泥腐化的操作人员经验知识包括：①安装适当的浮渣设备，不使污泥外溢；②加大池底坡度或改进池底刮泥设备，不使污泥滞留于池底；③调整搅拌频率，在曝气池前去除脂肪和油。

4.3.2　城市污水处理系统知识表示

城市污水处理系统知识表示是将发现的机理知识、运行规律知识、操作人员经验知识等进行符号化、形式化或模型化，从而将城市污水处理系统知识转化为可识别和可利用的知识形式。为了知识的最优表示，常用逻辑表示法、产生式表示法、框架表示法及本体表示法等方法进行知识表示。

1. 逻辑表示法

逻辑表示法是一种叙述性的知识表示方法，以谓词形式来描述城市污水处理组分变化的主体与客体，主要用于机理知识表示。在命题逻辑中，有如下关系：与($\land$)、或($\lor$)、非($\sim$)、如果…那么…($\rightarrow$)、等价关系($\leftrightarrow$)等。下面利用逻辑表示法对城市污水处理过程的机理知识进行表示。

初沉池污泥浓度随初沉池有效沉淀面积的增大而减小，初沉池有效沉淀面积随初沉池表面负荷的减小而增大。该知识表示如下：

$$\begin{cases} p: & \text{初沉池污泥浓度增大} \\ q: & \text{初沉池有效沉淀面积减小} \Rightarrow p \rightarrow q \rightarrow l \\ l: & \text{初沉池表面负荷增大} \end{cases} \qquad (4\text{-}24)$$

好氧池中活性污泥固体悬浮物浓度随好氧池中活性污泥挥发性组分浓度、非挥发性组分浓度的增大而增大。该知识表示如下：

$$\begin{cases} p: & \text{非挥发性组分浓度增大} \\ q: & \text{挥发性组分浓度增大} & \Rightarrow p \land q \rightarrow l \\ l: & \text{活性污泥固体悬浮物浓度增大} \end{cases} \qquad (4\text{-}25)$$

若好氧池中回流混合液中颗粒性不可生物降解有机物浓度增大、颗粒性可生物降解有机物浓度增大或好氧池中异养菌浓度增大，则好氧池中活性污泥挥发性组分浓度增大。该知识表示如下：

$$\begin{cases} p: & \text{颗粒性不可生物降解有机物浓度增大} \\ q: & \text{颗粒性可生物降解有机物浓度增大} \\ l: & \text{好氧池中异养菌浓度增大} & \Rightarrow p \lor q \lor l \rightarrow k \\ k: & \text{活性污泥挥发性组分浓度增大} \end{cases} \qquad (4\text{-}26)$$

二沉池进水慢速可生物降解有机物总量等于二沉池出水慢速可生物降解有机物和二沉池污泥回流慢速可生物降解有机物的总量。该知识表示如下：

$$\begin{cases} p: & \text{二沉池进水慢速可生物降解有机物总量增加} \\ q: & \text{二沉池出水慢速可生物降解有机物总量增加} & \Rightarrow p \leftrightarrow q \land l \\ l: & \text{二沉池污泥回流慢速可生物降解有机物总量增加} \end{cases} \quad (4\text{-}27)$$

2. 产生式表示法

产生式表示法又称规则表示法(IF···THEN···)，主要用于描述城市污水处理过程的因果关系，也可用于描述操作人员经验知识。针对城市污水处理抑制污泥膨胀的问题，若进水有机物少，则可增加碳源排放量。应用产生式表示法，该知识表示如下：

$$\begin{array}{ll} \text{IF} & \text{发生污泥膨胀且进水有机物少} \\ \text{THEN} & \text{增加碳源排放量} \end{array} \qquad (4\text{-}28)$$

3. 框架表示法

框架表示法是城市污水处理过程的概念、对象或事件知识的集合，该知识集合是一种层次知识结构，上层是主体，下层由主体属性组成，可以表述机理知识、运行规律知识、操作人员经验知识或者三种知识的组合。城市污水处理过程知识如下：缺氧池的框架知识具有单元功能、反应、关键设计参数、缺氧水解过程的反应速率以及反硝化异养菌增殖反应速率等不同的主体属性，利用框架表示法表示如下：

框架：缺氧池

$$
\begin{cases}
\text{单元功能} & \text{将氨氮转换为氮气} \\
\text{反应} & \text{反硝化反应、缺氧水解反应} \\
\text{关键设计参数} & \text{水力停留时间、反硝化污泥龄、内回流比} \\
\text{缺氧水解过程的反应速率} & S_{O_2,3}\text{增大} \vee S_{NO_3,3}\text{增大} \vee X_{S,3}\text{增大} \to r_{XS}\text{增大} \\
\text{反硝化异养菌增殖反应速率} & \text{IF } X_{H,3} \text{ 增大，THEN } r_{XH} \text{ 增大}
\end{cases}
$$

$$(4-29)$$

4. 本体表示法

本体表示法利用城市污水处理过程概念和概念之间的关系对知识进行表示，可以应用于机理知识、运行规律知识、操作人员经验知识的表示。例如，图 4-1

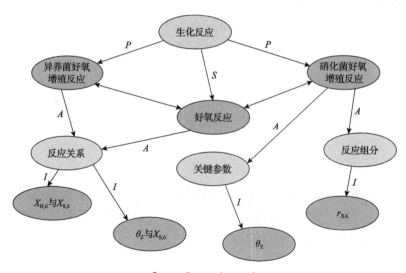

$$\text{类} \overset{S}{\to} \text{子类} \overset{P}{\to} \text{个体} \overset{A}{\to} \text{属性} \overset{I}{\to} \text{实例}$$

图 4-1　生化反应本体表示的知识

r_{XA} 为硝化菌好氧增值反应速率

所示的生化反应本体知识由上至下列举了四种逻辑关系，分别为子类从属关系（S）、部分从属关系（P）、属性从属关系（A）、实例从属关系（I）。对于子类从属关系，好氧反应为生化反应的子类；对于部分从属关系，异养菌好氧增殖反应为生化反应的一部分；对于属性从属关系，反应关系、关键参数为好氧反应的属性；对于实例从属关系，$X_{H,6}$ 与 $X_{S,6}$ 的反应关系为反应关系的具体实例。

4.3.3　城市污水处理系统知识库构建

城市污水处理过程知识库是基于过程知识所设计的集合，包含城市污水处理机理知识、运行规律知识和操作人员经验知识。城市污水处理过程知识库的建立包括需求分析、词汇抽取、知识库设计、知识库实现、知识入库、知识库试运行、知识库修正与优化。

1. 需求分析

需求分析可以确定知识库在城市污水处理过程中的目标用户群体及其需求、知识内容的范围、所属的知识体系、功能实现等，初步确定建立知识库的基本思路。为满足不同的用户群体和受众群体，将机理知识库、运行规律知识库及操作人员经验知识库嵌入知识组织体系架构，如图 4-2 所示。

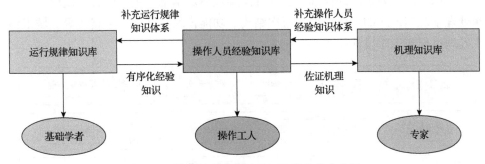

图 4-2　城市污水处理过程知识库的需求分析

图 4-2 主要描述面向不同的知识库使用者建立的不同知识库流程。其中运行规律知识库面向基础学者，用于授予基础知识；操作人员经验知识库面向污水处理厂的操作工人，用于指导现场生产；机理知识库则面向专家，用于开发机理模型。不同的知识库之间也可以相互作用，相互补充。运行规律知识库可以使操作人员经验知识库中的经验知识有序化，同时佐证机理知识；操作人员经验知识库可以用于补充运行规律知识体系，同时佐证机理知识库；机理知识库可以补充操作人员经验知识库中的知识体系。

2. 词汇抽取

词汇抽取的主要内容是对城市污水处理过程的知识进行概念词的抽取，并建立城市污水处理过程的基本学科概念体系。其中，基本概念是指城市污水处理过程知识的基本分类，包括污水处理机理知识、运行规律知识和操作人员经验知识等相关词汇；重要概念是基本概念的再分类，包括初沉池反应机理知识、初沉池运行规律知识、污泥膨胀操作人员经验知识等；一般概念是重要概念的再分类，是机理知识、运行规律知识、操作人员经验知识的具体化。根据城市污水处理知识种类，基本词汇可以细分为城市污水处理机理知识、城市污水处理运行规律知识、城市污水处理过程操作人员经验知识。其中，城市污水处理机理知识可以分为初沉池反应机理、厌氧池反应机理、缺氧池反应机理等重要概念；城市污水处理运行规律知识可以分为初沉池运行规律、厌氧池运行规律、缺氧池运行规律等重要概念；城市污水处理操作人员经验知识可以分为污泥膨胀操作经验、污泥上浮操作经验、泡沫问题操作人员经验知识等重要概念。此外，重要概念还可以细分为一般概念，共同构成城市污水处理过程知识库关联概念词汇。

3. 知识库设计

知识库设计为系统的详细分析和开发实现奠定基础，主要内容为设计城市污水处理系统知识库的总体框架、层次结构、功能模块、基本技术路线等。城市污水处理过程知识库设计如图 4-3 所示。

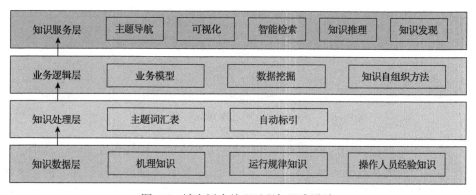

图 4-3　城市污水处理过程知识库设计

4. 知识库实现

知识库实现通过结合实际条件，在需求分析、抽取与关联概念词汇、知识库设计的基础上确定构建知识库的具体方案，实现知识库功能。

5. 知识入库

知识入库将知识库所需的知识内容按要求存储到知识库中，包括机理知识、操作人员经验知识、运行规律知识等。

6. 知识库试运行

知识库试运行通过检验初步构建的知识库的运行情况，验证其效果是否达到预期目标。如果未达到目标，应及时发现不足并做相应调整。

7. 知识库修正与优化

知识库修正与优化可以优化知识库的算法，修正知识库的结构。在结构方面，知识库删除错误知识，修正陈旧知识；在算法方面，知识库更新低效算法，引入高效算法，保证知识库的有效性。

4.4　城市污水处理系统知识推理

城市污水处理系统知识推理技术能够在运用机理知识、操作人员经验知识及运行规律知识等知识信息的基础上，利用智能推理策略获取新的有效知识，完成对城市污水处理运行问题的求解。本节采用知识搜索技术从知识库中获取城市污水处理运行规律知识，利用知识评价技术判断知识的有效性，通过知识增值技术完成对知识库的更新，实现城市污水处理过程的知识推理。

4.4.1　城市污水处理系统知识搜索

城市污水处理系统知识搜索技术是知识推理过程中的基础步骤，其搜索性能直接影响着知识推理的准确性与可靠性。知识搜索根据"相似问题具有相似解"的假设，将城市污水处理问题与知识库中的知识案例进行对比，通过搜索得到相同或相似的知识解答。城市污水处理系统知识搜索技术具体包括搜索策略选择、知识属性权值确定和知识搜索三个步骤。

1. 搜索策略选择

城市污水处理系统知识搜索策略如表 4-10 所示，其中 K 最近邻策略（K nearest neighbor strategy，KNN）通过计算城市污水处理系统目标问题与知识条件之间各个属性的距离，根据距离加权求和来搜索城市污水处理系统知识库中的知识，具有简单易行、计算方便的优点；决策树策略根据城市污水处理系统知识的类别和等级，构造层次化的知识结构，通过城市污水处理系统目标问题对知识的归纳完成判定检索，具有检索精度高但动态性不强的特点；知识引导策略通过总结城市污水处理系统知识库中知识的关键特征，完成知识搜索，该策略可动态组织知识库，避免反复归纳，但需要将知识编码，增加了知识库的复杂度。

表 4-10　城市污水处理系统知识搜索策略

搜索策略	KNN	决策树策略	知识引导策略
原理	距离度量	分类、归纳	属性编码
优势	简单易行	精度高	动态性高
不足	易过拟合	样本需求大	复杂性高

以 KNN 作为搜索策略的城市污水处理系统出水水质检测过程如下：KNN 在搜索出水水质检测相关知识时，提取某一时刻水质相关变量的值，计算相关变量值与知识库中同类知识的距离，选取距离最近的 K 个知识作为索引知识，完成知识搜索。以决策树作为搜索策略的城市污水处理系统故障诊断过程如下：决策树通过建立城市污水处理系统故障诊断知识层次化结构，即故障类型—故障原因—故障操作，查明故障并分析故障原因，根据分析结果在故障诊断层次化结构中搜索相应的故障操作作为索引知识。以知识引导作为搜索策略的城市污水处理系统组分浓度变化过程如下：知识引导搜索策略对城市污水处理系统知识库中的知识附上属性标签，如初沉池污泥浓度变化的属性为初沉池、污泥浓度、有效沉淀面积、表面负荷等，并在知识库中找到对应的标签，将知识库中标签内的知识作为索引知识。

2. 知识属性权值确定

城市污水处理系统知识属性权值确定的方法如表 4-11 所示，包括主观赋权法和客观赋权法。其中，主观赋权法包括专家咨询法、相关分析法、层次分析法等。专家咨询法通过获取城市污水处理领域专家的先验知识确定案例中各个属性的权值；相关分析法结合城市污水处理领域专家经验和数理统计理论来确定权值；层次分析法通过对城市污水处理系统知识属性进行分层，对每个层次的属性进行加权求和来确定权值。主观赋权法依靠城市污水处理领域专家的主观经验，其权值分配结果有效可靠，但当专家经验不足时难以实施。

表 4-11　城市污水处理系统知识属性权值确定方法

搜索策略方法		原理	优势	不足
主观赋权法	专家咨询法	经验确定		
	相关分析法	数理统计	有效可靠	主观性强
	层次分析法	分层分析		

续表

搜索策略方法		原理	优势	不足
客观赋权法	遗传算法	权值优化	鲁棒性强	存在高维灾难
	粗糙集理论	一致性分析	简单易行	需离散假设
	神经网络法	权值学习	非线性处理	易过拟合
	熵权法	信息量评估	简单易行	指标单一

客观赋权法包括遗传算法、粗糙集理论、神经网络法、熵权法等。其中，遗传算法通过模仿生物进化寻优过程来确定权值，该方法具有鲁棒性强等特点，但难以处理和优化高维问题，存在稳定性和可靠性不足的问题，适用于大且复杂的搜索空间；粗糙集理论直接利用表内数据本身的内在信息对其进行约简，具有简单、易操作等优点，但在处理具有连续值的属性时需进行相应的离散化，易丢失大量有用信息；神经网络法将网络的输出与预期输出的误差作为目标函数来训练自身，迭代校正属性权值；熵权法利用信息熵来分配权值，某项指标的值变异程度越大，该指标所提供的信息量越大，相应的权值也越大，反之，某项指标的值变异程度小，其信息熵较小，权值也越小。客观赋权法通过数据分析得到知识权值。

主观赋权法主要应用于城市污水处理过程中含有大量运行经验知识时，而客观赋权法主要应用于城市污水处理过程中所含的数据质量可靠时。客观赋权法在面对非线性建模问题时，可以利用鲁棒性较强的遗传算法；当面对无先验信息的建模问题时，可以采用粗糙集理论；当面对需要评价指标信息量的建模问题时，可采用熵权法。为了进一步理解主观赋权法和客观赋权法，以水质检测为例对两种方法进行说明。以主观赋权法中的层次分析法为例，对水质检测的相关知识进行分层：目标检测水质为目标层，水质检测的相关变量作为中间层，相关变量的属性作为底层。专家对底层的属性进行评价，判断属性对目标层的重要性，并根据底层对目标层的相对重要性权值对中间层的相关变量进行加权，确定检测知识的权值，完成知识搜索。以客观赋权法的遗传算法为例，介绍知识属性权值的确定过程：遗传算法随机初始化多个检测知识权值并建立搜索评价函数，对检测知识权值进行交叉、变异等操作，并利用评价函数选取最优的几个权值作为检测知识的权值，完成知识搜索。

3. 知识搜索

城市污水处理过程知识搜索首先需要确定问题的基本属性，在知识库中找到对应的类别，根据知识的属性和解答结果建立搜索模型，采用神经网络等对知识进行检索，模型的输入为知识属性，模型的输出为解答结果。同时，计算每个知识的属性与问题的相似度，基于相似度划分可信区域，在区域内获取索引知识。

下面以知识搜索为对象介绍城市污水处理过程出水总氮浓度的检测过程。总氮浓度检测以检测某时刻出水总氮浓度为目标，在知识库知识搜索过程中找到问题对应的知识类别（二沉池运行规律知识中出水总氮浓度检测模型的实例知识），在该类知识中输入变量氨氮浓度、硝态氮浓度、悬浮物浓度、生化需氧量、总磷浓度作为知识属性，建立关于出水总氮浓度检测知识搜索的神经网络权值确定模型，将出水总氮浓度检测模型的输入变量作为模型的输入，将出水总氮浓度作为模型的输出，采用梯度下降算法调整模型的权值，确定出水总氮浓度检测知识的属性权值；计算每个出水总氮浓度检测知识属性与问题的相似度，基于相似度划分可信区域，在可信区域内获取知识。

4.4.2　城市污水处理系统知识评价

城市污水处理系统知识评价技术通过对知识搜索结果进行评价，保证索引知识的有效性。知识搜索过程中采用可信区域划分可能会出现的可信区域重叠、可信区域过大等问题，导致索引知识类内差异大、类间差异小，需要对索引知识进行评价。知识评价包括评价指标计算、知识评估、知识库调整三个步骤。

1. 评价指标计算

评价指标计算阶段针对城市污水处理系统知识搜索可信区域重叠和可信区域过大的问题，设计评价指标，包括索引知识的类内差异和索引知识的类间差异，具体步骤如下：划分知识类别，找到索引知识的同类知识集和索引知识的异类知识集；计算索引知识与同类知识、异类知识的相似度，相似度可以采用欧氏距离、马氏距离、信息熵等；构建评价指标体系，将索引知识与同类知识的相似度作为类内差异指标，将索引知识与异类知识的相似度作为类间差异指标。

以城市污水处理过程出水总氮浓度检测为例，计算出水总氮浓度检测索引知识的评价指标：划分知识类别，将出水总氮浓度检测模型的实例知识集作为同类知识集，将氨氮浓度检测模型的实例知识集作为异类知识集；计算索引知识与出水总氮浓度检测模型实例知识集、氨氮浓度检测模型实例知识集的相似度；根据两类相似度建立出水总氮浓度检测索引知识的指标体系。

2. 知识评估

城市污水处理过程中出现的知识评估技术主要是对结论的可信度评估及可信区域划分。其中可信度评估采用一种投票机制对结论可信度做出判断，但投票权值难以确定，从而限制了其应用与发展。而可信区域划分则根据历史知识库计算得出可信半径，在知识空间中划分出可信区域，将落在该区域的知识视为可信的。

下面以可信区域划分为例介绍知识评估步骤：找到索引知识所在的知识类别，计算任意两个同类知识间的差异，表示如下：

$$D(T_i, T_j) = \sqrt{\sum_{k=1}^{K} w_k (t_{ik} - t_{jk})} \tag{4-30}$$

其中，T_i 为索引知识所在类别的第 i 个知识；T_j 为索引知识类别中的第 j 个知识；w_k 为第 k 个知识属性权值，$k=1, 2, \cdots, K$，K 为知识属性个数；t_{ik} 为索引知识类别中的第 i 个知识的第 k 个属性；t_{jk} 为索引知识类别中的第 j 个知识的第 k 个属性。

计算索引知识所在类别的知识与其他类知识的差异，表示如下：

$$D(T_i, Q_j) = \sqrt{\sum_{k=1}^{K} w_k (t_{ik} - q_{jk})} \tag{4-31}$$

其中，Q_j 为其他类别中的第 j 个知识。

找到索引知识所在类别的类内平均最小差异 D_{TT}，计算索引知识所在类别的知识与其他类别知识差异的平均最大差异 D_{TQ}，并计算索引知识与其类内知识的差异，表示如下：

$$\mathrm{sim}(Y, T_j) = \sqrt{\sum_{k=1}^{K} w_k (y_k - t_{jk})} \tag{4-32}$$

其中，Y 为第 j 个索引知识；y_k 为索引知识的第 k 个属性。

计算索引知识与其类间知识的差异，表示如下：

$$\mathrm{sim}(Y, Q_p) = \sqrt{\sum_{k=1}^{K} w_k (y_k - q_{pk})} \tag{4-33}$$

其中，Q_p 为第 p 个异类知识；K 为异类知识个数；q_{pk} 为第 p 个异类知识的第 k 个属性。

计算索引知识与其类内知识差异的平均值 D_{YT}，获取索引知识与其类间知识差异的平均值 D_{YQ}，并判断知识可信度：若 D_{YT} 小于 D_{TT} 且 D_{YQ} 大于 D_{TQ}，则该索引知识为可信的。

以城市污水处理过程出水总氮浓度检测为例，索引知识的评价过程主要包括：计算出水总氮浓度检测实例知识的类内平均最小差异 D_{TT}，出水总氮浓度检测知识与氨氮浓度检测实例知识的类间平均最大差异 D_{TQ}；获取索引知识与其他出水总氮浓度检测实例知识、氨氮浓度检测实例知识的平均差异 D_{YT} 和 D_{YQ}，用于评价索引知识；分别比较 D_{YT}、D_{YQ} 与 D_{TQ}，判断知识的可信度。

3. 知识库调整

索引知识不可信时，其知识权值也是不可靠的，不可靠知识需要从知识库中删除，并利用其他知识权值确定方法或者根据专家经验知识重新确定权值。知识权值一般采用群决策集结方式，根据专家结论意见，得到最终的搜索权值，并对问题进行二次检索和评估，直至找到可信的知识。

下面以索引知识的知识库调整为例，介绍城市污水处理过程出水总氮浓度检测过程：若索引知识不可靠，则在运行规律知识中的出水总氮浓度实例知识集中删除索引知识，并重新计算出水总氮浓度模型实例知识的知识权值，进行二次搜索和评估。

4.4.3　城市污水处理系统知识增值

城市污水处理系统知识增值技术能够根据知识规则从城市污水处理运行过程中获取新知识。知识增值技术可依据推理方式、推理确定性及推理方向进行分类。按照推理方式划分，可分为演绎方法、归纳方法和类比方法；按照推理确定性划分，可分为确定性推理和不确定性推理；按照推理方向划分，可分为正向推理、反向推理和双向推理。

1. 基于推理方式的知识增值

1）演绎方法

演绎方法是从一般到个别的推理，有三段论方法、假言方法和选言方法等形式。三段论方法由大前提、小前提和结论三部分组成。大前提是一般性规律，小前提是具体事物的属性，结论是小前提的推理属性。某一类事物具有的属性，其下属小类也拥有。假言方法是以假言判断为前提的演绎推理，基本原则是小前提肯定大前提的前件，结论肯定大前提的后件。小前提否定大前提的后件，结论否定大前提的前件。选言方法是以选言判断为前提的演绎推理，基本原则是大前提是一个相容的选言判断，小前提否定其中一个或一部分选言，结论就要肯定剩下的选言。下面以城市污水处理过程二沉池机理知识为例对每种演绎方法的知识增值过程进行说明。基于三段论方法的知识增值：污泥浓度随有效沉淀面积增大而减小，随表面负荷增大而减少，因此二沉池污泥浓度随二沉池有效沉淀面积增大而减小，随二沉池表面负荷增大而减小。基于假言方法的知识增值：出水总磷浓度不随有效沉淀面积增大而减小，因此出水总磷浓度不是污泥浓度的一种。基于选言方法的知识增值：某组分浓度不是污泥浓度的一种，且该组分浓度随表面负荷增大而减小，因此该组分浓度不随有效沉淀面积增大而减小。

2）归纳方法

归纳方法是一种由个别的前提推出一般性结论的过程，有完全归纳方法和非完全归纳方法两种形式。完全归纳方法通过列举某类事物的每个对象都具有某个性质，从而推导出这类事物都具有该性质的结论，完全归纳方法在前提中考察了一类事物的全部对象，结论没有超出前提所断定的知识范围，因此其前提和结论之间的联系是必然的。非完全归纳方法通过列举某类事物的部分对象具有某个性质，从而推导出这类事物都具有该性质的结论，可以分为枚举归纳方法和科学归纳方法两种形式。枚举归纳方法根据已观察到的部分对象中均具有某种属性，并且没有遇到任何反例，从而推出该类事物都具有该种属性的结论；科学归纳方法根据某类事物中部分对象与某种属性间因果联系的分析，推出该类事物具有该种属性的推理。以城市污水处理过程初沉池和二沉池的机理知识为例，介绍归纳方法的知识增值过程。基于完全归纳方法的知识增值：污水处理过程的污泥沉降发生在初沉池和二沉池，初沉池中污泥浓度随有效沉淀面积增大而减小，二沉池中污泥浓度随有效沉淀面积增大而减小，因此污泥沉降过程中污泥浓度随有效沉淀面积增大而减小。基于枚举归纳方法的知识增值：二沉池中污泥浓度随有效沉淀面积增大而减小，因此污泥沉降过程中污泥浓度随有效沉淀面积增大而减小。基于科学归纳方法的知识增值：二沉池中污泥浓度随有效沉淀面积增大而减小，污泥受重力作用下降，有效沉降面积越大沉降污泥越多，水中污泥浓度越小，因此污泥沉降过程中污泥浓度随有效沉淀面积增大而减小。

3）类比方法

类比方法是从个别到个别的推理过程，分为完全类比方法和不完全类比方法两种形式。完全类比方法是两个或两类事物在进行比较的方面完全相同时的类比；不完全类比方法是两个或两类事物在进行比较的方面不完全相同时的类比。以城市污水处理过程机理知识为例，介绍类比方法的知识增值过程。基于完全类比方法的知识增值：初沉池中污泥浓度随有效沉淀面积增大而减小，因此二沉池中污泥浓度随有效沉淀面积增大而减小。基于不完全类比方法的知识增值：异养菌好氧增殖速率与异养菌浓度有关，因此自养硝化菌增殖速率与自养硝化菌浓度有关。

2. 基于推理确定性的知识增值

1）确定性推理

确定性推理的事实和结论都是确定的，前提和结论具有一定的因果关系。演绎推理属于确定性推理，事实与其所解决问题的结论之间存在着严格而准确的因果关系，而且事实总是确定的。以城市污水处理过程运行规律知识为例，对于自养菌微生物，厌氧池自养菌微生物和污泥回流自养菌微生物总量等于出水自养菌微生物的总量。基于确定性推理的知识增值：已知进水处自养菌微生物和污泥回流自养菌微生物的浓度可以推断出水自养菌微生物的总量。

2) 不确定性推理

不确定推理是一种基于非经典逻辑的推理，是对不确定知识的应用和处理。由于客观存在的随机性和模糊性，人们对事物或现象的认识具有一定的不确定性，具体体现在观察所获得的知识和证据上，分别形成不确定的知识和不确定的证据。基于不确定推理知识的推理称为不确定推理。严格来说，不确定推理是一个从最初开始的思考过程不确定性的证据，并最终通过应用不确定性知识推导出具有一定不确定性的合理或接近合理的结论。不确定性推理的不确定性体现在知识表示的不确定性和证据的不确定性。

在知识表示的不确定性中，知识表示和推理密切相关，不同的推理方法需要相应的知识表示方式。一般来说，证据不确定性应该与知识不确定性的表达方式保持一致，这样才能在推理过程中统一处理不确定性。以城市污水处理过程操作人员经验知识为例，如果某时刻发生污泥膨胀且溶解氧和 F/M 较低，基于不确定性推理的知识增值是指在该时刻可能是由溶解氧和 F/M 异常引起污泥膨胀。此时，除了溶解氧和 F/M，还有可能是其他因素引起污泥膨胀，因此推理结论是不确定的。

3. 基于推理方向的知识增值

1) 正向推理

正向推理是从事实中推导出结论的过程，从现有的信息事实出发，寻找可用的知识，通过冲突解决选择使用的知识，执行使用的知识，改变解决状态，逐步解决问题。一般来说，正向推理的实现应该有一个存储当前状态的数据库、一个知识集和一个存储知识和推理机的数据库。

2) 反向推理

反向推理是一种以假设目标为起点的推理，又称目标驱动推理、逆向链推理、目标制导推理及后件推理等。反向推理的基本思想是首先选择一个假设目标，然后寻找支持假设的证据。如果能找到所有需要的证据，那么说明原假设成立。如果找不到所需要的证据，那么说明原假设不成立，此时应提出新的假设。

3) 双向推理

双向推理综合了正向推理和反向推理的优势，首先利用正向推理选择初始目标，从已知的事实演绎出部分结果，通过反向推理来解决目标，当解决目标时，用户会提供更多信息，并进行正向推理，如此反复直到问题解决。

4.5　本 章 小 结

本章针对城市污水处理系统知识获取与推理，介绍了城市污水处理系统知识的多样性、复杂性和易变性的特点，详述了城市污水处理系统知识发现、知识表达及知识库构建的知识获取方法，按照知识归纳、知识评价和知识增值的顺序，描述了城市污水处理系统知识推理方法，具体有如下内容：

(1)城市污水处理系统知识特点。深入分析了城市污水处理系统知识的多样性、复杂性和易变性等特点，并介绍了知识的种类、知识的影响因素和知识的变化条件。

(2)城市污水处理系统知识获取技术。重点描述了城市污水处理系统机理知识发现、操作人员经验知识发现和运行规律知识发现技术，详述了知识的表示方法，并概述了需求分析、抽取词汇、知识库设计等知识库构建方法。

(3)城市污水处理系统知识推理技术。着重介绍了搜索策略选择、知识属性权值确定和知识索引的知识搜索技术，详述了知识评价技术和知识增值技术。

第5章 数据驱动的城市污水处理系统建模

5.1 引　　言

数据驱动的城市污水处理系统建模，利用过程数据，主要包括进水水质数据、过程变量数据、出水水质数据、运行环境数据等，建立运行过程指标和关键水质参数之间的关系，描述城市污水处理系统的运行过程。数据驱动的城市污水处理系统建模方法能够利用过程数据获取城市污水处理系统的动态特征，实现过程指标评价，协助系统完成运行过程实时监测。

数据驱动的城市污水处理系统建模方法能够解决城市污水处理运行过程中难以获取精确机理模型的问题，在水质检测、工况辨识等建模方面的应用已取得较好的应用效果，为系统的安全稳定运行提供了可靠信息。针对城市污水处理系统中部分关键水质参数数据难以通过采集仪表在线实时获取的问题，可利用化学试剂以人工采样或离线化验分析方法获取该类数据，并结合城市污水处理系统历史数据以保证系统数据的完备性，充分反映城市污水处理过程中水质参数动态变化的情况，为保障数据驱动的城市污水处理系统模型性能奠定基础。此外，在实际的城市污水处理厂运行过程中，各类数据存在误差和不确定性，需对其进行处理后利用系统数据实时监测城市污水处理系统运行过程的状态，及时发现与处理出水水质指标不稳定或在某些条件下出现超标等异常现象，保证城市污水处理安全、稳定、高效地运行。

数据驱动的城市污水处理系统建模性能主要由数据的特性决定，挖掘城市污水处理过程数据的隐藏信息并设计有效的城市污水处理系统模型，是数据驱动的城市污水处理系统建模方法设计的重点和难点。本章围绕数据驱动的城市污水处理系统建模方法的设计与实现：首先，介绍数据驱动的城市污水处理系统模型构建方法，包括模型的输入/输出选取及参数的设计；其次，介绍数据驱动的城市污水处理系统模型优化设计过程，包括参数的更新和结构的调整；然后，介绍数据驱动的城市污水处理系统模型的应用案例，包括系统模型收敛性证明、城市污水处理过程出水生化需氧量和出水总磷浓度预测；最后，设计数据驱动的城市污水处理系统模型应用平台，包括平台搭建、平台集成和应用效果验证，使得平台达到预期的性能指标。

5.2　数据驱动的城市污水处理系统模型构建

数据驱动的城市污水处理系统模型构建以神经网络模型为工具，描述城市污水处理系统中运行指标和关键水质参数之间的关系。本节以径向基函数（radial basis function, RBF）神经网络为例来介绍数据驱动的城市污水处理系统模型构建过程，包括对数据驱动城市污水处理系统模型的描述、输入/输出变量的选取及模型的设计。

5.2.1　数据驱动的城市污水处理系统模型描述

数据驱动的城市污水处理系统模型利用过程数据对城市污水处理过程进行描述，能够反映出城市污水处理系统的内在关系。人工神经网络作为一种常用的数据驱动系统建模方法，得到了广泛应用。在神经网络中，RBF 神经网络是基于人脑的神经元细胞局部响应特性提出的，其能够模拟人脑中局部调整、相互覆盖接受域的神经结构，是一种简洁有效的前馈神经网络，具有无限逼近和全局最优的性能。在 RBF 神经网络中，根据插值理论激活函数选取具有多变量插值功能的径向基函数，结构简单易训练，不存在局部最优问题等。但是，RBF 神经网络结构参数大多数通过设计经验和试凑的方法来确定，且其结构参数一旦确定之后，不能随环境数据的变化而调整。尽管固定结构 RBF 神经网络通过调整参数能够满足一些工况较为简单且稳定的实际应用需求，但是在城市污水处理过程中，数据往往存在非线性、时变性及强耦合等特征，固定结构参数的 RBF 神经网络已难以满足应用需求。因此，本节利用 RBF 神经网络构建数据驱动的城市污水处理系统模型，将数据信息作为系统模型的输入/输出，获取关键水质指标和过程变量之间的关系，并研究城市污水处理系统模型参数的动态调整方法，提高网络性能，满足实际运行需求。

5.2.2　数据驱动的城市污水处理系统输入/输出变量选取

数据驱动的城市污水处理系统模型输入和输出变量的选取是保证数据驱动的城市污水处理系统模型性能、实现关键水质指标检测的基础。下面利用过程数据分析城市污水处理过程变量与关键水质指标的关系，经过过程信息预处理后，采用主成分分析法、偏最小二乘算法等数据分析方法筛选出能够描述关键水质指标的特征变量作为模型的输入，具体过程如下。

1. 城市污水处理系统变量选取

城市污水处理过程变量的选取主要是通过深入分析活性污泥法污水处理工艺

流程，获取影响关键水质的主要因素，确定评价关键水质的主导变量，包括进水流量、进水 pH、出水 pH、进水固体悬浮物浓度、出水固体悬浮物浓度、进水 BOD、出水 BOD、进水 COD、出水 COD、进水石油类浓度、出水石油类浓度、曝气池污泥沉降比、曝气池固体悬浮物浓度、溶解氧浓度、进水氨氮浓度、出水氨氮浓度、进水色度、出水色度、进水总氮浓度、出水总氮浓度、进水总磷浓度（用 TP 表示）、出水 TP、温度、污泥浓度。

2. 城市污水处理系统信息预处理

城市污水处理过程信息预处理利用现场总线和工业以太网等技术将获取的数据信息传输至计算机中进行处理，并结合历史数据、现场运行知识构建过程信息库。对于由于数据测量精度、操作环境等原因造成采集数据存在丢失和误差等异常问题，可采用异常数据剔除处理提高数据的稳定性和可靠性。具体步骤如下：

(1) 获得样本数据 $x_1, x_2, \cdots, x_n$，确定异常数据 x_k，计算剩余数据的算术平均值 $\bar{x}$ 及标准偏差 s；

(2) 根据显著水平 a，在 t 分布表查出检验系数 $K(a, n)$；

(3) 当 $|x_k - \bar{x}| > K(a, n)s$ 时，判定 x_k 为异常数据予以删除，否则将其保留。

3. 城市污水处理系统辅助变量选取

城市污水处理系统变量相互关联，相互耦合，易出现冗余信息问题，将冗余的变量作为城市污水处理系统模型的输入，会增加计算负担，降低运算速度，甚至导致模型精度不准确。下面以偏最小二乘算法为例，完成输入数据的降维操作，实现辅助变量的筛选。偏最小二乘算法的主要实施步骤如下：

(1) 设置 x 为相关性变量，y 为主导变量，x 和 y 标准化后的数据矩阵分别定义为 E_0 和 F_0。

(2) 在标准化数据矩阵 E_0 和 F_0 中分别提取第一个相关性变量成分 t_1 和主导变量成分 u_1。此过程要尽可能多地包含各自变量的特征信息，以保证 t_1 与 u_1 有较大的相关强度。当精度满足要求时，算法停止运行；否则，通过相关性变量残差矩阵 E_1 与主导变量残差矩阵 F_1 提取第二个成分 t_2 与 u_2，当选择的特征变量个数满足模型精度要求时，算法停止运行。相关表达式如下：

$$x = TP^{\mathrm{T}} + E = \sum_{t=1}^{n} t_i p_i^{\mathrm{T}} + E$$

$$y = UQ^{\mathrm{T}} + F = \sum_{t=1}^{n} u_i q_i^{\mathrm{T}} + F \tag{5-1}$$

$$u_i = b_i t_i$$

其中，T 和 U 分别为自变量 x 与主导变量 y 的得分矩阵；P 和 Q 分别为自变量 x 与主导变量 y 的负荷矩阵；E 和 F 分别为自变量 x 与主导变量 y 的残差矩阵；b_i 为 t_i 与 u_i 的相关性系数，数学表达式如下：

$$b_i = \frac{u_i^{\mathrm{T}} t_i}{t_i^{\mathrm{T}} t_i} \tag{5-2}$$

（3）结合交叉验证的方法获得模型的辅助变量数量，获取辅助变量的过程包括：先除去第 i 个样本数据，利用偏最小二乘算法对剩余观测值进行建模，抽取其中 h 个成分拟合成一个回归方程；再将第 i 个样本数据代入拟合的回归方程，得到 y 在第 i 个样本上的拟合值。重复上述步骤，得到 y 的预测误差平方和，数学表达式如下：

$$\mathrm{PRESS}_h = \sum_{i=1}^{n} (y_i - y_{h(i)})^2 \tag{5-3}$$

其中，n 为样本数据量。设第 i 个样本数据的预测值为 $y_{h(i)}$，y_i 的误差平方和表示如下：

$$\mathrm{SS}_h = (y_i - y_{h(i)})^2 \tag{5-4}$$

当满足 $\mathrm{PRESS}_h > \mathrm{SS}_h$、$\mathrm{SS}_h < \mathrm{SS}_{h-1}$ 时，PRESS_h 与 SS_{h-1} 的比值用来评价该降维过程的性能。当限制值为 0.05 时，认为该成分对模型贡献可以忽略不计。具体表达式如下：

$$\frac{\mathrm{PRESS}_h}{\mathrm{SS}_{h-1}} \leqslant (1 - 0.05)^2 = 0.95^2 \tag{5-5}$$

在城市污水处理系统模型的设计过程中，当 $\mathrm{PRESS}_h / \mathrm{SS}_{h-1} > 0.95^2$ 时，得到的辅助变量能够有效表达出运行指标的特征，此时的成分个数为最佳辅助变量个数，即模型的输入。

关键水质指标是评价城市污水处理运行过程的重要指标，是城市污水处理厂优化运行的重要基础。同时，关键水质指标是保证城市污水水质达标排放的前提，也是改善水环境的重要保证。因此，数据驱动的城市污水处理系统模型的输出变量一般选取出水水质指标等关键水质指标作为模型的输出。

5.2.3　数据驱动的城市污水处理系统模型设计

数据驱动的城市污水处理系统模型是利用过程数据（进水水质、过程变量、运行环境、运行状态等)建立的系统模型,描述运行指标和过程变量之间的关系。基于 RBF 神经网络的城市污水处理系统模型结构表达式具体介绍如下。

(1)输入层,该层包含 n 个神经元,每个神经元的输出表达式如下:

$$x(t) = \left[x_1(t), x_2(t), \cdots, x_N(t)\right]^{\mathrm{T}} \tag{5-6}$$

其中,输入样本 $x(t)$ 为城市污水处理关键水质指标的特征变量。在样本数据输入神经网络之前,需要对特征变量数据进行归一化处理,避免量纲影响。将归一化后的数据作为数据驱动的城市污水处理系统模型的输入。

(2)隐含层,该层节点采用 RBF 作为激活函数,隐含层第 k 个神经元的输出表示如下:

$$\phi_k(t) = \mathrm{e}^{\|x(t)-\mu_k(t)\|/\sigma_k^2(t)}, \quad k = 1, 2, \cdots, K \tag{5-7}$$

其中,$\phi_k(t)$ 为隐含层中第 k 个神经元的输出值;$\mu_k(t)$ 和 $\sigma_k(t)$ 分别为隐含层第 k 个神经元的中心和宽度,在训练过程中,中心和宽度可根据样本进行动态调整;K 为隐含层神经元的个数。

(3)输出层,该层通过连接权值对隐含层各个神经元的输出结果进行线性加权求和,其输出表示如下:

$$y(t) = \sum_{k=1}^{K} \omega_k(t)\phi_k(t) \tag{5-8}$$

其中,$\omega_k(t)$ 为隐含层第 k 个神经元与网络输出层的连接权值;$y(t)$ 为关键水质指标。通过分析 RBF 神经网络结构和参数可以决定系统模型性能。

城市污水处理系统模型中输入层接收外界信息并映射至隐含层,此为非线性映射;隐含层以 RBF 为激活函数,处理由输入层接收的信息并映射至输出层,此为线性映射;输出层是将隐含层的输出结果进行线性加权求和。

5.3　数据驱动的城市污水处理系统模型动态调整

数据驱动的城市污水处理系统模型动态调整是保证系统模型始终工作在合适结构状态的有效方法。由于城市污水处理过程复杂多变的特性,静态参数的城市污水处理系统模型无法满足精确建模的要求。为了提高数据驱动的城市污水处理系统模型的性能,本节介绍利用基于自适应粒子群优化(adaptive particle swarm optimization, APSO)算法的动态优化调整方法来调整系统模型参数。首先介绍模型参数动态更新方法,其次介绍模型结构自适应调整策略,最后实现网络模型结构与参数的同时调整，提高城市污水处理系统模型的性能。

5.3.1　数据驱动的城市污水处理系统模型参数更新

数据驱动的城市污水处理系统模型设计通常采用静态形式。由于模型参数需要通过试凑法或者经验法等方法确定，并且在模型训练过程不发生变化，静态形式参数下的模型精度无法满足实际运行的需要。因此，根据外界输入的信息，对系统模型参数动态调整是解决问题的有效途径。

为了实现数据驱动的城市污水处理系统模型参数的更新，下面以 APSO 算法为例，通过动态更新宽度、中心和权值等系统模型参数，提高系统模型性能，具体过程如下。

在粒子群优化(particle swarm optimization, PSO)算法中每个粒子可看成 D 维可行解空间中的一个解，设 s 为粒子总数，t 时刻粒子位置和粒子速度可分别表示如下：

$$a_i(t) = [a_{i,1}(t), a_{i,2}(t), \cdots, a_{i,D}(t)], \quad i = 1, 2, \cdots, s \tag{5-9}$$

$$v_i(t) = [v_{i,1}(t), v_{i,2}(t), \cdots, v_{i,D}(t)] \tag{5-10}$$

在搜索过程中，使用适应度函数判断粒子的优劣程度，每个粒子在飞行过程中搜索到最好位置，即粒子本身的局部最优解，也称为个体极值，个体极值表示如下：

$$p_i(t) = [p_{i,1}(t), p_{i,2}(t), \cdots, p_{i,D}(t)] \tag{5-11}$$

而整个群体搜索到的最好位置，即整个群体获取的全局最优解，也称为全局极值，其表示如下：

$$g_i(t) = [g_{i,1}(t), g_{i,2}(t), \cdots, g_{i,D}(t)] \tag{5-12}$$

为了平衡种群的全局和局部搜索能力，在 PSO 算法的基础上引入了惯性权值，基于群体最优适应度值及粒子个体适应度值信息，设计自适应惯性权值调整策略。多样性的定义表示如下：

$$S(t) = f_{\min}(a(t)) / f_{\max}(a(t)) \tag{5-13}$$

$$\begin{cases} f_{\min}(a(t)) = \min(f(a_i(t))) \\ f_{\max}(a(t)) = \max(f(a_i(t))) \end{cases} \tag{5-14}$$

其中，$f(a_i(t))$ 为第 i 个粒子的适应度值；$f_{\min}(a(t))$ 和 $f_{\max}(a(t))$ 分别为最小和最大的适应度值；$S(t)$ 为粒子的运动特性，可描述粒子的聚散程度，反映群体的整体搜索状态，并且能够刻画出粒子陷入局部最优的信息。基于多样性 $S(t)$ 设计非线性回归函数，用于调整惯性权值，使其更加符合粒子的飞行状态，非线性函数表示如下：

$$\gamma(t) = (L - S(t))^{-1} \tag{5-15}$$

其中，L 为初始化常数，且 $L \geqslant 2$。此外，每个粒子的空间状态不同，需要根据粒子的状态自适应调整惯性权值，引导每个粒子的飞行。而粒子与最优粒子间的差异能够很好地反映粒子当前最优的差异，从而指导粒子飞行性能，粒子与最优粒子的差异表示如下：

$$A_i(t) = f(g(t)) / f(a_i(t)) \tag{5-16}$$

其中，$f(g(t))$ 为全局最优适应度值。由式 (5-9) ～式 (5-16) 可知，自适应惯性权值策略表示如下：

$$\omega_i(t) = \gamma(t)(A_i(t) + c) \tag{5-17}$$

其中，c 为一个预定义的常数，$c \geqslant 0$，可用于改善粒子的全局搜索能力。

为了进一步提高粒子后期的局部搜索能力，提出一个粒子速度范围的限制方法，表示如下：

$$\begin{cases} v_{\max}(t) = m\mu^{-\text{iter}} \\ v_{\min}(t) = -m\mu^{-\text{iter}} \end{cases} \tag{5-18}$$

其中，m 为常数，取值范围为 $[0, 1]$；μ 的取值范围是 $[1, 1.1]$；iter 为当前迭代步数。粒子随着迭代的进行，速度范围逐渐缩小，提高局部搜索能力。

5.3.2　数据驱动的城市污水处理系统模型结构调整

数据驱动的城市污水处理系统模型的初始结构通过试凑法或者经验法设定，且不会随着模型训练而发生变化。当基于 RBF 神经网络的城市污水处理系统模型具有较大结构时可获得较好的性能，但需要花费较长的计算时间，占据较大的存储空间；而结构较小的系统模型在一定程度上信息处理能力不足，对系统模型的性能造成较差的影响。本节针对数据驱动的城市污水处理系统模型结构动态调整问题，以 APSO 为工具，动态调整模型结构，实现结构优化，提高模型性能。

在系统模型参数调整过程中，基于 RBF 神经网络的城市污水处理系统模型参数表达为 APSO 中第 i 个粒子的空间位置：

$$a_i(t) = \left(\mu_{i,1}^{\mathrm{T}}(t), \sigma_{i,1}(t), w_{i,1}(t), \cdots, \mu_{i,K}^{\mathrm{T}}(t), \sigma_{i,K}(t), w_{i,K}(t) \right) \tag{5-19}$$

网络误差及网络大小作为适应度函数，能够更好地平衡 RBF 神经网络的训练精度和结构复杂度，使得网络具有更好的泛化能力，其粒子适应度函数表示如下：

$$f(a_i(t)) = E_i(t) + \alpha K_i(t) \tag{5-20}$$

其中，α 为平衡因子，$\alpha > 0$；$E_i(t)$ 为均方根误差，表示如下：

$$E_i(t) = \sqrt{\frac{1}{n}\sum_{n=1}^{N}(y_{i,n}(t) - y_{i,d,n}(t))^2} \tag{5-21}$$

其中，N 为数据样本量；$y_{i,n}(t)$ 和 $y_{i,d,n}(t)$ 分别为网络输出和期望输出。粒子通过寻找最优粒子来搜索最优 RBF 神经网络，其他粒子按照与最优粒子间的关系来调整网络结构，表示如下：

$$K_i = \begin{cases} K_i - 1, & K_{\text{best}} < K_i \\ K_i + 1, & K_{\text{best}} \geqslant K_i \end{cases} \tag{5-22}$$

其中，K_i 为第 i 个粒子的网络尺寸；K_{best} 为最优粒子的网络尺寸。在训练过程中，每个粒子代表的神经网络隐含层神经元个数不同，使得粒子间的空间维数不一样，导致粒子速度不能正常更新。为了解决此问题，采用最大尺寸准则策略，寻找当前迭代过程中维数最大的粒子，所有粒子都具有与维数最大粒子相同维数的虚拟空间。在更新过程中，若粒子的虚拟空间比实际的空间维数大，则超出的虚拟空间位置将随机初始化。在更新结束后，超出的虚拟空间将被清空。

假设有三个粒子，各粒子初始神经元数分别为 $K_1=2$、$K_2=4$、$K_3=5$，且第二个粒子为最优粒子（$K_{\text{best}}=K_2$）。为了保证粒子更新，将粒子中维数最大的粒子维数作为虚拟空间维数，保证速度更新及信息的完整性。而粒子本身的维数为实际空间，包含 RBF 神经网络的参数信息。虚拟部分则随机初始化。当粒子包含神经元数比最优粒子神经元数更多时（如 K_3 大于 K_2），其隐含层神经元数应该减少。相反，当其隐含层神经元数小于最优粒子隐含层神经元数时（如 K_1 小于 K_2），隐含层神经元数应该增加。因此，随着训练过程进行，粒子逐渐接近最优粒子，并且选择最优 RBF 神经网络的城市污水处理系统模型结构，如图 5-1 所示。

基于以上对城市污水处理系统模型结构判断和调整分析，归纳具体运行步骤如下：

(1)初始化种群数、加速度常数以及种群迭代次数、速度、位置及位置范围，设置 RBF 神经网络隐含层的初始神经元个数；

(2)开始训练基于 RBF 神经网络的城市污水处理系统模型，根据适应度函数公式计算各粒子适应度值，选择个体最优 $p_i(t)$ 及全局最优 $g(t)$，计算粒子多样性并计算各粒子的惯性权值；

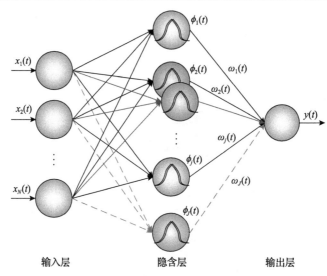

图 5-1　基于 RBF 神经网络的城市污水处理系统模型结构调整

（3）更新粒子速度及位置，并调整 RBF 神经网络隐含层神经元个数；

（4）满足所有停止条件或达到迭代步数时停止计算，否则转向步骤（2）重新训练；

（5）将粒子最优解作为最优参数输出，即优化结果，系统模型训练结束。

综合上述步骤，基于 RBF 神经网络的城市污水处理系统模型即可完成结构调整和参数优化。

5.4　数据驱动的城市污水处理系统模型应用案例

数据驱动的城市污水处理系统模型通过构建关键过程变量与运行指标之间的关系，实现运行指标的在线预测。本节以出水水质预测为例，通过对系统特点的分析选取合适的相关变量，结合仪表收集数据信息，利用数据分析方法筛选模型的输入/输出变量，将筛选的过程变量作为模型输入，出水水质作为模型输出，建立系统模型，并通过模型修正方法优化系统模型，根据模型评估指标验证模型性能，实现出水水质的在线精准预测。

5.4.1　数据驱动的城市污水处理系统模型辅助变量选取

城市污水处理不同反应过程中分布着各种在线传感器，用于实时采集和传输水质参数数据，同时存储历史数据、实验室化验数据以及在线测量仪表实时数据。系统数据由于受到测量精度、操作环境等因素影响，会出现数据异常等现象。为了提高数据的稳定性和可靠性，数据预处理十分必要。常用的数据预处理操作有异常数据剔除和数据标准化，通过多元统计法，分析变量与关键水质的相关性大小，并通过降维操作减少相关性变量数目，降低模型运算复杂度和时耗。选择降维后的重要参量作为特征变量，并用于系统模型的输入，完成辅助变量的选取。以出水生化需氧量为例，利用偏最小二乘算法完成关键水质参数的辅助变量选取，根据式(5-1)~式(5-5)，选取温度、氧化还原电位、溶解氧浓度和 pH 作为系统模型的辅助变量。

5.4.2　数据驱动的城市污水处理系统模型性能验证

数据驱动的城市污水处理系统模型性能验证是保证系统模型应用效果的前提，下面以数据驱动的城市污水处理系统模型收敛性为对象，对系统模型性能进行验证，具体过程如下。

1. 数据驱动的城市污水处理系统模型参数更新的收敛性分析

假设 5-1　个体最优位置和全局最优位置满足条件 $\{p_i(t), g(t)\} \in \Gamma$，$\Gamma$ 为搜索空间。历史最优位置和全局最优位置都有下界。

假设 5-2　参数 $p_i(t)$ 和 $g(t)$ 存在相应的最优值 $p^*(t)$ 和 $g^*(t)$。

假设 5-3　存在 $A_i(t) \geqslant 0$，且常数 c 满足条件 $-A_i(t) < c < \gamma^{-1}(t) - A_i(t)$。

假设 5-4　存在 $c_1 r_1 > 0$、$c_2 r_2 > 0$，参数 β 满足条件 $0 < \beta < 2(1 + \omega_i(t))$。

定理 5-1　如果满足假设 5-1~假设 5-4，给定 $\beta_1 \geqslant 0$、$\beta_2 \geqslant 0$，粒子的位置将会收敛到 $(\beta_1 p^*(t) + \beta_2 g^*(t))/(\beta_1 + \beta_2)$。

证明　根据假设条件，粒子位置表达式表示如下：

$$a_{i,d}(t+1) = (1 + \omega_i(t) - \beta)a_{i,d}(t) - \omega_i(t)a_{i,d}(t-1) + \beta_1 p_{i,d}(t) + \beta_2 g_d(t) \quad (5\text{-}23)$$

式(5-23)可以用矩阵表示如下：

$$\begin{bmatrix} a_{i,d}(t+1) \\ a_{i,d}(t) \\ 1 \end{bmatrix} = \varphi(t) \begin{bmatrix} a_{i,d}(t) \\ a_{i,d}(t-1) \\ 1 \end{bmatrix} \quad (5\text{-}24)$$

其中，系数矩阵 $\varphi(t)$ 表示如下：

$$\varphi(t) = \begin{bmatrix} 1 + \omega_i(t) - \beta & -\omega_i(t) & \beta_1 p_{i,d}(t) + \beta_2 g_d(t) \\ 1 & 0 & 0 \\ 0 & 0 & 1 \end{bmatrix} \quad (5\text{-}25)$$

特征多项式 $\varphi(t)$ 的特征值表示如下：

$$\lambda_1 = 1, \quad \lambda_2 = \frac{1 + \omega_i(t) - \beta + \sqrt{(1 + \omega_i(t) - \beta)^2 - 4\omega_i(t)}}{2}$$

$$\lambda_3 = \frac{1 + \omega_i(t) - \beta - \sqrt{(1 + \omega_i(t) - \beta)^2 - 4\omega_i(t)}}{2}$$

(5-26)

式 (5-26) 收敛的条件是 $\max(|\lambda_2|, |\lambda_3|) < 1$，即

$$\frac{1}{2}\left|1 + \omega_i(t) - \beta \pm \sqrt{(1 + \omega_i(t) - \beta)^2 - 4\omega_i(t)}\right| < 1 \tag{5-27}$$

存在以下两种情形：① $(1 + \omega_i(t) - \beta)^2 - 4\omega_i(t) < 0$；② $(1 + \omega_i(t) - \beta)^2 - 4\omega_i(t) \geq 0$。其中情形①特征值 λ_2 和 λ_3 是复数，且

$$|\lambda_2|^2 = |\lambda_3|^2 = \frac{1}{4}\left\|1 + \omega_i(t) - \beta \pm \sqrt{(1 + \omega_i(t) - \beta)^2 - 4\omega_i(t)}\right\|^2 = \omega_i(t) \tag{5-28}$$

当 $\max(|\lambda_2|, |\lambda_3|) < 1$ 时，要求 $\omega_i(t) < 1$，且要使得惯性权值大于零，即 $\omega_i(t) > 0$ 和 $(1 + \omega_i(t) - 2\sqrt{\omega_i(t)}) < \beta < (1 + \omega_i(t) + 2\sqrt{\omega_i(t)})$。因此，收敛条件要求：

$$\begin{cases} 0 < \omega_i(t) < 1 \\ (1 + \omega_i(t) - 2\sqrt{\omega_i(t)}) < \beta < (1 + \omega_i(t) + 2\sqrt{\omega_i(t)}) \end{cases} \tag{5-29}$$

与此同时，情形②特征值 λ_2 和 λ_3 是实数。情形②的条件为 $\omega_i(t) \geq 0$ 和 $\beta \leq (1 + \omega_i(t) - 2\sqrt{\omega_i(t)})$ 或 $\beta \geq (1 + \omega_i(t) + 2\sqrt{\omega_i(t)})$。如果 $\beta \leq (1 + \omega_i(t) - 2\sqrt{\omega_i(t)})$，则 $\max(|\lambda_2|, |\lambda_3|) < 1$，要求：

$$\frac{1}{2}\left(1 + \omega_i(t) - \beta + \sqrt{(1 + \omega_i(t) - \beta)^2 - 4\omega_i(t)}\right) < 1 \tag{5-30}$$

使得 $0 < \beta \leq 2(1 + \omega_i(t) - 2\sqrt{\omega_i(t)})$ 和 $\omega_i(t) < 1$。而如果 $\beta \geq (1 + \omega_i(t) + 2\sqrt{\omega_i(t)})$，$\max(|\lambda_2|, |\lambda_3|) < 1$，要求：

$$\frac{1}{2}\left(1 + \omega_i(t) - \beta - \sqrt{(1 + \omega_i(t) - \beta)^2 - 4\omega_i(t)}\right) > -1 \tag{5-31}$$

则 $(1 + \omega_i(t) + 2\sqrt{\omega_i(t)}) < \beta < 2(1 + \omega_i(t))$ 和 $\omega_i(t) < 1$。情形②的收敛条件表示如下：

$$\begin{cases} 0 \leqslant \omega_i(t) < 1 \\ \left(1 + \omega_i(t) + 2\sqrt{\omega_i(t)}\right) < \beta < 2(1 + \omega_i(t)) \end{cases} \tag{5-32}$$

综合情形①和情形②的分析，其收敛条件表示如下：

$$\begin{cases} 0 \leqslant \omega_i(t) < 1 \\ 0 < \beta < 2(1 + \omega_i(t)) \end{cases} \tag{5-33}$$

根据式(5-15)和式(5-16)，其中

$$\begin{cases} 0 < \gamma(t) < 1 \\ 0 < A_i(t) \leqslant 1 \end{cases} \tag{5-34}$$

根据式(5-9)和假设 5-3，存在 $0 \leqslant \omega_i(t) < 1$。粒子的位置表示如下：

$$\lim_{t \to \infty} a_{i,d}(t) = k_1 \tag{5-35}$$

若式(5-23)中 $t=0$、$t=1$ 和 $t=2$，则 k_1 的值可表示如下：

$$\lim_{t \to \infty} a_{i,d}(t) = \lim_{t \to \infty} \left(\beta_1 p_{i,d}(t) + \beta_2 g_d(t)\right) / (\beta_1 + \beta_2) \tag{5-36}$$

由假设 5-1 和假设 5-2 可知

$$\begin{cases} \lim_{t \to \infty} p_{i,d}(t) = p_d^* \\ \lim_{t \to \infty} g_d(t) = g_d^* \end{cases} \tag{5-37}$$

其中，$p_d^* = [p_1^*, p_2^*, \cdots, p_{D_v}^*]$ 和 $g_d^* = [g_1^*, g_2^*, \cdots, g_{D_v}^*]$。

因此，可得出以下结论：

$$\lim_{t \to \infty} a_i(t) = (\beta_1 p_d^* + \beta_2 g_d^*) / (\beta_1 + \beta_2) \tag{5-38}$$

其中，$a_i(t) = [a_{i,1}(t), a_{i,2}(t), \cdots, a_{i,D_v}(t)]$。定理 5-1 证毕。

定理 5-2　若满足假设 5-1～假设 5-4，给定 $\beta_1 \geqslant 0$、$\beta_2 \geqslant 0$，粒子的速度 $v_i(t)$ 会收敛到零。

证明　根据式(5-10)，式(5-39)成立：

$$v_{i,d}(t+1) - (1 + \omega_i(t) - \beta)v_{i,d}(t) + \omega_i(t)v_{i,d}(t-1) = 0 \tag{5-39}$$

则系数矩阵的多项式及其特征值表示如下：

$$\lambda^2 - (1 + \omega_i(t) - \beta)\lambda + \omega_i(t) = 0 \tag{5-40}$$

$$\lambda_4 = \frac{1 + \omega_i(t) - \beta + \sqrt{(1 + \omega_i(t) - \beta)^2 - 4\omega_i(t)}}{2}$$
$$\lambda_5 = \frac{1 + \omega_i(t) - \beta - \sqrt{(1 + \omega_i(t) - \beta)^2 - 4\omega_i(t)}}{2} \tag{5-41}$$

粒子的速度表示如下：

$$v_{i,d}(t) = k_4\lambda_4 + k_5\lambda_5 \tag{5-42}$$

其中，k_4 和 k_5 为常数。若假设 5-1～假设 5-4 成立，根据定理 5-1 的分析可知：

$$\lim_{t \to \infty} v_{i,d}(t) = 0 \tag{5-43}$$

$$\lim_{t \to \infty} v_i(t) = 0 \tag{5-44}$$

其中，$v_i(t) = [v_{i,1}(t), v_{i,2}(t), \cdots, v_{i,D_v}(t)]$。定理 5-2 证毕。

2. 数据驱动的城市污水处理系统模型结构调整的收敛性分析

定理 5-3　假设定理 5-1 和定理 5-2 成立，若预先定义的最大速度的边界动态调整 $v_{\max}(t) < 2|E_i(t)|/(2+n)K_i(t)$，则该网络是收敛的，当 $t \to \infty$ 时，$E_i(t) \to 0$。

证明　构建李雅普诺夫函数如下：

$$V_i(t) = \frac{1}{2}E_i^2(t) \tag{5-45}$$

李雅普诺夫函数两步之间的变化表示如下：

$$\Delta V_i(t) = V_i(t+1) - V_i(t) = \frac{1}{2}\left(E_i^2(t+1) - E_i^2(t)\right) \tag{5-46}$$

其中，误差的改变和均方根误差的严格微分公式表示如下：

$$E_i(t+1) = E_i(t) + \Delta E_i(t) \tag{5-47}$$

$$\Delta E_i(t) = \frac{\partial E_i(t)}{\partial \omega_i(t)}[\Delta \omega_i(t)]^{\mathrm{T}} + \frac{\partial E_i(t)}{\partial \bar{\mu}_i(t)}[\Delta \bar{\mu}_i(t)]^{\mathrm{T}} + \frac{\partial E_i(t)}{\partial \sigma_i(t)}[\Delta \sigma_i(t)]^{\mathrm{T}} \tag{5-48}$$

其中，$\omega_i(t)$、$\bar{\mu}_i(t)$ 和 $\sigma_i(t)$ 的更新规则表示如下：

$$\Delta \overline{\mu}_i(t) = -2E_i(t)\frac{\partial E_i(t)}{\partial \overline{\mu}_i(t)} = v_{i,\mu}(t)$$

$$\Delta \sigma_i(t) = -2E_i(t)\frac{\partial E_i(t)}{\partial \sigma_i(t)} = v_{i,\sigma}(t) \tag{5-49}$$

$$\Delta \omega_i(t) = -2E_i(t)\frac{\partial E_i(t)}{\partial \omega_i(t)} = v_{i,\omega}(t)$$

其中，$v_i(t)$ 为第 i 个粒子的速度。若预先设定的最大速度可以动态调整，$v_{\max}(t) < 2|E_i(t)|/\sqrt{(2+n)K_i(t)}$，则可得到以下条件：

$$\left|\frac{\partial E_i(t)}{\partial \omega_i(t)}\right|^2 = \left|\frac{v_{i,\omega}(t)}{2E_i(t)}\right|^2 < \frac{K_i(t)}{(2+n)K_i(t)} \quad \left|\frac{\partial E_i(t)}{\partial \overline{\mu}_i(t)}\right|^2 = \left|\frac{v_{i,\mu}(t)}{2E_i(t)}\right|^2 < \frac{K_i(t)}{(2+n)K_i(t)} \tag{5-50}$$

其中，$K_i(t)$ 为第 i 个粒子的隐含层神经元个数。由定理 5-1 和定理 5-2 可知

$$\left|\frac{\partial E_i(t)}{\partial \omega_i(t)}\right|^2 + \left|\frac{\partial E_i(t)}{\partial \overline{\mu}_i(t)}\right|^2 + \left|\frac{\partial E_i(t)}{\partial \sigma_i(t)}\right|^2 < 1 \tag{5-51}$$

$$\Delta V_i(t) < 0 \tag{5-52}$$

因此，$E_i(t)$ 的范围是 $t \geqslant t_0$。此外，通过李雅普诺夫定理可知存在：

$$\lim_{t \to \infty} E_i(t) = 0 \tag{5-53}$$

所以，当 $t \to \infty$ 时，$E_i(t) \to 0$，即定理 5-3 得证。

5.4.3　城市污水处理过程出水生化需氧量预测

出水水质指标是衡量城市污水处理出水质量优劣程度和变化趋势的重要指标，是城市污水处理厂达标运行的重要依据。本节以出水生化需氧量为例，将数据驱动的城市污水处理系统模型用于在线预测出水生化需氧量。在实验中，温度、氧化还原电位、溶解氧浓度和 pH 作为模型的输入变量。实验数据来源于两个不同的污水处理厂，删除异常数据后，500 组样本作为训练数据，70 组样本作为测试数据。实验中需要对数据进行归一化处理，所有的输入样本归一化到 $[0,1]$，输出样本归一化到 $[0,1]$，避免数据量纲对系统模型的影响。为了评价数据驱动的城市污水处理系统模型的性能，评价指标包括系统模型的规则数、训练均方根误差 (root mean squared error, RMSE) 和预测 RMSE，其中 RMSE 表示如下：

$$\text{RMSE}=\sqrt{\frac{1}{Q}\sum_{t=1}^{Q}\left(y(t)-y_d(t)\right)^2} \tag{5-54}$$

其中，Q 为样本个数。

利用第一个城市污水处理厂的训练数据和测试数据对模型性能进行实验，基于 APSO-RBF 神经网络模型生化需氧量的训练结果和预测结果分别如图 5-2 和图 5-3 所示，其中图 5-2 表示训练过程中的规则数变化和 RMSE，图 5-3 显示模型的预测误差区间为 [−0.15, 0.15]，表明所提出的系统模型具有较好的跟踪性能，能够准确地预测生化需氧量。因此，基于 APSO-RBF 神经网络的城市污水处理系统模型可以获得精准的预测输出。

为了进一步验证模型性能，对基于 APSO-RBF 神经网络的城市污水处理系统模型与基于 RBF 神经网络的城市污水处理系统模型、基于广义增长修剪 RBF 神经网络的城市污水处理系统模型、基于动态模糊神经网络的城市污水处理系统模型、基于广义动态模糊神经网络的城市污水处理系统模型进行比较。如表 5-1 所示，与其他算法相比，所提出的基于 APSO-RBF 神经网络的城市污水处理系统模型具有更低的平均预测误差和更紧凑的结构。此外，基于 APSO-RBF 神经网络的城市污水处理系统模型的预测 RMSE 和训练 RMSE 均小于其他模型。

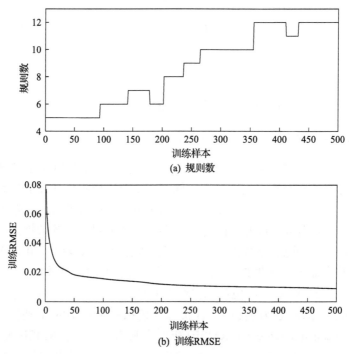

(a) 规则数

(b) 训练RMSE

图 5-2　基于 APSO-RBF 神经网络模型的生化需氧量训练结果(水厂一)

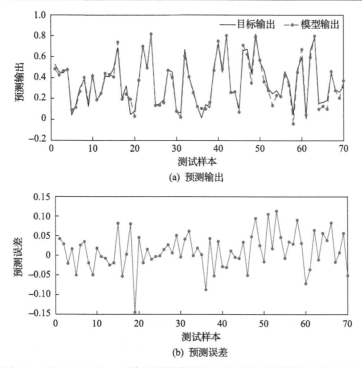

(a) 预测输出

(b) 预测误差

图 5-3　基于 APSO-RBF 神经网络模型的生化需氧量预测结果 (水厂一)

表 5-1　数据驱动的城市污水处理系统模型生化需氧量实验结果对比 (水厂一)

城市污水处理系统模型	规则数	训练 RMSE/10⁻²	预测 RMSE/10⁻²
基于 APSO-RBF 神经网络的城市污水处理系统模型	12	8.1928	9.4533
基于 RBF 神经网络的城市污水处理系统模型	13	9.9653	9.8723
基于广义增长修剪 RBF 神经网络的城市污水处理系统模型	10	8.5438	9.8543
基于动态模糊神经网络的城市污水处理系统模型	8	8.3821	9.5432
基于广义动态模糊神经网络的城市污水处理系统模型	10	9.0029	9.7463

上述实验结果表明，相比较于其他系统模型，所提出的基于 APSO-RBF 神经网络的城市污水处理系统模型具有更小的训练 RMSE 和预测 RMSE，表明所提出的基于 APSO-RBF 神经网络的系统模型具有更好的性能，能够获得更好的出水生化需氧量预测效果。

将基于 APSO-RBF 神经网络的城市污水处理系统模型应用于第二个城市污水处理厂进行实验。同上，将实验数据分为两组，实验结果如图 5-4 和图 5-5 所示。从图 5-5 中可以看出模型输出曲线与目标输出曲线基本重合，说明该模型具有较好的预测效果。

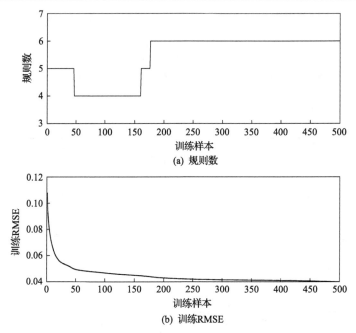

(a) 规则数

(b) 训练RMSE

图 5-4 基于 APSO-RBF 神经网络模型的生化需氧量训练结果(水厂二)

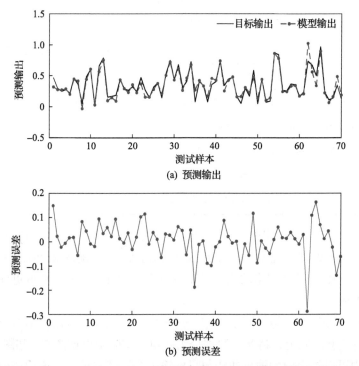

(a) 预测输出

(b) 预测误差

图 5-5 基于 APSO-RBF 神经网络模型的生化需氧量预测结果(水厂二)

为了进一步验证基于 APSO-RBF 神经网络的城市污水处理系统模型的性能，将该方法与另外五种方法（基于 RBF 神经网络的城市污水处理系统模型、基于广义增长修剪 RBF 神经网络的城市污水处理系统模型、基于动态模糊神经网络的城市污水处理系统模型和基于广义动态模糊神经网络的城市污水处理系统模型）进行对比研究，各系统模型的实验结果如表 5-2 所示。根据表 5-2 可以得出，基于 APSO-RBF 神经网络的城市污水处理系统模型具有最少的模糊规则，可以构造紧凑的结构，同时可以获得最小的预测 RMSE 和训练 RMSE。

表 5-2　数据驱动的城市污水处理系统模型生化需氧量实验结果对比（水厂二）

城市污水处理系统模型	规则数	训练 RMSE	预测 RMSE
基于 APSO-RBF 神经网络的城市污水处理系统模型	6	0.0401	0.0498
基于 RBF 神经网络的城市污水处理系统模型	12	0.0412	0.0512
基于广义增长修剪 RBF 神经网络的城市污水处理系统模型	10	0.0420	0.0503
基于动态模糊神经网络的城市污水处理系统模型	7	0.0411	0.0503
基于广义动态模糊神经网络的城市污水处理系统模型	10	0.0410	0.0520

5.4.4　城市污水处理过程出水总磷浓度预测

出水总磷浓度是评价出水水质的重要参数之一。由于活性污泥法的生物特性，出水总磷浓度是难以测量的，现有的总磷浓度检测仪存在成本昂贵、维护费用高、操作复杂等缺陷，并且其时间延迟应答的特征使其不适合在线预测。在下面的实验中，所提出的 APSO-RBF 神经网络用于预测污水处理出水总磷浓度。筛选出与出水总磷浓度相关的辅助变量作为模型输入，包括进水总磷浓度、温度、氧化还原电位、溶解氧浓度、总固体悬浮物浓度和 pH，出水总磷浓度作为模型输出。

实验数据来源于两个不同的城市污水处理厂，剔除异常数据后，各得到 700 组标准化样本。其中，500 组样本作为训练数据，剩余的 200 组样本作为测试数据。实验中需要对训练数据和测试数据进行归一化处理，所有的输入数据和输出数据都归一化到 [0, 1]。

基于 APSO-RBF 神经网络的城市污水处理系统模型应用于第一个城市污水处理厂，其出水总磷浓度的训练结果和预测结果分别如图 5-6 和图 5-7 所示。从图中可以看出，基于 APSO-RBF 神经网络的城市污水处理系统模型的预测误差保持在 [-0.1, 0.1] 的范围内。类似于 5.4.3 节，把该方法与其他五种方法进行对比，列于表 5-3 中。表 5-3 表明，与其他系统模型相比，基于 APSO-RBF 神经网络的城市污水处理系统模型具有更低的平均预测误差和更紧凑的结构。因此，所提出的系统模型能够获得较好的预测效果。

基于 APSO-RBF 神经网络的城市污水处理系统模型应用于第二个城市污水处

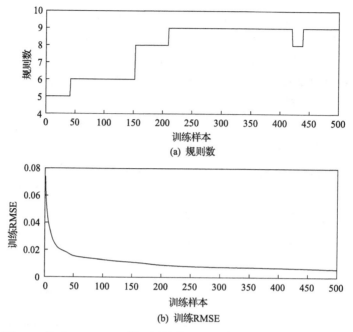

(a) 规则数

(b) 训练RMSE

图 5-6 基于 APSO-RBF 神经网络模型的总磷浓度训练结果(水厂一)

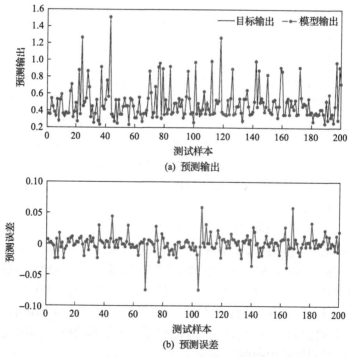

(a) 预测输出

(b) 预测误差

图 5-7 基于 APSO-RBF 神经网络模型的总磷浓度预测结果(水厂二)

表 5-3　数据驱动的城市污水处理系统模型的总磷浓度实验结果对比（水厂一）

城市污水处理系统模型	规则数	训练 RMSE	预测 RMSE
基于 APSO-RBF 神经网络的城市污水处理系统模型	9	0.0060	0.0077
基于 RBF 神经网络的城市污水处理系统模型	11	0.0065	0.0089
基于广义增长修剪 RBF 神经网络的城市污水处理系统模型	9	0.0061	0.0079
基于动态模糊神经网络的城市污水处理系统模型	8	0.0066	0.0084
基于广义动态模糊神经网络的城市污水处理系统模型	10	0.0061	0.0081

理厂中，图 5-8 为基于 APSO-RBF 神经网络模型的总磷浓度训练结果，包括训练过程中的规则数和训练 RMSE，图 5-9 为基于 APSO-RBF 神经网络模型的总磷浓度的预测结果，包括预测输出和预测误差，从图中可以看出，预测误差基本处于 [−0.1, 0.1]。实验结果表明，基于 APSO-RBF 神经网络的城市污水处理系统模型具有良好的预测性能。

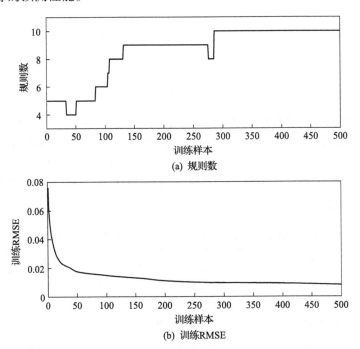

(a) 规则数

(b) 训练RMSE

图 5-8　基于 APSO-RBF 神经网络模型的总磷浓度训练结果（水厂二）

为了验证基于 APSO-RBF 神经网络的城市污水处理系统模型的性能，将基于 APSO-RBF 神经网络的城市污水处理系统模型与其他模型（基于 RBF 神经网络的城市污水处理系统模型、基于广义增长修剪 RBF 神经网络的城市污水处理系统模型、基于动态模糊神经网络的城市污水处理系统模型和基于广义动态模糊神经网

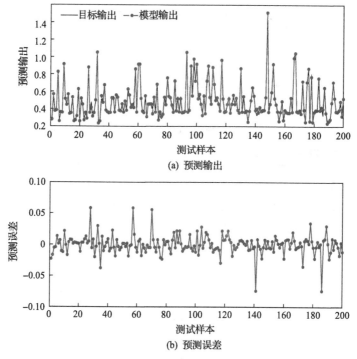

图 5-9　基于 APSO-RBF 神经网络模型的总磷浓度预测结果(水厂二)

络的城市污水处理系统模型)进行对比研究。表 5-4 为不同系统模型的规则数、训练 RMSE 及预测 RMSE。由表可知,基于 APSO-RBF 神经网络的城市污水处理系统模型在预测精度和模型结构规模上均具有优势。同时,与其他系统模型相比,所提出的系统模型能够获得精简的模型结构及较高的模型精度,具有较好的出水总磷浓度预测效果。

表 5-4　数据驱动的城市污水处理系统模型的总磷浓度实验结果对比(水厂二)

城市污水处理系统模型	规则数	训练 RMSE	预测 RMSE
基于 APSO-RBF 神经网络的城市污水处理系统模型	10	0.0071	0.0091
基于 RBF 神经网络的城市污水处理系统模型	11	0.0084	0.0097
基于广义增长修剪 RBF 神经网络的城市污水处理系统模型	9	0.0077	0.0101
基于动态模糊神经网络的城市污水处理系统模型	10	0.0098	0.0114
基于广义动态模糊神经网络的城市污水处理系统模型	11	0.0085	0.0097

5.5　数据驱动的城市污水处理系统模型应用平台

数据驱动的城市污水处理系统模型应用平台将数据驱动模型及其相关功能封

装成系统，应用于实际的城市污水处理厂。本节介绍数据驱动的城市污水处理系统模型应用平台，包括平台搭建、平台集成，并评价平台应用效果。

5.5.1　数据驱动的城市污水处理系统模型平台搭建

城市污水处理系统是多流程、大规模工业过程，生化反应机理复杂，强非线性和动态特征显著。在数据驱动的城市污水处理系统模型平台搭建和调试过程中，采用中试实验基地搭建运行和测试平台，测试城市污水处理运行效果，减少测试过程对实际工艺的影响，减轻对城市污水处理过程可靠性和准确性的影响，保证其在实际城市污水处理过程中的有效性，确保实际应用过程中的真实性。

本节开发的数据驱动的城市污水处理系统模型应用平台，包含用户管理模块、数据采集模块、模型建立模块、在线检测模块等，如图 5-10 所示。

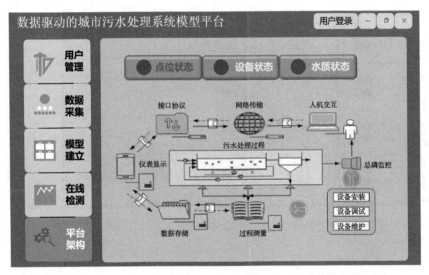

图 5-10　数据驱动的城市污水处理系统模型应用平台整体设计框图

数据驱动的城市污水处理系统模型应用平台从运行过程中获取数据，并将数据通过转换接口存放在仪表中，再通过仪表内的后台程序运行调用存储数据。在数据驱动的城市污水处理系统模型应用平台中，数据采集模块主要体现在数据的获取、传输、存储和显示中，该过程主要涉及设备、总线、网络和计算机之间的接口设置，计算机界面和后台程序的链接设置，以及智能检测模块和实际检测仪表的数据转换设置；模型建立模块可以利用城市污水处理数据建立系统模型；在线检测模块利用建立的系统模型实现城市污水处理过程的水质检测。

5.5.2　数据驱动的城市污水处理系统模型平台集成

数据驱动的城市污水处理系统模型平台集成是其平台设计的重要组成，为了实现数据驱动的城市污水处理系统模型平台集成的自动运行，需要设计后台运行软件，实现模块间的数据传输。各模块功能说明如下。

1. 用户管理模块

数据驱动的城市污水处理系统应用平台基于 MySQL 数据库对用户的信息进行保存、管理。在初次使用时默认为管理员账户，用户可以根据自己的需求进行注册。用户所注册的信息存放于 MySQL 数据库的用户信息表格中，便于管理员对用户信息的管理。图 5-11 为软件的用户管理界面。

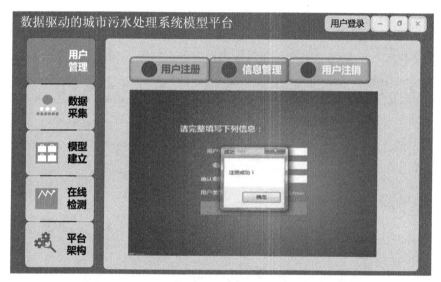

图 5-11　数据驱动的城市污水处理系统模型应用平台用户管理界面

2. 数据采集模块

数据采集模块可以实现两部分功能：①选择已保存至本地的历史数据进行读取并显示；②实时读取并查看现场数据，为后续的在线预测做准备。数据采集模块的界面如图 5-12 所示。

3. 模型建立模块

模型建立模块的主要功能为神经网络的选择、添加与删减，训练及测试数据的载入以及调用神经网络函数进行模型的训练与测试。为了增强在后续的推广应用中软件的可扩展性，用户可以根据不同的目标特点来选择其他神经网络。此外，为了满足研发及科研的需求，在软测量选择界面提供了添加神经网络的接口，用户可将需要添加的方法直接嵌入该模块中，并通过前述步骤采集到的数据，对其选择方法的有效性进行验证，进一步增强了软件的可扩展性。模型建立模块的界面如图 5-13 所示。

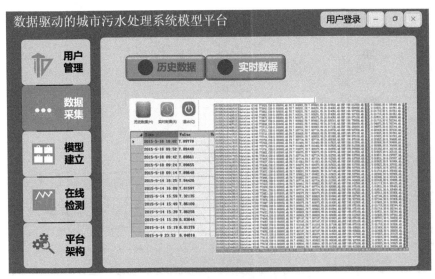

图 5-12　数据驱动的城市污水处理系统模型应用平台数据采集界面

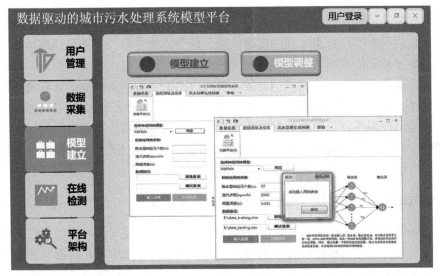

图 5-13　数据驱动的城市污水处理系统模型应用平台模型建立界面

4. 在线检测模块

在通过模型训练及仿真对网络进行调整后,可以将其应用至在线检测模块。在该模块中,用户需预先与目标污水处理厂进行通信连接,实时读取由现场仪表采集并汇总至中控平台的数据,验证数据驱动的城市污水处理系统模型,并通过曲线形式进行实时显示，如图 5-14 所示。

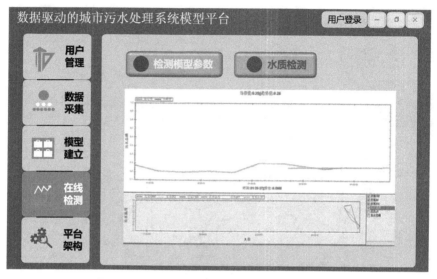

图 5-14 数据驱动的城市污水处理系统模型应用平台在线检测界面

数据驱动的城市污水处理系统模型应用平台可以自动采集数据，并利用数据建立系统模型，实现出水水质的实时监测，各个模块之间相互连接，相辅相成。因此，数据驱动的城市污水处理系统模型应用平台具有以下特点：首先，模型应用平台充分考虑了当下与未来的业务，可以自适应调整功能模块，具有灵活性和可拓展性；其次，模型应用平台可以规范数据访问，加密重要文件，具有安全性；再次，模型应用平台反映的数据是动态变化的，随着污水处理过程的运行，可以反映各个环节的变化情况，具有动态性；最后，模型应用平台可以共享各个模块之间和污水处理各个环节之间的信息，具有集成性。

5.5.3 数据驱动的城市污水处理系统模型平台应用效果

数据驱动的城市污水处理系统模型平台应用效果通过实验室中试平台示范和实际污水处理厂建设示范两种方式验证。实验室中试平台示范是根据实验室中试基地工况搭建中试平台，仿真实际污水处理过程为测试系统提供测试环境和信息数据，主要实现污水处理中试平台的设计、系统的设计及在线工程检测的设计；实际污水处理厂建设示范主要是智能检测技术的设计和仪表硬件及通信设计，实现将软测量技术嵌入软测量仪表中，经过信息传输将测量结果反馈给用户，最后结合中试平台测试实现在检测领域的应用验证，完成城市污水处理厂的推广应用。

实验室中试平台需要实时显示数据驱动的城市污水处理系统模型平台的输出结果，实时地将采集到的数据传输至下一阶段，以保证数据提供的连续性。硬件部分利用现场检测仪表进行数据采集,通过数据接口与平台模块的主机进行连接,将现场数据实时传输至数据驱动的城市污水处理系统模型平台中,并利用现场数据搭建系统模型。将数据驱动的城市污水处理系统模型平台应用于实际污水处理厂中,结果显示设计的数据驱动的城市污水处理系统模型平台具有较好的应用价值。

5.6　本 章 小 结

本章针对数据驱动的城市污水处理系统模型的设计问题,介绍了数据驱动的城市污水处理系统模型构建方法,详述了数据驱动的城市污水处理系统模型优化设计方法,列举了数据驱动的城市污水处理系统模型的应用案例,展示了数据驱动的城市污水处理系统模型应用平台,具体有如下内容:

(1)数据驱动的城市污水处理系统模型构建。重点描述了以 RBF 神经网络为载体的数据驱动城市污水处理系统模型构建过程,确定了系统模型的输入和输出变量,介绍了数据驱动的城市污水处理系统模型的结构。

(2)数据驱动的城市污水处理系统模型动态调整。着重介绍了基于 APSO 的系统模型参数优化方法和结构优化方法,描述了数据驱动的城市污水处理系统模型动态调整过程。

(3)数据驱动的城市污水处理系统模型应用案例。深入分析了系统模型的性能,并根据实际应用评估了模型性能,实现出水水质的在线精准检测。

(4)数据驱动的城市污水处理系统模型应用平台。详细介绍了数据驱动的城市污水处理系统模型应用平台的搭建过程,并概述了用户管理模块、数据采集模块、模型建立模块及在线检测模块等集成过程,完成平台展示。

第6章 知识驱动的城市污水处理系统建模

6.1 引 言

知识驱动的城市污水处理系统建模通过分析城市污水处理运行目标，利用运行规律知识(包括机理知识、运行规律知识、操作人员经验知识等)，建立运行过程指标和关键水质参数之间的关系，描述城市污水处理运行过程。知识驱动的城市污水处理系统模型能够通过历史知识信息对知识进行评价，根据评价结果删除无效知识，增值有效知识，修正知识参数，实现城市污水处理系统模型的动态调整，提高知识驱动的城市污水处理系统模型性能。因此，知识驱动的城市污水处理系统建模已成为目前研究的重要建模方法之一。

知识驱动的城市污水处理系统模型可以有效避免数据模型的过拟合问题，弥补了数据驱动模型的部分不足，具有更好的泛化性能。另外，由于运行规律知识可以一定程度上解释城市污水处理过程机理，知识驱动的城市污水处理系统模型具有较好的可解释性。然而，城市污水处理过程运行规律知识难以实现有效表达，无法直接应用于系统模型的构建。同时，在实际城市污水处理系统运行过程中，知识驱动的城市污水处理系统模型性能取决于专家经验和操作人员知识水平，缺少对知识的动态评价以及知识增值的能力，影响了该类模型的应用效果，导致该类模型难以推广应用。

知识驱动的城市污水处理系统模型性能主要取决于知识的利用水平，有效利用城市污水处理过程运行规律知识，设计合适的城市污水处理系统模型，是知识驱动的城市污水处理系统建模方法设计的重点和难点。本章围绕知识驱动的城市污水处理系统建模方法的设计与实现：首先，介绍知识驱动的城市污水处理系统模型构建方法，对知识驱动的城市污水处理系统模型进行描述，并介绍模型输入、输出变量的选取和模型结构、参数的设计；其次，介绍知识驱动的城市污水处理系统模型参数更新方法、结构调整方法，并给出模型的收敛性证明；再次，给出知识驱动的城市污水处理系统模型的应用案例，应用案例包括城市污水处理过程出水生化需氧量预测和城市污水处理过程出水总磷浓度预测；最后，设计知识驱动的城市污水处理系统模型应用平台，对应用平台的各个模块进行搭建及集成，对系统应用效果进行验证。

6.2　知识驱动的城市污水处理系统模型构建

知识驱动的城市污水处理系统模型构建将以案例推理(case-based reasoning, CBR)模型为例,建立城市污水处理系统中运行过程指标和关键水质参数之间的关系。本节详细介绍基于 CBR 的知识驱动的城市污水处理系统模型构建过程,具体包括对知识驱动的城市污水处理系统模型的描述、输入/输出变量的选取、模型的设计等。

6.2.1　知识驱动的城市污水处理系统模型描述

知识驱动的城市污水处理系统模型利用城市污水处理过程运行规律知识,描述运行过程变量间的关系。CBR 作为一种常用的知识驱动系统建模方法,可以充分利用污水处理过程的知识建立污水处理系统模型。CBR 是人工智能方法应用于污水处理的典型成功案例,是一种基于知识的问题求解和学习方法。CBR 研究方法源自人类的认知心理活动,通过重用或修改历史解决相似问题的解决案例来解决当前问题,一定程度上解决了常规知识系统中知识难以获取的瓶颈问题。此外,CBR 将定量分析与定性分析相结合,具有动态知识库和增量学习的特点。本节利用 CBR 构建知识驱动的城市污水处理系统模型,将知识信息作为 CBR 的输入/输出,获取关键水质指标和过程变量之间的关系,并研究动态调整策略,实时更新案例库,满足实际运行需求。

知识驱动的城市污水处理系统模型的构建过程具体描述如下:首先,利用机理知识、运行规律知识、操作人员经验知识等运行规律知识,初步明确城市污水处理系统的组成变量及其关系,确定关键水质指标,并筛选出与其相关的过程变量,选取知识驱动的城市污水处理系统模型的输入和输出。其次,建立基于 CBR 知识驱动的城市污水处理系统模型,描述城市污水处理系统,主要包括案例库构建、案例赋权、案例检索、案例重用、案例修正与存储。在案例推理中,通常将待解决的污水处理问题或工况称为目标案例,将历史污水处理案例称为源案例,源案例的集合称为污水处理案例库。在经历 CBR 过程后,获得完整和正确的目标案例解决方案,建立关键水质指标和过程变量之间的关系。最后,在训练过程中,利用运行规律知识,动态调整知识驱动的城市污水处理系统模型的参数和结构,提高系统模型的表达能力。

6.2.2　知识驱动的城市污水处理系统输入/输出变量选取

知识驱动的城市污水处理系统输入/输出变量的选取,是根据目标问题确定知识属性和解答方案,是知识搜索准确与否的关键影响因素。具体选取过程描述如下：确定目标问题，针对目标问题确定解答方案类别，得到模型输出；根据目标问题确定所需知识的相关属性，得到模型的输入并确定输入的属性权值。本节以水质检测为例，介绍知识驱动的城市污水处理系统输入/输出变量的选取过程。

1. 知识驱动的城市污水处理系统输入变量选取

知识驱动城市污水处理系统的输入一般选取与输出相关的变量作为知识属性。出水水质指标的影响因素为污水处理过程中不同阶段的关键过程变量和参数。以出水生化需氧量和出水总磷浓度为例，生化需氧量的知识属性特征为进水化学需氧量、出水固体悬浮物浓度、进水 pH、氨氮浓度和溶解氧浓度。出水总磷浓度的知识属性特征为进水总磷浓度、温度、溶解氧浓度、进水 pH 和总固体悬浮物浓度。

2. 知识驱动的城市污水处理系统输出变量选取

知识驱动的城市污水处理系统的输出变量一般选取城市污水处理系统中的重要指标和关键变量。关键水质指标是评价城市污水处理运行过程的重要指标，是城市污水处理厂优化运行的重要基础。因此，知识驱动的城市污水处理系统模型一般选取出水水质指标等关键指标作为模型的输出，选取相关变量作为模型的输入。

3. 知识驱动的城市污水处理系统属性权值确定

城市污水处理系统知识的属性权值通过统计学习方法来获得。此处以具有代表性的主成分分析法为例，介绍知识属性权值的确定过程。

(1)假设知识属性特征矩阵为 X，目标预测水质向量为 y，将知识属性特征矩阵和目标水质向量标准化，挑选知识属性特征矩阵中任一向量与知识属性特征矩阵建立投影向量，表示如下：

$$u_1 = Xp_1$$
$$v_1 = yq_1 \tag{6-1}$$

其中，u_1 为第一个知识属性特征的投影向量；v_1 为目标水质向量的投影向量；p_1 为知识属性特征矩阵的任一向量；q_1 为预测水质向量。

(2)为了避免知识属性特征的冗余，并提高知识属性特征与目标预测水质的相关性，最大化知识属性特征投影向量的方差，同时最大化知识属性特征投影向量与目标预测水质投影向量的协方差，目标函数表示如下：

$$J = \max \sqrt{\mathrm{Var}(u_1)\mathrm{Var}(v_1)}\mathrm{Corr}(u_1, v_1) \tag{6-2}$$

(3)利用拉格朗日算法优化目标函数，求得 u_1、v_1，将式(6-1)重新表示如下：

$$X = u_1 p_1^{\mathrm{T}} + E$$
$$y = v_1 q_1^{\mathrm{T}} + F \tag{6-3}$$

此时 u_1 的特征值即第一个知识属性特征的权值。由于污水处理的非线性，u_1 通常不能表征 X，v_1 通常不能表征 y，故 E、F 为投影表征后的剩余项，此时判断是否还存在其他未投影的知识属性特征，若有则返回步骤(1)计算下一个知识属性特征的权值，若没有则转到步骤(4)。

(4)求得所有知识属性特征的权值，结束算法。

6.2.3　知识驱动的城市污水处理系统模型设计

知识驱动的城市污水处理系统模型设计是模型构建的重要步骤，本节基于 CBR 建立系统模型，包括案例库构建、案例赋权、案例检索、案例重用、案例修正与存储。

1. 案例库构建

案例库构建阶段确定需检测对象，将水质相关变量的历史数据归一化，与水质数据构成特征向量形式，形成 K 条源知识，记每条源知识为 C_k，表示如下：

$$C_k = (X_k, y_k), \quad k = 1, 2, \cdots, K \tag{6-4}$$

其中，K 为源知识的总数；y_k 为第 k 条源案例 C_k 的解；X_k 表示如下：

$$X_k = (x_{1,k}, \cdots, x_{i,k}, \cdots, x_{I,k}), \quad i = 1, 2, \cdots, I \tag{6-5}$$

其中，$x_{i,k}$ 为第 k 条源知识中第 i 个过程变量的归一化值；I 为变量个数。

2. 案例赋权

案例赋权阶段采用相关系数法分配权值，以反映每个过程变量与检测对象之间的相关程度。计算每个过程变量和检测对象之间的相关系数：

$$R_i = \sum_{k=1}^{K} (x_{1,k} - \overline{x}_i)(y_k - \overline{y}) \bigg/ \sqrt{\sum_{k=1}^{K} (x_{1,k} - \overline{x}_i)^2 \sum_{k=1}^{K} (y_k - \overline{y})^2} \tag{6-6}$$

其中，R_i 为第 i 个过程变量和检测对象之间的相关系数；$\overline{x}_i$ 为第 i 个过程变量的均值；$\overline{y}$ 为知识库中检测对象的均值。计算每个过程变量的权值，表示如下：

$$\omega_i = |R_i| \bigg/ \sum_{i=1}^{I} |R_i| \tag{6-7}$$

其中，ω_i 为第 i 个过程变量的权值。

3. 案例检索

案例检索阶段将来自于城市污水处理过程变量的数值归一化处理，表示成特征向量形式，构成一条待求解的目标问题 $T=(X,y)$，其中 X 为待求解问题的过程变量，y 为待检测水质。根据 KNN 的计算规则，计算水质检测问题的过程变量与相应水质案例库中每个案例变量的相似度，表示如下：

$$s_k = 1 - \sqrt{\sum_{i=1}^{I} \omega_i (x_i - x_{i,k})L}, \quad k=1,2,\cdots,K \tag{6-8}$$

其中，s_k 为第 k 个案例变量与水质检测问题的过程变量的相似度；ω_i 为第 i 个案例的属性权值。将得到的 K 个相似度按其大小降序排列，取出前 L 个相似度对应的源案例，供案例重用阶段使用。

4. 案例重用

案例重用阶段根据多数重用思想，将检索阶段得到的 L 个源案例解进行平均值计算，即得到水质检测问题的建议解，表示如下：

$$\hat{y} = \frac{1}{L}\sum_{l=1}^{L} y_l, \quad l=1,2,\cdots,L \tag{6-9}$$

其中，$\hat{y}$ 为水质检测问题的建议解；y_l 为第 l 个检索案例的解。

5. 案例修正与存储

案例修正阶段将水质检测的建议解与案例库中所有源案例的输入、输出值分别求差，得到修正案例库。若建议解的精度达不到预期目标，则利用差值对建议解进行修正。案例存储阶段分析目标检测水质的人工化验值，将人工化验值与目标案例中的知识组成一个新的案例存储于案例库中，完成了一次记忆学习过程。

6.3 知识驱动的城市污水处理系统模型动态调整

知识驱动的城市污水处理系统模型的结构和参数是模型性能的关键影响因素，固定的模型结构和静态的模型参数无法满足城市污水处理过程复杂多变的特性，需对模型结构和模型参数进行动态调整，以保证系统模型始终工作在合适状态。本节基于 CBR 建立的知识驱动的城市污水处理系统模型：首先，介绍基于注水原理的属性权值动态调整方法；其次，介绍基于记忆-遗忘策略的案例个数和属性动态调整方法；最后，实现知识驱动的城市污水处理系统模型的动态调整。

6.3.1 知识驱动的城市污水处理系统模型参数更新

知识驱动的城市污水处理系统模型参数的动态更新，能够有效提高模型的性能。在 CBR 模型中，模型参数主要为属性权值，具体调整过程如下。

将水质检测历史案例库中的案例分为两类：与当前目标检测案例相同类别的案例(SRC)和与目标案例不同的案例(DRC)，表示如下：

$$\begin{aligned} \text{SRC} &= \{X \,|\, \text{class}(X) = \text{class}(X_T)\} \\ \text{DRC} &= \{X \,|\, \text{class}(X) \neq \text{class}(X_T)\} \end{aligned} \tag{6-10}$$

其中，X_T 为当前目标案例；class($\cdot$) 为案例分类结论。评价指标表示如下：

$$J(\omega) = \frac{\displaystyle\sum_{X_{\text{sn}} \in \text{SRC}} \text{dis}(X_T, X_{\text{sn}})}{\displaystyle\sum_{X_{\text{dn}} \in \text{DRC}} \text{dis}(X_T, X_{\text{dn}})} \tag{6-11}$$

其中，$J(\omega)$ 为案例属性权值的综合评价指标；X_{sn} 为水质检测历史案例库中与当前目标检测案例同类别的案例；X_{dn} 为历史案例库中与目标案例相异的案例；dis($\cdot$) 为两案例之间的欧氏距离。分别用 $f(\omega)$、$g(\omega)$ 代替式(6-11)的分子分母表达式，结合式(6-10)，求解最小值 $J(\omega)$ 的权值组合，表示如下：

$$\min_{\omega} J(\omega) = \min_{\omega} [f(\omega) / g(\omega)] \tag{6-12}$$

其中

$$\begin{aligned} f(\omega) &= \sum_{X_{\text{sn}} \in \text{SRC}} \text{dis}(X_T, X_{\text{sn}}) = \sum_{X_{\text{sn}} \in \text{SRC}} \sqrt{\sum_{i=1}^{I} \omega_i (x_{Ti} - x_{\text{sn}i})^2} \\ g(\omega) &= \sum_{X_{\text{dn}} \in \text{DRC}} \text{dis}(X_T, X_{\text{dn}}) = \sum_{X_{\text{dn}} \in \text{DRC}} \sqrt{\sum_{i=1}^{I} \omega_i (x_{Ti} - x_{\text{dn}i})^2} \end{aligned} \tag{6-13}$$

其中，x_{Ti} 为目标案例的第 i 个属性值；$x_{\text{sn}i}$ 为历史案例库中与当前目标案例同类别的案例的第 i 个属性值；$x_{\text{dn}i}$ 为历史案例库中与目标案例相异类的案例的第 i 个属性值。为求解式(6-12)得到最优权值，对其进行求导，表示如下：

$$\frac{\partial J(\omega)}{\partial \omega} = \frac{(\partial f(\omega) / \partial \omega) g(\omega) - (\partial g(\omega) / \partial \omega) f(\omega)}{g(\omega)^2} \tag{6-14}$$

将式 (6-10) 代入式 (6-11) 进行求解，需要进行简化处理，求导过程的简化计算，可以表示如下：

$$\min_{\omega} Q(\omega) = \min_{\omega}[f(\omega) - \lambda g(\omega)] \tag{6-15}$$

其中，$Q(\omega)$ 为案例属性权值的简化评价指标；λ 为目标检测案例分别与同类别近邻检测案例和异类别近邻检测案例之间距离的比值，通过寻找最佳的 λ 值可以得到最终合理的权值。利用梯度下降法对属性权值进行迭代调整，表示如下：

$$\omega_j^{k+1} = \omega_j^k + \Delta \omega_j^k$$

$$\Delta \omega_j^{k+1} = -\mu \frac{\partial Q(\omega_j^k)}{\partial \omega_j^k} = -\mu \frac{\partial (f(\omega_j^k) - \lambda g(\omega_j^k))}{\partial \omega_j^k} \tag{6-16}$$

其中，μ 为步长因子(学习率)，为一常数，利用求得的检测案例属性权值重新计算 λ，若两者之差足够小或者到达最大迭代次数则停止调整，此时 ω_j^{k+1} 为最终的迭代权值，否则继续迭代更新检测案例属性权值。

6.3.2 知识驱动的城市污水处理系统模型结构调整

知识驱动的城市污水处理系统模型结构调整可以提高模型的适用性与动态特性。在 CBR 模型中，模型的结构调整主要包括案例个数调整和案例属性个数调整两个方面，下面对案例个数调整和案例属性个数调整进行介绍。

1. 案例个数调整

污水处理系统水质案例的推理过程包括案例存储环节，将案例动态添加到案例库中。传统观点认为，污水处理过程历史案例库中的水质案例越多，检索到相似案例的可能性就越大，有利于提高准确率。但是，当检索的时间成本超过检索收益时，检索效率就会降低。此外，当污水处理过程历史案例库中存在有害或冗余水质案例时，会影响问题解决的整体性能。本小节介绍一种自组织案例库更新算法，以调整水质案例个数，主要包括记忆策略和遗忘策略。

1) 记忆策略

污水处理过程中，水质案例的增加会使案例库规模急剧扩大，增加案例检索的复杂度。因此，水质案例不能一味地增加，应该进行选择性记忆。选择性记忆将水质案例修正后的正确解与案例检索重用得到的建议解进行对比，作为保存新案例的判断条件。记忆策略的判断条件如下：当污水处理系统水质案例检索的建议解与案例修正后正确解相差很大，或者与案例库中的其他解相差很大时，说明当前水质案例库的信息不足以正确检测新案例的值，此时需将修正后的水质案例加入案例库中，设置合理的相似度阈值 δ（$\delta \in [0,1]$），当最大相似度小于这个阈值时，保存新案例。

为了全面地了解记忆策略，这里以城市污水处理过程典型过程——除磷过程为例，描述水质案例记忆策略：首先，将总磷浓度案例修正解与建议解进行对比，判断当前总磷浓度案例的有效性；其次，根据专家经验设定总磷浓度案例库的 δ 值；最后，决策总磷浓度案例是否保存，若案例修正解与建议解相似度小于 δ 值，则保存当前总磷浓度案例，否则删除当前总磷浓度案例。

2）遗忘策略

遗忘策略为每个水质案例分配遗忘值，在每次检索时对检索环节得到的 K 个近邻案例的遗忘值进行更新，将某些无关或干扰的水质案例标记为"遗忘项"，并在下一次案例检索之前将其删除，降低或消除无关信息的干扰，提高案例检索的准确率。水质案例删除可以有效控制案例库中案例记录的增减，减少 CBR 求解的复杂度。在遗忘策略中，将水质案例库中的案例表示为三元组形式，表示如下：

$$C_k = (X_k; Y_k; F_k) \tag{6-17}$$

其中，X_k 为第 k 条水质案例的问题描述；Y_k 为该水质案例的解答；$F_k \in [0, 1]$ 为该水质案例的遗忘值。假定所有水质案例在用于案例分类之前具有相同的遗忘程度，案例库中的每个案例的初始遗忘值为 0.5，当一条水质案例被检索出并用于目标问题检测后，该水质案例的遗忘值会根据其检测效果进行更新。遗忘策略由三个子策略构成，分别是遗忘触发子策略、遗忘值更新子策略、案例删除子策略。

遗忘触发子策略的任务是决定是否需要对案例检索环节得到的水质案例进行遗忘操作，遗忘操作主要指遗忘值更新和案例删除。遗忘触发子策略的步骤如下：当前水质案例经过修正环节验证的正确解与检索环节得到的建议解具有较大差异，说明当前水质案例无效，对检索环节得到的近邻案例进行遗忘值更新和案例删除；当前水质案例经过修正环节验证的正确解与检索环节得到的建议解完全一致，说明当前水质案例冗余，同样对检索环节得到的近邻案例进行遗忘值更新和案例删除。

遗忘值更新子策略发生在遗忘操作被触发时，首先要更新水质案例的遗忘值。由于非检索案例对新案例的检测没有直接影响，遗忘值的更新策略不是针对整个水质案例库，而是应用于案例检索得到的 K 个近邻案例。对于 K 个近邻案例，按照式（6-18）更新它们的遗忘值，表示如下：

$$F_k(t+1) = F_k(t) + \beta r F_k(0) \tag{6-18}$$

其中，β 为遗忘增强因子，根据强化学习理论，一般取 0.1 或 0.2；r 为奖惩函数，当检索得到的案例具有满意的检测精度时，r 取 -1，否则取 1；$F_k(0)$ 为检索案例的初始遗忘值；$F_k(t)$ 为当次迭代更新前的遗忘值；$F_k(t+1)$ 为当次迭代更新后的遗忘值。可见，若水质案例对建模的影响是正面的，则遗忘值会下降，下降得越多，表示该水质案例越有用，越不可能被遗忘；否则，遗忘值会上升，并且遗忘值越大，表示该水质案例越应该被遗忘。

案例删除子策略根据更新后的遗忘值对 K 个近邻案例进行删除或保持操作。若水质案例更新后的遗忘值是下降的，则表示该水质案例是有用的，需保留；若水质案例更新后的遗忘值是增加的，则表示该水质案例会造成误分类或逐渐失去作用，当更新后的案例遗忘值超出某个阈值时，便将该案例删除。具体地，当案例更新后的遗忘值满足某一条件则可将其删除，条件表示如下：

$$F_k(t+1) \geqslant \xi \tag{6-19}$$

其中，ξ 为检索案例的遗忘阈值，$\xi \in (0.5, 1]$。ξ 的取值可以进一步控制案例删除的速度，ξ 值越大，允许遗忘值增加的范围越大，对分类错误的案例越宽容，因此删除速度也越慢。

为了全面地了解记忆策略，这里以城市污水处理过程典型过程——除磷过程为例，描述水质案例记忆策略：首先，根据专家经验设定总磷浓度案例库的 $F_k(0)$、β、ξ 值；其次，利用遗忘触发子策略判断是否需要对当前总磷浓度案例进行遗忘操作，总磷浓度案例正确解和建议解过度相似或者过度不相似都会触发遗忘操作；最后，利用遗忘值更新子策略更新当前总磷浓度案例的遗忘值，利用案例删除子策略删除遗忘值过大的总磷浓度案例。

知识驱动的城市污水处理系统模型案例个数调整步骤可概括如下：

(1) 设置案例检索的近邻个数 K 等参数，为水质案例库中的每个案例分配初始遗忘值，为遗忘触发子策略选择一种模式。

(2) 判断水质案例库中是否还有待解决的新案例，若是，则转步骤(3)；否则，转步骤(1)。

(3) 取一条新案例，通过 KNN 检索策略为当前的水质案例检索出 K 个近邻案例。

(4) 从 K 个近邻案例中找到最多的类别作为水质案例的建议类别。

(5) 通过案例修正对建议类别进行评价，若建议类别有误，则以实际类别作为水质案例的类别。

(6) 执行水质案例的保存操作，若新案例的实际类别与建议类别不一致，或者实际类别与建议类别一致，但是最大相似度小于阈值 δ，则将正确的类别赋给水质案例，为其添加初始遗忘值，并将水质案例保存到案例库。

(7) 根据选择的遗忘触发子策略的模式，判断是否对 K 个案例进行遗忘，若是，则转步骤(8)；若不是，则转步骤(2)。

(8) 根据式 (6-18)，分别更新 K 个近邻案例的遗忘值。

(9) 根据式 (6-19) 判断更新遗忘值后的近邻案例是否应该被删除，若满足删除条件，则删除该案例，否则保持该水质案例及其更新后的遗忘值。

污水处理过程案例个数的调整可以保留有效的水质案例，删除错误和冗余的水质案例，动态更新水质案例库，保证知识库的有效性。此外，污水处理过程案例个数的调整可以提高系统模型的模型精度和建模效率，对知识驱动的城市污水处理系统模型十分重要。

2. 案例属性个数调整

在污水处理过程中，系统模型所要处理的水质案例中可能存在大量的特征属性，这些特征属性往往又存在着大量的信息冗余与重叠，需先进行案例库的属性个数调整。这里采用遗传算法对权值赋予删除阈值，具体步骤如下：

(1) 编码。针对水质案例属性的权值阈值优化问题，选择最常用的二进制编码，采用 5 位二进制编码对应 32 个等级，分别表示相应阈值的大小。

(2) 种群初始化。随机选择若干个染色体组成一个群体，群体内个体的数量就是群体规模，每个初始个体就表示权值阈值的初始解。

(3) 适应度函数。为了保证搜索到的权值阈值能够有效提高整体系统的准确率，定义适应度函数，表示如下：

$$\text{Fitness} = \sum_{j=1}^{N} N_j \bigg/ N \tag{6-20}$$

其中，N 为测试案例集的案例数（即规则数）；N_j 为第 j 个测试案例是否在历史案例中检索出正确的结论，若 $N_j = 1$，则表示检测结果满意，0 则为不满意。该适应度函数可以找到检测准确率高且所含属性数目小的重要度阈值。

(4) 选择操作。采用轮盘赌法选择合适的阈值个体，每个个体的选择概率和其适应度成比例。个体 i 被选择的概率表示如下：

$$P_i = f_i \bigg/ \sum_{i=1}^{M} f_i \tag{6-21}$$

其中，f_i 为第 i 个个体的适应度。

(5) 交叉操作。交叉是把两个父个体的部分基因相互交换而生成新个体的操作，该部分采用单点交叉。

(6) 变异操作。变异运算是产生新个体的辅助方法，它能够改善遗传法的局部搜索能力，并防止出现早熟现象。

(7)停止条件。设置迭代次数作为算法停止条件。当达到预设的迭代次数时，遗传算法结束，输出最优个体即属性权值的阈值结果。

污水处理过程案例属性个数的调整可以减少水质案例的属性，约简系统模型的结构，在保证模型精度的同时提高模型的运行效率和泛化性能，对知识驱动的城市污水处理系统建模十分重要。

6.4　知识驱动的城市污水处理系统模型应用案例

城市污水处理系统中蕴含着丰富的知识，包括机理知识、运行规律知识、操作人员经验知识等。为了验证知识驱动的城市污水处理系统模型，本节以城市污水处理实际水质检测过程为例，构建知识驱动的城市污水处理系统模型，在理论和实际两方面证明知识驱动的城市污水处理系统模型的有效性。

6.4.1　知识驱动的城市污水处理系统模型辅助变量选取

知识驱动的城市污水处理系统模型一般选取出水水质指标等关键水质指标作为模型的输出，选取出水水质相关变量作为模型的输入。以出水生化需氧量和出水总磷浓度为例，生化需氧量的知识属性特征为进水化学需氧量、出水固体悬浮物浓度、进水 pH、氨氮浓度和溶解氧浓度。出水总磷浓度的知识属性特征为进水总磷浓度、温度、溶解氧浓度、进水 pH 和总固体悬浮物浓度。此外，城市污水处理系统知识的属性权值主要通过统计学习方法来获得，对于出水生化需氧量的知识属性，进水化学需氧量权值为 0.5，出水固体悬浮物浓度权值为 0.6，进水 pH 权值为 0.4，氨氮浓度权值为 0.3，溶解氧浓度权值为 0.8。对于出水总磷浓度的知识属性，进水总磷浓度权值为 0.8，温度权值为 0.3，溶解氧浓度权值为 0.6，进水 pH 权值为 0.3，总固体悬浮物浓度权值为 0.5。

6.4.2　知识驱动的城市污水处理系统模型性能验证

城市污水处理厂需严格保证水质达标排放，因此需要从理论上保证知识驱动的城市污水处理系统模型的有效性。在理论证明上，模型的收敛性是知识驱动的城市污水处理系统模型准确检测和稳定运行的保证，是在污水处理过程中应用知识驱动模型的基础。本节给出收敛性证明过程，具体包括参数更新过程的收敛性和结构调整过程的收敛性。

1. 系统模型参数更新的收敛性分析

定理 6-1　设计案例权值参数更新的目标函数如式(6-2)所示，利用式(6-16)更新案例的权值参数，在参数更新完成后，如果案例权值参数的学习率满足以下条件：

$$\mu < \frac{2(f(\omega_j^k) - \lambda g(\omega_j^k))\partial \omega_j^k}{\partial (f(\omega_j^k) - \lambda g(\omega_j^k))\omega_j^k} \tag{6-22}$$

则参数更新算法在目标函数上最终收敛。

证明　定义李雅普诺夫函数：

$$V(\omega_j^k) = \frac{1}{2} J(\omega_j^k)^{\mathrm{T}} J(\omega_j^k) \tag{6-23}$$

计算李雅普诺夫函数的变化量：

$$\Delta V(\omega_j^k) = \frac{1}{2} (J(\omega_j^{k+1})^2 - J(\omega_j^k)^2) \tag{6-24}$$

$$J(\omega_j^{k+1}) = J(\omega_j^k) + \frac{\partial J(\omega_j^k)}{\partial \omega_j^k} \omega_j^k \tag{6-25}$$

将式(6-16)代入式(6-25)，可得

$$J(\omega_j^{k+1}) = J(\omega_j^k) - \mu \frac{\partial (f(\omega_j^k) - \lambda g(\omega_j^k))}{\partial \omega_j^k} \omega_j^k \tag{6-26}$$

将式(6-26)代入式(6-24)，可得

$$\Delta V(\omega_j^k) = \mu \omega_j^k \frac{\partial (f(\omega_j^k) - \lambda g(\omega_j^k))}{\partial \omega_j^k} - 2(f(\omega_j^k) - \lambda g(\omega_j^k)) \tag{6-27}$$

若式(6-16)成立，则 $\Delta V(\omega_j^k) < 0$，算法在目标函数上最终收敛。

2. 系统模型结构调整的收敛性分析

定理 6-2　结构更新过程包括案例属性个数的调整和案例个数的调整，两个结构调整过程不影响案例推理模型的收敛。

证明　在案例属性个数的调整过程中，属性权值根据得到的权值阈值进行剪切。在剪切前，根据 KNN 规则计算待求解问题的过程变量数据与案例库中每个案例过程变量数据的相似度：

$$s_k = 1 - \sqrt{\sum_{i=1}^{I} \omega_i (x_i - x_{i,k})} \tag{6-28}$$

待求解问题的过程变量与案例库中每个案例过程变量的相似度表示如下：

$$s_k^* = 1 - \sqrt{\sum_{i=1}^{I-1} \omega_i (x_i - x_{i,k})} \qquad (6\text{-}29)$$

当剪切变量的属性权值足够小时（$\omega_i \to 0$），$s_k = s_k^*$，案例属性个数的调整不影响案例推理模型的收敛性。在案例个数的调整过程中，当更新后的案例遗忘值超出某个阈值时，该案例是无用的，案例个数的调整不影响案例推理模型的收敛性。

6.4.3　城市污水处理过程出水生化需氧量预测

以实际城市污水处理厂的出水生化需氧量为例，基于 CBR 的城市污水处理系统模型选取温度、氧化还原电位、溶解氧浓度和 pH 作为模型的输入变量。建模所需的水质案例来源于两个不同的实际城市污水处理厂。剔除水质案例库的异常案例后，两个水厂各选取 340 组水质案例，500 组作为训练案例集，70 组作为测试案例集。

利用第一个城市污水处理厂的训练和测试案例对模型性能进行实验，基于 CBR 的城市污水处理系统模型生化需氧量的训练结果和预测结果分别如图 6-1 和图 6-2 所示。图 6-1 是基于 CBR 模型的生化需氧量的训练过程规则数变化曲线和 RMSE 值曲线。由图 6-1 可以看出，基于 CBR 模型的生化需氧量可以在训练过程

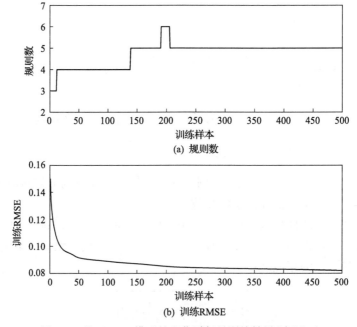

(a) 规则数

(b) 训练RMSE

图 6-1　基于 CBR 模型的生化需氧量训练结果（水厂一）

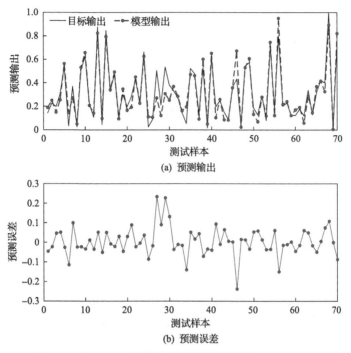

图 6-2　基于 CBR 模型的生化需氧量预测结果（水厂一）

自适应地调整案例数，并最终稳定在某一较小的值，删减了冗余案例，提高了建模效率。此外，系统模型的训练 RMSE 在训练过程中稳定下降，具有较强的稳定性。图 6-2 是基于 CBR 模型的生化需氧量预测结果。由图 6-2 可以看出，系统模型的输出曲线能较好地拟合期望输出曲线，预测误差较小。结果表明，基于 CBR 的城市污水处理系统模型可以高精度地预测生化需氧量，能够取得较好的预测效果，模型具有较强的泛化性能。

　　为了进一步验证基于 CBR 的城市污水处理系统模型性能，将该系统模型与另外三种模型进行了对比研究。三种模型分别为基于内省学习和遗传算法的城市污水处理系统模型、基于 KNN 和遗传算法的城市污水处理系统模型、基于遗传算法的城市污水处理系统模型。四种模型的具体实验结果见表6-1，包括规则数、训练 RMSE、

表 6-1　知识驱动的城市污水处理系统模型的生化需氧量实验结果对比（水厂一）

城市污水处理系统模型	规则数	训练 RMSE	预测 RMSE
基于 CBR 的城市污水处理系统模型	416	0.0826	0.0845
基于内省学习和遗传算法的城市污水处理系统模型	540	0.0926	0.0962
基于 KNN 和遗传算法的城市污水处理系统模型	512	0.1032	0.1092
基于遗传算法的城市污水处理系统模型	489	0.1092	0.1171

预测 RMSE 三个指标。与其他系统模型相比，基于 CBR 的城市污水处理系统模型具有更低的训练误差、预测误差和更少的规则数，能够更好地预测出水生化需氧量。

　　对于第二个城市污水处理厂，基于 CBR 的城市污水处理系统模型生化需氧量训练结果和预测结果分别如图 6-3 和图 6-4 所示。图 6-3 是基于 CBR 模型的生化需氧量训练过程的规则数变化曲线和 RMSE 值曲线。图 6-4 是基于 CBR 模型的生化需氧量的预测结果。

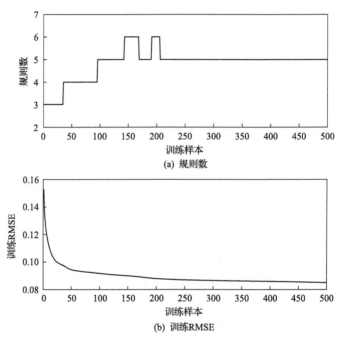

(a) 规则数

(b) 训练RMSE

图 6-3　基于 CBR 模型的生化需氧量训练结果(水厂二)

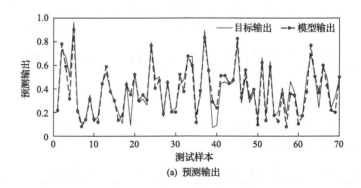

(a) 预测输出

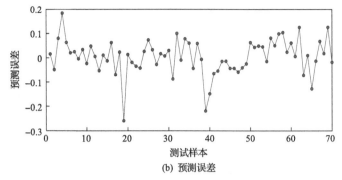

图 6-4　基于 CBR 模型的生化需氧量预测结果(水厂二)

由图 6-3 可以看出,基于 CBR 的城市污水处理系统模型可以在训练过程动态地调整规则数,训练误差稳步下降。由图 6-4 可以看出,基于 CBR 的城市污水处理系统模型可以在测试过程准确地预测生化需氧量,该系统模型可以较好地应用于城市污水处理过程的生化需氧量预测,具有较好的预测效果。为了进一步验证系统模型的性能,将基于 CBR 的城市污水处理系统模型与另外三种模型进行了对比研究,各方法的具体实验结果如表 6-2 所示。通过表 6-2 的结果可以看出,与其他系统模型相比,基于 CBR 的城市污水处理系统模型的训练误差和预测误差最低,具有更高的建模精度和泛化性能。

表 6-2　知识驱动的城市污水处理系统模型的生化需氧量实验结果对比(水厂二)

城市污水处理系统模型	规则数	训练 RMSE	预测 RMSE
基于 CBR 的城市污水处理系统模型	423	0.0856	0.0899
基于内省学习和遗传算法的城市污水处理系统模型	471	0.0874	0.0945
基于 KNN 和遗传算法的城市污水处理系统模型	489	0.1095	0.1032
基于遗传算法的城市污水处理系统模型	523	0.1011	0.1189

6.4.4　城市污水处理过程出水总磷浓度预测

本节以实际城市污水处理厂的出水总磷浓度为例,建立基于 CBR 的城市污水处理系统模型。系统建模所需的总磷浓度案例来源于两个城市污水厂,剔除异常数据后,对训练数据和测试数据进行归一化处理,所有的输入数据和输出数据都归一化到[0,1]。选取 2000 组实例知识,500 组样本作为训练数据集,100 组样本作为测试数据集。

基于 CBR 的城市污水处理系统模型应用于第一个城市污水处理厂,其出水总磷浓度的训练结果和预测结果分别如图 6-5 和图 6-6 所示。由图 6-5 可以看出,基于 CBR 的城市污水处理系统模型对于出水总磷浓度具有较好的训练效果,可以在训练过程自适应调整结构和参数。由图 6-6 可以看出,基于 CBR 的城市污水处理

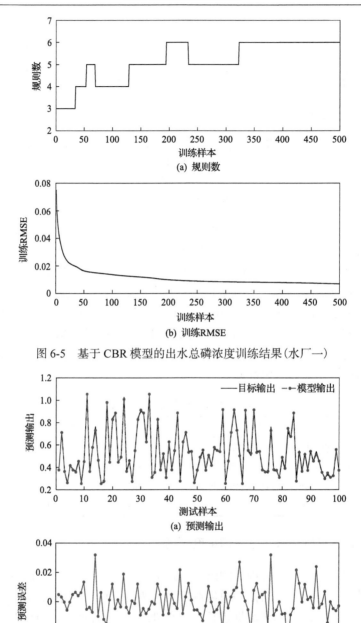

图 6-5　基于 CBR 模型的出水总磷浓度训练结果(水厂一)

图 6-6　基于 CBR 模型的出水总磷浓度预测结果(水厂一)

系统模型具有较好的测试效果，预测误差较小且模型预测值可以实时跟踪污水处理过程总磷浓度真实值。

为了进一步验证基于 CBR 的城市污水处理系统模型的性能，将该系统模型与另外三种模型进行了对比研究。三种模型分别为基于内省学习和遗传算法的城市污水处理系统模型、基于 KNN 和遗传算法的城市污水处理系统模型、基于遗传算法的城市污水处理系统模型，其具体实验结果如表 6-3 所示。由表 6-3 可以看出，基于 CBR 的城市污水处理系统模型可以有效地调整规则数，相比于其他模型具有较高的预测精度。

表 6-3　知识驱动的城市污水处理系统模型出水总磷浓度实验结果对比（水厂一）

城市污水处理系统模型	规则数	训练 RMSE	预测 RMSE
基于 CBR 的城市污水处理系统模型	1759	0.0086	0.0089
基于内省学习和遗传算法的城市污水处理系统模型	1781	0.0123	0.0145
基于 KNN 和遗传算法的城市污水处理系统模型	1806	0.0154	0.0189
基于遗传算法的城市污水处理系统模型	1792	0.0213	0.0312

基于 CBR 的城市污水处理系统模型应用于第二个城市污水处理厂中，利用现场运行的数据对知识驱动的城市污水处理系统模型进行验证。图 6-7 表示基于 CBR

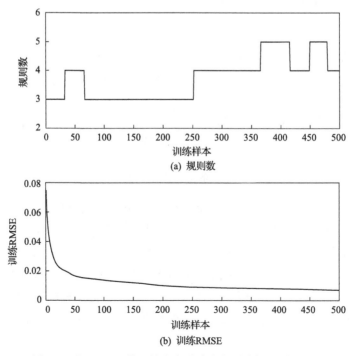

(a) 规则数

(b) 训练RMSE

图 6-7　基于 CBR 模型的出水总磷浓度训练结果（水厂二）

模型的出水总磷浓度的训练结果。图 6-7(a)和(b)分别是系统模型的案例调整过程和训练过程。对于案例调整过程，基于 CBR 的城市污水处理系统模型可以逐步减少案例数量，删减冗余案例。对于训练过程，系统模型可以稳定降低模型的训练误差，具有较好的稳定性。

　　基于 CBR 模型的出水总磷浓度预测结果如图 6-8 所示。对于测试跟踪效果，所提出的系统模型预测值可以实时跟踪真实值，模型预测值与污水处理过程真实值拟合程度较高。对于预测误差，所提出的系统模型预测值具有较小的预测误差，保持在[−0.04, 0.04]之内。

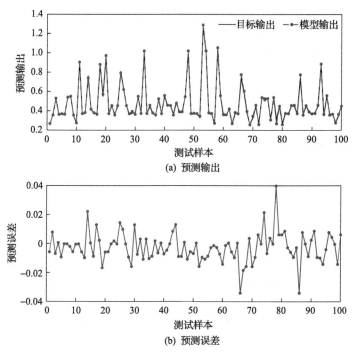

图 6-8　基于 CBR 模型的出水总磷浓度预测结果(水厂二)

　　为了进一步验证基于 CBR 的城市污水处理系统模型的性能，将该系统模型与另外三种模型进行了对比研究。三种模型分别为基于内省学习和遗传算法的城市污水处理系统模型、基于 KNN 和遗传算法的城市污水处理系统模型、基于遗传算法的城市污水处理系统模型，各知识驱动的城市污水处理系统模型的具体实验结果对比如表 6-4 所示。所提出的系统模型可以有效地调整案例数，相较于其他知识驱动的城市污水处理系统模型，基于 CBR 的城市污水处理系统模型具有较少的规则数、RMSE 值及较高的预测精度。

表 6-4　知识驱动的城市污水处理系统模型出水总磷浓度实验结果对比(水厂二)

城市污水处理系统模型	规则数	训练 RMSE	预测 RMSE
基于 CBR 的城市污水处理系统模型	1891	0.0087	0.0089
基于内省学习和遗传算法的城市污水处理系统模型	2000	0.0164	0.0169
基于 KNN 和遗传算法的城市污水处理系统模型	2000	0.0175	0.0184
基于遗传算法的城市污水处理系统模型	2000	0.0243	0.0344

6.5　知识驱动的城市污水处理系统模型应用平台

知识驱动的城市污水处理系统模型应用平台将知识驱动模型及其相关功能封装成系统,用于指导污水处理过程的运行。本节将知识驱动的城市污水处理系统模型应用于污水处理现场,搭建知识驱动的城市污水处理系统模型应用平台,经过现场安装与调试,成功运行于某污水处理厂的水质检测系统,取得了显著的经济效益。下面分别介绍知识驱动的城市污水处理系统模型平台的搭建、集成和应用效果。

6.5.1　知识驱动的城市污水处理系统模型平台搭建

知识驱动的城市污水处理系统模型平台搭建需要以实际城市污水处理过程数据流为基础,实现城市污水处理过程系统监测、知识获取、知识推理、水质检测、数据报表等功能。该平台结构包括基础层、信息层、功能层、集成层,其中基础层包括知识挖掘算法,实现知识获取与推理功能;信息层包括污水处理机理知识库、运行规律知识库、操作人员经验知识库和知识驱动的水质检测模型、故障诊断模型,用于存储知识和模型;功能层包括水质检测、故障诊断等运行功能和可视化、报警、算法功能扩展等系统功能;集成层包括硬件集成功能和系统组态功能,硬件集成包括可编程逻辑控制器(PLC)控制站、工程师站、操作员站、设备执行站,系统组态包括软件组态、硬件组态、通信组态。

6.5.2　知识驱动的城市污水处理系统模型平台集成

知识驱动的城市污水处理系统模型平台集成主要包括系统监测模块、知识获取模块、知识推理模块等,各模块具体介绍如下。

1. 系统监测模块

知识驱动的城市污水处理系统平台系统监测模块包括点位监测、设备监测和水质监测(图 6-9)。点位监测是整体观察城市污水处理过程各个点位的异常情况,设备监测根据设备运行信息获取设备状态,水质监测通过仪表监测水体指标。

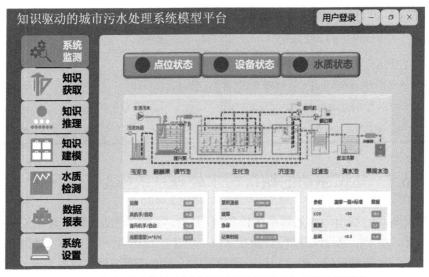

图 6-9　知识驱动的城市污水处理系统模型平台系统监测模块

2. 知识获取模块

知识驱动的城市污水处理系统模型平台知识获取模块采用知识发现技术从城市污水处理过程中挖掘出系统知识，利用知识表示方法将系统知识转化为城市污水处理系统可利用的知识形式，通过知识库构建存储有效的城市污水处理过程知识，完成城市污水处理机理知识、运行规律知识和操作人员经验知识的获取，如图 6-10 所示。

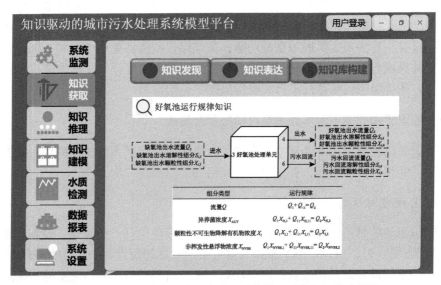

图 6-10　知识驱动的城市污水处理系统模型平台知识获取模块

3. 知识推理模块

知识驱动的城市污水处理系统模型平台知识推理模块采用知识搜索技术从知识库中获取城市污水处理运行问题所需要的知识，利用知识评价技术判断知识的有效性，通过知识增值技术完成对知识库的更新，实现城市污水处理过程知识推理，如图 6-11 所示。

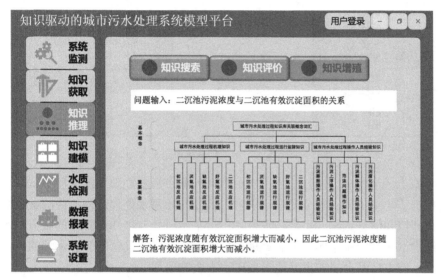

图 6-11 知识驱动的城市污水处理系统模型平台知识推理模块

4. 知识建模模块

城市污水处理系统模型平台知识建模模块利用运行规律知识推理得到的系统模型，同时利用操作人员经验知识推理得到的模型对城市污水处理运行过程进行实时监测，如图 6-12 所示。

知识驱动的城市污水处理系统模型平台可以获取污水处理过程知识，并利用知识建立系统模型，实现出水水质的监测，各个模块之间既可以分布式独立工作，又可以相互协作。因此，知识驱动的城市污水处理系统模型平台具有以下特点：首先，模型平台充分考虑了当下与未来的业务，可以自适应调整功能模块，具有灵活性和可拓展性；其次，模型平台可以规范数据访问，加密重要文件，具有安全性；最后，模型平台可以在内部和外部实现数据互通、功能互通，具有协同性。

6.5.3 知识驱动的城市污水处理系统模型平台应用效果

本节介绍知识驱动的城市污水处理系统平台的实验室中试平台示范效果，并

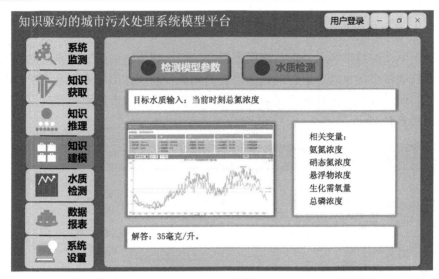

图 6-12　知识驱动的城市污水处理系统模型平台知识建模模块

在实际城市污水处理厂进行示范。知识驱动的城市污水处理系统模型中试平台示范是根据实验室中试基地工况搭建平台，仿真实际污水处理过程，为测试系统提供测试环境和信息数据，实现污水处理中试平台设计。将知识驱动的城市污水处理系统中试平台应用于实际污水处理厂中。结果显示，设计的知识驱动的城市污水处理系统中试平台能够很好地实现出水水质的预测。

6.6　本 章 小 结

本章针对知识驱动的城市污水处理系统模型构建，介绍了知识驱动的城市污水处理系统模型构建方法，详述了知识驱动的城市污水处理系统模型优化设计方法，列举了知识驱动的城市污水处理系统模型的应用案例，展示了知识驱动的城市污水处理系统模型应用平台，具体得出如下结论：

(1)知识驱动的城市污水处理系统模型构建。重点描述了以 CBR 为载体的知识驱动的城市污水处理系统模型的构建过程，介绍了知识驱动的城市污水处理系统模型的输入和输出变量，描述了知识驱动的城市污水处理系统模型的结构。

(2)知识驱动的城市污水处理系统模型动态调整。着重介绍了针对案例属性权值的系统模型参数优化方法，并描述了针对案例个数的系统模型结构优化方法。

(3)知识驱动的城市污水处理系统模型应用案例。深入分析了知识驱动的城市污水处理系统模型性能，以出水水质检测为例，介绍了知识驱动的城市污水处理系统模型应用效果，实现出水水质的精准在线预测。

(4)知识驱动的城市污水处理系统模型应用平台。详细介绍了知识驱动的城市污水处理系统模型应用平台搭建过程，并概述了系统监测、知识获取、知识推理、知识建模等模块的集成过程。

第7章 机理和数据驱动的城市
污水处理系统混合建模

7.1 引 言

　　机理和数据驱动的城市污水处理系统混合建模是指利用城市污水处理系统的运行机理和过程数据(现场数据、历史数据、实验室化验数据),建立城市污水处理系统模型的技术。机理和数据驱动的城市污水处理系统混合建模技术能够挖掘运行机理和过程数据之间的关联性,将运行机理和过程数据进行深度融合,根据融合信息特性建立城市污水处理过程特征变量与关键水质指标之间的关系,构建机理和数据驱动混合模型,并利用融合信息动态调整机理和数据驱动混合模型的参数及结构,提高模型的性能。

　　相较于单一信息源构建的城市污水处理系统建模方法,机理和数据驱动的城市污水处理系统混合建模技术能够利用机理知识和过程数据快速准确地建立有效的系统模型,不但能够利用城市污水处理系统过程数据,提高模型的预测精度,而且能够有效利用城市污水处理系统运行机理,缩短模型的检测时间。然而,城市污水处理系统存在过程机理难以获取和清晰表达、数据和机理难以融合等问题,限制了机理和数据驱动混合建模方法的实际应用。因此,如何有效获取和融合城市污水处理过程数据和运行机理,设计合适的城市污水处理系统模型,是城市污水处理过程数据和知识驱动混合建模技术设计的重点与难点。

　　机理和数据驱动的城市污水处理系统模型的性能主要由机理和数据的特性决定,如何利用合适的过程机理和数据设计系统模型是城市污水处理机理和数据驱动混合建模技术的重点。本章围绕机理和数据驱动的城市污水处理系统混合建模方法的设计与实现:首先,介绍城市污水处理过程机理和数据的分析与融合方法,详细阐述机理和数据之间的关联性;其次,详细介绍机理和数据驱动的城市污水处理系统模型构建方法,包括模型描述、模型的输入/输出变量选取以及模型设计;再次,详尽介绍机理和数据驱动的城市污水处理系统模型动态调整过程,包括参数的更新和结构的调整;随后,给出机理和数据驱动的城市污水处理系统模型应用案例,包括系统模型性能验证,以及城市污水处理过程出水生化需氧量预测和出水总磷浓度预测;最后,设计机理和数据驱动的城市污水处理系统模型应用平台,通过对应用平台搭建和集成,完成系统应用效果的验证。

7.2　城市污水处理系统机理和数据分析与融合

城市污水处理系统运行机理和过程数据不仅能够描述水质情况和反应过程，而且能够衡量系统运行环境和运行状态，为城市污水处理系统建模提供有效的驱动信息。城市污水物理处理、生物处理和化学处理等多种处理过程已获得多年的研究，机理和过程数据之间的关联关系也已获得部分结论，为机理和数据驱动的城市污水处理系统模型构建奠定了基础。本节介绍城市污水处理系统运行机理和过程数据之间的关联性，描述运行机理和过程数据的分析及融合方法，完成机理和数据融合，获得有效信息。

7.2.1　城市污水处理系统机理和数据关联分析

城市污水处理系统运行机理和过程数据之间具有关联关系：一方面，城市污水处理系统中存在不同的运行工况，不同运行工况可以由运行机理中蕴含的运行特征表述，运行机理可以通过信息粒化理论和模糊集理论等方法转换为过程数据。信息粒化理论和模糊集理论通过将不同工况下的运行机理细粒度化或清晰化，实现运行机理到过程数据的转换。然而，城市污水处理系统涉及复杂的生物、化学和物理过程，并涉及众多参数，其运行机理的获取是一个复杂而又艰巨的任务，因此运行机理的整合与分析和过程数据的有效提取仍是一个未解决的问题。另一方面，城市污水处理系统中蕴含着大量的过程数据，包括进水水质、出水水质(如磷浓度、pH 等)和生产指标(如能耗、药耗等)等，过程数据可以反映城市污水处理系统的运行状态。为了实现过程数据到运行机理的转换，已有方法一般通过提取过程数据特征并分析其内在规律来获得运行机理。这些方法包括统计分析、机器学习和数据挖掘等。以上方法具有优秀的适应能力、学习能力及容错能力。但是，在过程数据集不充分的情况下，过程数据难以转化为可靠的运行机理。此外，城市污水处理过程运行环境恶劣，存在测量噪声、外部干扰等问题。在噪声和干扰下，过程数据会表现出非高斯特性，难以转换为可靠的运行机理。因此，过程数据向运行机理的有效转换也是一个未解决的问题。

城市污水处理系统运行机理具备物理意义，能够反映城市污水处理系统的内部结构和运行机理，揭示事物的内在规律，但非线性建模能力较差。城市污水处理系统过程数据可追踪城市污水处理系统的生化反应过程，但时效性较差，且质量参差不齐。运行机理的分析为数据的采集点提供了参考依据，增加了数据的可解释性；过程数据也可辅助运行机理揭示城市污水处理运行过程的内在规律，建立准确度更高的模型。因此，城市污水处理系统运行机理和过程数据之间有着强烈的关联关系。运行机理和过程数据的关联分析具有重要意义，可以为机理和数据驱动混合建模技术提供可靠的信息来源。

7.2.2　城市污水处理过程机理和数据深度融合

城市污水处理过程机理和数据深度融合技术可以将运行机理和过程数据融合为高效统一的信息形式，为构建高效、稳定的城市污水处理系统模型奠定基础。城市污水处理过程机理和数据深度融合技术主要包括本体论、信息粒化理论、粗糙集理论、邓普斯特理论等。

1. 基于本体论的深度融合方法

本体论是一种特殊类型的术语集，具有结构化的特点。在机理和数据融合的过程中，本体的运用可以解决城市污水处理过程不同信息源之间语义不一致的问题，对运行机理和过程数据进行统一描述。

2. 基于信息粒化理论的深度融合方法

信息粒化理论是一种信息转化方法，通过给定的粒化策略，将信息转换为信息粒。在城市污水处理过程中，常用的粒化策略主要包括基于二元关系的粒化策略、基于聚类的粒化策略、基于功能近似性的粒化策略以及基于问题分解的粒化策略等。

3. 基于粗糙集理论的深度融合方法

粗糙集理论是一种刻画不完整性和不确定性的数学工具，能有效地分析不精确、不一致、不完整等各种不完备的信息。基于粗糙集理论的深度融合方法可以对已知的城市污水处理过程运行机理进行分类，并且对运行过程中丰富的、未知的过程数据进行描述与归类，实现运行机理和过程数据的深度融合。

4. 基于邓普斯特理论的深度融合方法

邓普斯特理论是处理不确定信息的一个理论工具，是对不确定信息做智能处理和数据融合的典型方法。基于邓普斯特理论的深度融合方法针对某一个目标中的全部可行解进行信任值评估，按照一定的判决规则选择可信度最大的假设作为融合结果，实现城市污水处理过程运行机理和过程数据的深度融合。

7.3　机理和数据驱动的城市污水处理系统模型构建

机理和数据驱动的城市污水处理系统模型充分利用系统机理和过程数据来建立运行指标和过程特征之间的关系，实现城市污水处理系统建模。本节以模块化神经网络为模型载体，利用运行机理和过程数据，构建城市污水处理系统模型，包括对机理和数据驱动的城市污水处理系统模型的描述、输入/输出变量的选取以及模型的设计。

7.3.1　机理和数据驱动的城市污水处理系统模型描述

机理和数据驱动的城市污水处理系统模型利用运行机理和过程数据对运行过程进行描述，反映出系统内在联系。基于对人脑系统功能与结构分区的特点，模块化神经网络通过聚类的方式将神经元有层次地稀疏连接，是一种有效的城市污水处理系统模型，得到了广泛的关注和应用。模块化神经网络通过系统信息构建相互协同、相互联系、相互独立的子网络模块，每个子网络在信息处理过程中具有不同的风格、模式和任务分工。相比于常见的单一神经网络，模块化神经网络具有模型复杂度低、计算效率高、鲁棒性和容错性强，以及可扩展性和可积累性等优点，能够获取最优集成结果。本节利用模块化神经网络构建机理和数据驱动的城市污水处理系统模型，将运行机理和过程数据作为城市污水处理系统模型的输入和输出，获取关键水质指标和过程变量之间的关系，同时研究机理和数据驱动的城市污水处理系统模型的动态调整方法，提高模型性能，满足实际运行需求。

7.3.2　机理和数据驱动的城市污水处理系统输入/输出变量选取

机理和数据驱动的城市污水处理系统输入/输出变量选取是保证模型性能的关键，其通过分析城市污水处理系统运行机理与过程数据，得到关键水质指标与城市污水处理过程变量的关系，利用主成分分析等多元统计方法，提取出能够描述关键水质指标的特征变量。

1. 城市污水处理系统变量选取

城市污水处理系统变量选取主要通过分析城市污水处理系统工艺和流程，结合相关系统机理和过程数据，获取与运行指标相关的变量。系统变量选取结果如表 7-1 所示。

表 7-1　城市污水处理系统变量

变量名	单位	变量名	单位
进水 pH	—	曝气池溶解氧浓度	mg/L
出水 pH	—	进水氨氮浓度	mg/L
进水固体悬浮物浓度	mg/L	出水氨氮浓度	mg/L
出水固体悬浮物浓度	mg/L	进水色度	(稀释)倍数
进水生化需氧量	mg/L	出水色度	(稀释)倍数

变量名	单位	变量名	单位
出水生化需氧量	mg/L	进水总氮浓度	mg/L
进水化学需氧量	mg/L	出水总氮浓度	mg/L
出水化学需氧量	mg/L	进水总磷浓度	mg/L
进水石油类浓度	mg/L	出水总磷浓度	mg/L
出水石油类浓度	mg/L	进水水温	℃
曝气池污泥沉降比	—	出水水温	℃
曝气池混合液固体悬浮物浓度	mg/L		

2. 城市污水处理系统信息预处理

城市污水处理系统信息预处理包括填充缺失信息、清除重复信息和修正错误信息三个部分。

1)填充缺失信息

由于传感器故障、数据存储器损坏和人为主观失误等，城市污水处理系统中存在数据缺失问题，需采用数据缺失值处理方法填充缺失数据。常用的数据缺失值处理方法有均值插补法、同类均值插补法、建模预测法等。均值插补法采用数据的平均值插补缺失值，适用于属性间距可度量的数据样本；同类均值插补法将所有样本分类，以同类样本的均值来插补缺失值；建模预测法将缺失的样本作为预测目标，利用机器学习算法对缺失值进行预测，实现缺失值的填补。

2)清除重复信息

城市污水处理系统过程变量众多，需要对变量集合中的重复记录进行去除，提高系统建模的速度和精度。针对信息采样周期不同造成变量空值的问题，操作人员通常采用相同值进行补充。但是，变量在空缺采样时刻也在进行变化，被相同值替代会对后续系统建模带来偏差，需要对变量集合中的重复记录进行去除。下面以基于相似度的信息清洗方法为例，介绍重复信息清除过程：根据每个变量属性的权值，计算各变量属性的相似度，加权平均后得到变量的相似度，设置相似度阈值，并删除超过相似度阈值的历史记录。

3)修正错误信息

由于噪声和外部干扰，城市污水处理系统中存在超过正常范围的错误信息。操作人员通常采用边界值代替法进行处理，当信息超过正常范围的上界时，用上界值进行代替，超出下界则用下界值代替。

3. 城市污水处理系统辅助变量选取

城市污水处理系统辅助变量选取是指筛选出表征主导变量特征的相关变量。城市污水处理系统辅助变量选取以互信息算法为例，对参数变量间的相关性进行分析，获取出水水质相关辅助变量。

对于给定的两个随机变量 X 和 Y，假定其边缘概率分布和联合概率分布分别为 $p(x)$、$p(y)$ 和 $p(x,y)$，则两变量间的互信息表示如下：

$$I(X;Y) = \sum_x \sum_y p(x,y) \log_2 \frac{p(x,y)}{p(x)p(y)} \tag{7-1}$$

若变量 X 和变量 Y 完全无关，则互信息值为 0；反之，互信息值越大说明两者的相关性越强。相关性较强的辅助变量，被选取作为模型输入。此外，选取出水水质指标等关键水质指标作为数据驱动的城市污水处理系统模型的输出变量。

7.3.3　机理和数据驱动的城市污水处理系统模型设计

机理和数据驱动的城市污水处理系统建模利用运行机理和过程数据建立的系统模型，描述运行指标和过程变量之间的关系。本节以模块化神经网络作为模型载体，构建机理和数据驱动的城市污水处理系统模型。基于模块化神经网络的机理和数据驱动的城市污水处理系统模型首先通过任务分解层将任务分解为多个子任务，其次利用子网络层构建多个子模型，为每个子模型分配子任务，最后通过输出决策层构建整合子模型，得到最后的决策结果。下面分别介绍机理和数据驱动的城市污水处理系统模型的任务分解层、子网络层以及输出决策层。

1. 任务分解层

任务分解层将全局任务分解成一个或多个子任务，并将各个子任务分配到对应的子网络中，每个子网络分别对应模型中特定的一个输入区域。

为了实现任务的分解，减法聚类算法被用来确定样本聚类和子网络个数：将学习样本表示为 (X,T)，第 i 个输入向量记为 $X_i = [x_1, x_2, \cdots, x_m]$，$T$ 为期望输出，Y 为网络实际输出，整体学习样本空间分解过程如下。

构造表征数据 X_i 密度指标的山峰密度函数，表示如下：

$$D_i = \sum_{j=1}^{k} \exp\left(-\frac{\left\|X_i - c^k\right\|}{(r_a / 2)^2}\right) \tag{7-2}$$

其中，k 为聚类数；c^k 为第 k 个聚类中心；r_a 为聚类半径。下面通过样本密度函数的大小计算样本点作为聚类中心的可能性,选出具有最高密度函数值的样本 X_i 作为聚类中心,通过聚类半径 r_a 定义样本 X_i 的邻域,并将样本 X_i 附近的数据作为聚类中心的可能性排除,计算所有剩余样本的密度值,表示如下:

$$D_i^c = D_i - D_1 \cdot \exp\left(-\frac{\|X_i - c_1\|^2}{(r_b / 2)^2}\right) \tag{7-3}$$

其中,r_b 为一个密度指标显著减小的邻域。重复进行密度值计算,可以将学习样本 (X,T) 划分为 k 个子学习样本,其中 (X_s, T_s) 表示第 s 个学习样本,$s=1,2,\cdots,k$。

2. 子网络层

子网络层负责承接分配下来的子任务,为每个子网络分配样本集,并建立非线性映射,本节采用 RBF 神经网络构建子网络层。

3. 输出决策层

在该模块化网络结构中,对于学习样本 (X_i, T_i) 的学习,可能有多个子网络协同参与学习,假设有 p 个子网络参与样本 (X_i, T_i) 的学习过程,则将各个子网络所对应的子样本空间的聚类中心定义为 $c = \{c_1, \cdots, c_p\}$,聚类中心在任务分解过程结束后得到确认,则输出决策层对子网络的集成权值表示如下:

$$z_i = \frac{1 / d_i}{\sum_{i=1}^{p} 1 / d_i} \tag{7-4}$$

其中,训练样本到各个参与学习过程的各个子网络的子样本聚类中心的距离定义为 d_i。输出决策层对训练样本 (X_i, T_i) 的集成输出表示如下:

$$Y = \sum_{i=1}^{p} z_i y_i \tag{7-5}$$

其中,y_i 为参与学习训练样本 (X_i, T_i) 的第 i 个子网络的输出。

7.4　机理和数据驱动的城市污水处理系统模型动态调整

机理和数据驱动的城市污水处理系统模型参数和结构的动态调整对于模型性能至关重要,本节在机理和数据驱动的城市污水处理系统模型构建的基础上,介绍基于改进拟熵的权衰减算法的模型参数更新方法，描述基于自适应机制的模型结构调整策略。

7.4.1　机理和数据驱动的城市污水处理系统模型参数更新

为了实现机理和数据驱动的城市污水处理系统模型参数更新，本节以改进拟熵的权衰减算法对模型参数进行调整。

首先，设计基于信息熵的代价函数，表示如下：

$$J(t)=\alpha E(t)+\beta H(t) \tag{7-6}$$

其中，α 为学习率；β 为熵率；$H(t)$ 为输出拟熵，且

$$H(t)=\sum_{i=1}^{n} p_i(t)\mathrm{e}^{1-p_i(t)} \tag{7-7}$$

$E(t)$ 表示交叉熵，且

$$E(t)=-\sum_{p=1}^{N_p}\sum_{k=1}^{N_o}[T_k^p(t)\log_2 Y_k^p(t)+(1-T_k^p(t))\log_2(1-Y_k^p(t))] \tag{7-8}$$

其中，N_p 为学习样本数；N_o 为输出神经元个数；$T_k^p(t)$ 为第 k 个输出神经元对第 p 个样本的期望输出；$Y_k^p(t)$ 为第 k 个输出神经元对第 p 个样本的实际输出。采用最速梯度下降法对系统模型参数进行更新，隐含层与输出层的连接权值 w_{ji} 更新表示如下：

$$\frac{\partial J(t)}{\partial w_{ji}(t)}=\alpha\frac{\partial E(t)}{\partial w_{ji}(t)}+\beta\frac{\partial H(t)}{\partial w_{ji}(t)}=\alpha\frac{\partial E(t)}{\partial w_{ji}(t)}=\frac{(T_j-Y_j)}{Y_j(1-Y_j)}Y_i \tag{7-9}$$

输入层与隐含层的连接权值 v_{ik} 更新表示如下：

$$\frac{\partial J(t)}{\partial v_{ik}(t)}=\alpha\frac{\partial E(t)}{\partial v_{ik}(t)}+\beta\frac{\partial H(t)}{\partial v_{ik}(t)} \tag{7-10}$$

$$\frac{\partial E(t)}{\partial v_{ik}(t)}=\sum_{j=1}^{N_o}\frac{T_j(t)-Y_j(t)}{Y_j(t)(1-Y_j(t))}w_{ji}(t)h_i(t)(1-h_i(t))x_k(t) \tag{7-11}$$

$$\frac{\partial h(t)}{\partial v_{ik}(t)} = \frac{\partial h(t)}{\partial P_i(t)} \frac{\partial P_i(t)}{\partial h_i(t)} \frac{\partial h_i(t)}{\partial v_{ik}(t)}$$

$$= C(1 - P_i(t))\mathrm{e}^{1-P_i(t)} \frac{1 - h_i(t)\sum_{j=1}^{N_h} h_j(t)}{\left(\sum_{j=1}^{N_h} h_j(t)\right)^2} h_i(t)(1 - h_i(t))x_k(t) \tag{7-12}$$

其中，权值修正量表示如下：

$$\Delta w_{ji}(t) = -\frac{\partial J(t)}{\partial w_{ji}(t)} = -\alpha \frac{(T_j(t) - v_j(t))}{v_j(t)(1 - v_j(t))} h_i(t) \tag{7-13}$$

$$\Delta v_{ik}(t) = -\beta C(1 - P_i(t))\mathrm{e}^{1-P_i(t)} \frac{1 - h_i(t)\sum_{j=1}^{N_h} h_j(t)}{\left(\sum_{j=1}^{N_h} h_j(t)\right)^2} h_i(t)(1 - h_i(t))x_k$$

$$- \alpha \sum_{j=1}^{N_o} \frac{T_j(t) - Y_j(t)}{Y_j(t)(1 - Y_j(t))} w_{ji}(t)h_i(t)(1 - h_i(t))x_k(t) \tag{7-14}$$

其中，$h_i(t)$ 为系统模型第 i 个隐含层神经元的输出；$P_i(t)$ 为系统模型第 i 个隐含层神经元输出拟概率。

在该算法中，模型参数的寻优过程以拟熵作为惩罚项。若是长时间都未能达到要求的学习精度，拟熵会降低系统模型的泛化性能。为了解决上述问题，采用熵周期策略调整惩罚项，每间隔一定的学习步长 N_t，设置 $\beta=0$，使得惩罚项不起作用。熵周期策略的全熵代价函数表示如下：

$$J(t) = \lambda e(t) - \beta \ln \sum_{j=1}^{m} (P(h_j(t)))^2 \tag{7-15}$$

其中，$0 < \lambda \leqslant 1$ 为学习率；$0 < \beta \leqslant 1$ 为惩罚因子；$P(h_j(t))$ 为第 j 个隐含层神经元相对于全部隐含层神经元输出的概率；$\ln \sum_{i=1}^{m} (P(h_j(t)))^2$ 为系统模型隐含层神经元输出的二次熵；$e(t)$ 为系统模型期望输出与实际输出的交叉熵，且

$$e(t) = -[o(t)\ln y(t) + (1 - o(t))\ln(1 - y(t))] \tag{7-16}$$

其中，$o(t)$ 为模型的子网络在 t 时刻的期望输出；$y(t)$ 为子网络在 t 时刻的实际输

出。与均方差误差函数相比，该交叉熵误差函数有较少的局部极小点。式(7-15)
重新表示如下：

$$J(t) = \lambda e(t) - \beta \ln \sum_{j=1}^{m} (P(h_j(t))P(h_j(t)))$$
$$= \lambda e(t) - \beta \ln E(P(h_j(t)))$$

(7-17)

其中，$E(P(h_j(t)))$ 为期望操作；$P(h_j(t))$ 为在 t 时刻下第 j 个系统模型隐节点的分布。为便于计算，$E(P(h_j(t)))$ 可以由 k 时刻第 j 个隐含层神经元输出的概率分布值来代替，式(7-17)可重新表示如下：

$$J(t) = \lambda e(t) - \beta \ln P(h_j(t))$$

(7-18)

在 t 时刻下，用 Parzen 窗表示系统模型第 j 个隐含层神经元输出的概率分布：

$$\hat{P}(h_j(t)) = \frac{1}{m-1} \sum_{q=1, q \neq j}^{m} \kappa(h_j(t) - h_q(t))$$

(7-19)

其中，$\kappa(\cdot)$ 为高斯核函数。子网络参数的调整将使用负梯度下降算法完成，输入层与输出层之间的连接权值 $w_j(t)$ 更新表示如下：

$$\frac{\partial J(t)}{\partial w_j(t)} = \lambda \frac{\partial e(t)}{\partial w_j(t)} - \beta \frac{\partial \ln P(h_j(t))}{\partial w_j(t)} = \lambda \frac{\partial e(t)}{\partial w_j(t)} = \lambda(y(t) - o(t))h_j(t)$$

(7-20)

输入层与隐含层之间的连接权值 $v_{ji}(t)$ 更新表示如下：

$$\frac{\partial J(t)}{\partial v_{ji}(t)} = \lambda \frac{\partial e(t)}{\partial v_{ji}(t)} - \beta \frac{\partial \ln P(h_j(t))}{\partial v_{ji}(t)}$$

(7-21)

其中

$$\frac{\partial \ln P(h_j(t))}{\partial v_{ji}(t)} = \frac{\partial \ln P(h_j(t))}{\partial P(h_j(t))} \frac{\partial P(h_j(t))}{\partial h_j(t)} \frac{\partial h_j(t)}{\partial v_{ji}(t)}$$

(7-22)

$$\frac{\partial \ln P(h_j(t))}{\partial P(h_j(t))} = \frac{1}{P(h_j(t))}$$

(7-23)

$$\frac{\partial P(h_j(t))}{\partial h_j(t)} = \frac{-1}{m-1} \sum_{q=1, q \neq j}^{m} (h_j(t) - h_q(t))\kappa(h_j(t) - h_q(t))$$

(7-24)

$$\frac{\partial h_j(t)}{\partial v_{ji}(t)} = h_j(t)(1 - h_j(t))x_i(t) \tag{7-25}$$

子网络的每次学习过程中，连接权值修改量表示如下：

$$\Delta w_j(t) = -\lambda(y(t) - o(t))h_j(t) \tag{7-26}$$

采用以上参数调整机制，基于模块化神经网络的城市污水处理系统模型能够实现参数的自适应优化，提高系统模型的精度。

7.4.2　机理和数据驱动的城市污水处理系统模型结构调整

机理和数据驱动的城市污水处理系统模型的子网络隐含层在初始阶段中只具有一个神经元，在每次学习过程中，依据与子网络中每个隐含层神经元相连的连接权值变化情况判断隐节点是否需要分裂，连接权值变化情况可表示如下：

$$\Delta f_j(t) \frac{\sum\limits_{i=1}^{n} \left|\Delta v_{ji}(t)\right| + \left|\Delta w_j(t)\right|}{\sum\limits_{i=1}^{n}\sum\limits_{j=1}^{m} \left|\Delta v_{ji}(t)\right| + \sum\limits_{j=1}^{m} \left|\Delta w_j(t)\right|} \geqslant \theta \tag{7-27}$$

其中，$\sum\limits_{i=1}^{n} \left|\Delta v_{ji}(t)\right| + \left|\Delta w_j(t)\right|$ 为 t 时刻下与第 j 个隐含层神经元相连接权值的变化的绝对值；θ 为预先设定的阈值；$\sum\limits_{i=1}^{n}\sum\limits_{j=1}^{m} \left|\Delta v_{ji}(t)\right| + \sum\limits_{j=1}^{m} \left|\Delta w_j(t)\right|$ 为在 t 时刻下整个子网络权值变化的绝对值。若式 (7-27) 成立，则表示该系统模型的子网络与隐含层之间相连接的所有权值变化较为剧烈，学习过程不稳定。为了提高模型的稳定性，对第 j 个隐含层神经元实施分裂操作来增大子网络的结构，具体过程如下。

假设第 j 个隐含层神经元分裂成 j_1 和 j_2 两个隐含层神经元，则新分裂的隐含层神经元的权值可分别表示如下：

$$\begin{aligned} v_{j_1 i}(t) = v_{ji}(t), \quad & w_{j_1 i}(t) = \mu w_j(t) \\ v_{j_2 i}(t) = v_{ji}(t), \quad & w_{j_2 i}(t) = (1 - \mu)w_j(t) \end{aligned} \tag{7-28}$$

其中，$v_{j_1 i}(t)$ 和 $v_{j_2 i}(t)$ 分别为 t 时刻新分裂的隐含层神经元 j_1 和 j_2 与子网络输入节点的连接权值；$w_{j_1 i}(t)$ 和 $w_{j_2 i}(t)$ 分别为 t 时刻新分裂的隐含层神经元 j_1 和 j_2 与子网络输出节点的连接权值；μ 为变异因子，该变异因子的设置可解决子网络在学习时陷入局部极小点的问题，有助于子网络跳出最小极小点。

式 (7-27) 中阈值 θ 设置较小时，子网络在学习过程中容易产生冗余的隐含层神经元，影响子网络的学习速度和泛化性能。子网络产生的冗余隐含层神经元的删除过程如下。

子网络学习的代价函数中的 $\beta \ln \sum\limits_{j=1}^{m} P(h_j(t))^2$ 是一个惩罚项。在子网络的学习过程中，该惩罚项的设置至关重要，可以鼓励子网络隐含层中比较活跃的隐节点，惩罚不活跃的隐节点。在惩罚项的作用下，子网络隐含层中不活跃的神经元的活性会越来越小。对于子网络学习能力，不活跃的神经元并未对其起到很大的作用，删除这些不活跃的神经元并不会影响当前子网络的学习能力。此外，为了保证子网络的学习速度，采取固定步长法对不活跃的隐含层神经元进行删除。固定步长的长度记为 N_d，每当子网络参与学习任务达到 N_d 次，执行判断并删除不活跃的隐含层神经元的操作。子网络隐含层中第 j 个隐节点在学习 N_d 个输入样本期间隐含层神经元输出的平均变化量可表示如下：

$$\Delta v_j(t) = \frac{1}{N_d} \sum_{t=t+1}^{t+N_d} \left| h_j(t) - h_j(t-1) \right| < \xi \tag{7-29}$$

其中，$0.01 \leqslant \xi \leqslant 0.05$ 为设定阈值；$h_j(t)$ 和 $h_j(t-1)$ 分别为第 j 个隐含层神经元在 t 时刻的输出；固定步长 N_d 的值为 $5 \sim 10$ 的整数，在学习过程中，若 N_d 达到其设定值，则 $N_d = 0$，重新开始计数。

若 $\Delta v_j(t)$ 小于给定的阈值 ξ，则表明该系统模型的子网络中隐含层中的第 j 个隐含层神经元在学习前 N_d 个输入样本时输出变化很小，说明此隐含层神经元已失去学习能力，应在子网络执行结构调整时删除该神经元。在删除第 j 个隐含层神经元的同时，要对其相邻隐含层神经元与输出节点之间的连接权值进行调整：

$$w'_{j'}(t) = w_{j'}(t) + \frac{h_j(t)}{h_{j'}(t)} w_j(t) \tag{7-30}$$

其中，$w_{j'}(t)$ 为删除第 j 个隐含层神经元之前的第 j' 个隐含层神经元与输出节点之间的连接权值；$w'_{j'}(t)$ 为删除第 j 个隐含层神经元之后的第 j' 个隐含层神经元与输出节点之间的连接权值；$h_{j'}(t)$ 为第 j' 个隐含层神经元在 t 时刻的输出。

采用以上参数和结构动态调整机制，基于模块化神经网络的城市污水处理系统模型能够自适应跟踪污水处理过程动态变化的环境，提高模型的自适应能力。

7.5　机理和数据驱动的城市污水处理系统模型应用案例

机理和数据驱动的城市污水处理系统模型通过构建关键过程变量与出水水质指标之间的关系，实现出水水质指标的在线预测。本节以出水生化需氧量和出水总磷浓度为例，通过机理分析选取合适的相关变量，并结合仪表收集数据信息，筛选模型输入/输出变量，将筛选的过程变量作为模型输入，将出水水质作为模型输出，利用机理和数据构建系统模型，实现出水水质的在线精准预测。

7.5.1　机理和数据驱动的城市污水处理系统模型辅助变量选取

由于城市污水处理过程存在着非线性、强干扰、时变等特点，过程信息会受到噪声干扰且存在耦合冗余的情况，为提高模型性能，需要对过程变量进行分析，提取相关特征变量，主要包括以下步骤：首先对其进行预处理操作，采样频率为每天一组，共得到 365 组数据，其中每组中的数据为各变量同一时间段获取的值。使用式 (7-1) 分别计算所获取数据中的其他参数变量与待测变量，即出水生化需氧量和出水总磷浓度间的互信息值，并将所计算出的互信息值进行排序，以此选取出水生化需氧量和出水总磷浓度的辅助变量，辅助变量个数为 6，如表 7-2 所示。其中在测量出水生化需氧量时，获取进水生化需氧量测量值时间较长，因此用曝气池的污泥沉降比替代进水生化需氧量，其中曝气池污泥沉降比与出水生化需氧量间的相关性为 0.2492。

表 7-2　城市污水处理系统变量相关性分析

变量名 1	与出水生化需氧量相关性	变量名 2	与出水总磷浓度相关性
进水总磷浓度	0.5419	出水氨氮浓度	0.4461
出水氨氮浓度	0.4484	出水温度	0.4272
进水生化需氧量（曝气池污泥沉降比）	0.3806 (0.2492)	进水总磷浓度	0.3308
出水石油类浓度	0.3703	溶解氧浓度	0.2516
曝气池混合液固体悬浮物浓度	0.2737	出水油类浓度	0.1890
进水油类浓度	0.2644	进水油类浓度	0.1558

7.5.2　机理和数据驱动的城市污水处理系统模型性能验证

机理和数据驱动的城市污水处理系统模型的收敛性对模型性能有着重要影响，对模型结构进行动态调整时，若结构调整机制选择不正确，则可能会引起模型的振荡，容易对整个模型的收敛性造成影响，使其最终不能收敛。以下部分为子网络的收敛性证明，将对三个阶段分别进行分析。

假设在 t 时刻机理和数据驱动的城市污水处理系统模型中子网络的输入为 $x(t) \in \mathbf{R}^n$，输出为 $y(t)$，在 t 时刻子网络隐含层中共有 m 个隐含层神经元。

1. 子网络隐含层中神经元分裂阶段

子网络隐含层中神经元分裂阶段网络输出表示如下：

$$
\begin{aligned}
y'(t) &= \sum_{q=1,q \neq j}^{m} w_q(t) f\left(\sum_{i=1}^{n} v_{qi} x_i(t)\right) + w_{j_1}(t) f\left(\sum_{i=1}^{n} v_{j_1 i} x_i(t)\right) + w_{j_2}(t) f\left(\sum_{i=1}^{n} v_{j_2 i} x_i(t)\right) \\
&= \sum_{q=1,q \neq j}^{m} w_q(t) f\left(\sum_{i=1}^{n} v_{qi} x_i(t)\right) + \mu w_j(t) f\left(\sum_{i=1}^{n} v_{qi} x_i(t)\right) \\
&\quad + w_j(t) f\left(\sum_{i=1}^{n} v_{qi} x_i(t)\right) - \mu w_j(t) f\left(\sum_{i=1}^{n} v_{qi} x_i(t)\right) \\
&= \sum_{j=1}^{m} w_j(t) f\left(\sum_{i=1}^{n} v_{ji} x_i(t)\right) \\
&= y(t)
\end{aligned}
$$

$$(7\text{-}31)$$

若子网络的学习能力不足，则需要分裂第 j 个隐含层神经元，以提高子网络的学习能力。分裂第 j 个隐含层神经元后，新分裂的神经元 j_1 和 j_2 与子网络中输入节点和输出节点的连接权值以式(7-30)进行赋值。因此，分裂隐含层神经元后，子网络的输出 $y'(t)$ 为式(7-31)。由上面推导过程可以看出，在 t 时刻下，第 j 个隐含层神经元的分裂并未改变该子网络在当前时刻的输出。

2. 子网络中隐含层神经元删除阶段

第 j 个隐含层神经元学习能力较差时，其需要被删除，并按照式(7-30)对与第 j 个隐含层神经元相邻的第 j' 个隐含层神经元与输出节点之间的权值进行补偿，则删除第 j 个隐含层神经元后子网络的输出 $y'(t)$ 表示如下：

$$
\begin{aligned}
y'(t) &= \sum_{q=1,q \neq j, q \neq j'}^{m} w_q(t) f\left(\sum_{i=1}^{n} v_{qi} x_i(t)\right) + w'_{j'}(t) f\left(\sum_{i=1}^{n} v_{j-1,i} x_i(t)\right) \\
&= \sum_{q=1,q \neq j-1, q \neq j-1}^{m} w_q(t) f\left(\sum_{i=1}^{n} v_{qi} x_i(t)\right) + w_{j'}(t) f\left(\sum_{i=1}^{n} v_{ji} x_i(t)\right)
\end{aligned}
$$

$$
+ \frac{f\left(\displaystyle\sum_{i=1}^{n} v_{ji} x_i(t)\right)}{f\left(\displaystyle\sum_{i=1}^{n} v_{ji} x_i(t)\right)} w_j f\left(\sum_{i=1}^{n} v_{ji} x_i(t)\right)
$$

$$
= \sum_{q=1,q\neq j,q\neq j}^{m} w_q(t) f\left(\sum_{i=1}^{n} v_{qi} x_i(t)\right) + w_{j'}(k) f\left(\sum_{i=1}^{n} v_{ji} x_i(t)\right) + w_j f\left(\sum_{i=1}^{n} v_{ji} x_i(t)\right)
$$

$$
= y(t)
$$

$$\text{(7-32)}$$

由上述推导可知，在 k 时刻下，对子网络中第 j 个隐含层神经元执行删除操作并未改变该子网络在当前时刻的输出。由此可知，无论是对子网络隐含层中第 j 个隐含层神经元执行分裂操作还是删除操作，均未引起子网络输出的突变，没有破坏原来神经网络的收敛性。

3. 子网络结构不变阶段

当子网络结构不变时，子网络权连接参数的设置按照式(7-28)进行调整，由理论证明可知，在调整神经网络参数时，利用基于改进拟熵的权衰减算法、基于自适应机制的网络参数调整方法和网络结构调整方法，能够保证网络收敛，除此之外，还能够逼近任意非线性映射。

基于上述分析，自组织模块化神经网络的在线学习机制及各子网络结构在线调整算法步骤如下：

(1)采集 k 时刻的学习样本，对输入/输出数据对进行在线标准化处理。

(2)在线递推计算 $P(x(t))$ 和 $P(c_i(t))$。

(3)依据 $P(x(t))$ 和 $P(c_i(t))$ 更新 RBF 层 RBF 神经元数据中心值，其中包括以下几种情况：

①IF $\min\|x(t)-c_i(t)\|_2 > r_1$ 且 $P(x(t)) > \bar{\varepsilon}$ THEN $c_{i+1}(t) = x(t)$，$l = l+1$。
增加一个聚类中心，对应增加一个隐含层神经元个数为 1 的子网络。

②IF $\min\|x(t)-c_i(t)\|_2 \leqslant r_1$ 且 $P(x(t)) > P(c(t))$ THEN $c(t) = x(t)$。
若工况中心发生转移，则修正相应的RBF层RBF神经元数据中心 $c_i(t)$。

③IF $\min\|c_i(t)-c_j(t)\| \leqslant r_2$ THEN $c_i(t) = c_d(t)$，$l = l-1$。
合并 RBF 层 RBF 神经元数据中心很近的 RBF 神经元，同时删除隐含层神经元数少的子网络。

(4)检索被 $x(t)$ 激活的子网络，计算 $x(t)$ 到各被激活的子网络数据中心的 u_i 值，并计算 u_i 对模糊集 F 中各模糊子集的隶属度。

（5）对属于同一集合的子网络学习 $x(t)$（每个子网络独立学习 $x(t)$），将采取最大隶属度法进行选择，并对各子网络的输出进行集成。

（6）在 k 时刻下，调整所有参与集成的子网络的结构。

（7）对输出执行反标准化处理，$t=t+1$，返回（1）。

7.5.3　城市污水处理系统出水生化需氧量预测

以实际城市污水处理厂的出水生化需氧量为例，基于模块化神经网络的城市污水处理系统模型选取进水化学需氧量、出水固体悬浮物浓度、进水 pH、氨氮浓度和溶解氧浓度作为模型的输入变量。建模所需的实验数据来源于两个不同的实际城市污水处理厂。剔除水质案例库的异常案例后，两个城市污水处理厂各选取 500 组样本作为训练样本，70 组作为测试样本。

基于模块化神经网络的城市污水处理系统模型应用于第一个城市污水处理厂，获得的实验结果如图 7-1 和图 7-2 所示。图 7-1 为出水生化需氧量训练结果，包括模型神经元数和训练 RMSE 的变化。图 7-2 为出水生化需氧量的预测结果，包括预测输出和预测误差。图 7-2 显示的预测结果包含了模型输出和目标输出。模型预测输出可以近似真实输出，且误差较小。图 7-2 显示基于所提出的系统模型获得的预测值能较好地逼近实际采样值，具有较好的预测能力。

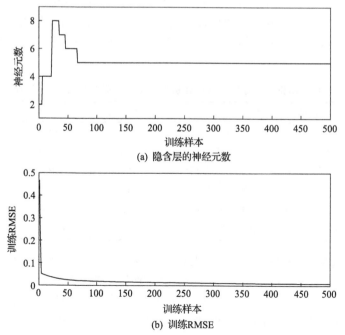

图 7-1　基于模块化神经网络模型的生化需氧量训练结果（水厂一）

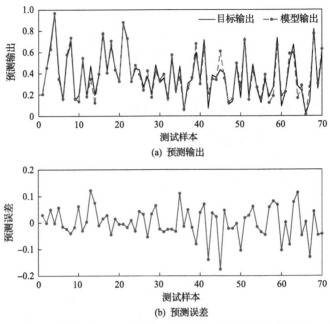

(a) 预测输出

(b) 预测误差

图 7-2　基于模块化神经网络模型的生化需氧量预测结果(水厂一)

为了进一步验证基于模块化神经网络的城市污水处理系统模型的性能,将该模型与其他系统模型进行了对比研究,实验结果如表 7-3 所示。可以看出,与其他模型相比,所提出的基于模块化神经网络的城市污水处理系统模型可以动态调整模型神经元数,具有较少的神经元数,同时能够获得较小的训练 RMSE 和预测 RMSE,具有较高的预测精度。

表 7-3　机理和数据驱动的城市污水处理系统模型生化需氧量实验结果对比(水厂一)

城市污水处理系统模型	神经元数	训练 RMSE	预测 RMSE
基于模块化神经网络的城市污水处理系统模型	10	0.0163	0.0216
基于 RBF 神经网络的城市污水处理系统模型	106	0.0441	0.0734
基于自组织 RBF 神经网络的城市污水处理系统模型	13	0.0312	0.0518
基于极限学习机的城市污水处理系统模型	400	0.0337	0.0583
基于支持向量回归的城市污水处理系统模型	41	0.0348	0.0482
基于卷积神经网络的城市污水处理系统模型	57	0.0176	0.0264

基于模块化神经网络的城市污水处理系统模型应用于第二个城市污水处理厂,出水生化需氧量的训练结果和预测结果分别如图 7-3 和图 7-4 所示。图 7-3(a)和(b)分别表示系统模型的子网络隐含层的神经元数和训练精度,图 7-4(a)和(b)分别表示预测输出和预测误差。根据预测误差可以看出,所提出的系统模型输出曲线可以较好地拟合期望输出,可以对出水生化需氧量进行较好的预测,所有测试样本的预测误差处于[−0.2, 0.2],因此,基于模块化神经网络的城市污水处理系

统模型可以满足城市污水处理厂的预测精度需求。

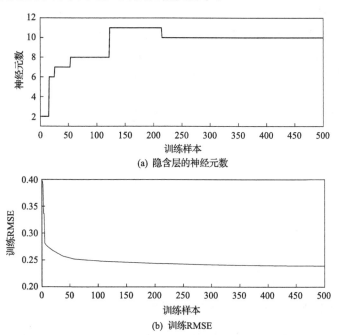

(a) 隐含层的神经元数

(b) 训练RMSE

图 7-3　基于模块化神经网络模型的生化需氧量训练结果（水厂二）

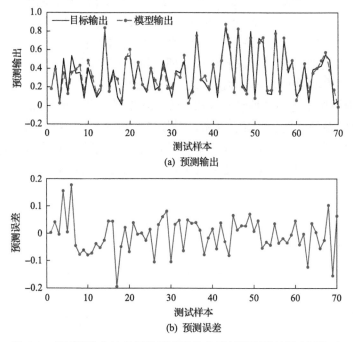

(a) 预测输出

(b) 预测误差

图 7-4　基于模块化神经网络模型的生化需氧量预测结果（水厂二）

为了验证基于模块化神经网络的城市污水处理系统模型性能，将该系统模型与另外五种系统模型进行对比研究，实验结果如表 7-4 所示。与其他系统模型相比，基于模块化神经网络的城市污水处理系统模型通过设计参数更新算法和结构调整算法，能够获取较少的神经元数，拥有较好的模型参数和紧凑的模型结构。同时，系统模型具有较强的泛化能力，具有较高的出水生化需氧量预测精度。

表 7-4　机理和数据驱动的城市污水处理系统模型生化需氧量实验结果对比（水厂二）

城市污水处理系统模型	神经元数	训练 RMSE	预测 RMSE
基于模块化神经网络的城市污水处理系统模型	10	0.248	0.327
基于 RBF 神经网络的城市污水处理系统模型	106	0.322	0.453
基于自组织 RBF 神经网络的城市污水处理系统模型	13	0.259	0.346
基于极限学习机的城市污水处理系统模型	400	0.267	0.351
基于支持向量回归的城市污水处理系统模型	41	0.262	0.349
基于卷积神经网络的城市污水处理系统模型	57	0.252	0.339

7.5.4　城市污水处理系统出水总磷浓度预测

基于模块化神经网络的城市污水处理系统模型用于预测污水处理出水总磷浓度，并采用进水总磷浓度、温度、溶解氧浓度、进水 pH 和总固体悬浮物浓度为模型输入。实验数据来源于两个城市污水处理厂，对数据进行预处理后，获得 700 组数据，其中 500 组作为训练样本，200 组作为测试样本。

基于模块化神经网络的城市污水处理系统模型应用于第一个城市污水处理厂，出水总磷浓度的训练结果和预测结果分别如图 7-5 和图 7-6 所示。图 7-5(a) 和(b)分别为模型隐含层的神经元数和训练 RMSE 值，图 7-6(a) 和(b)分别表示所提出的系统模型预测输出和预测误差。从图 7-5 和图 7-6 中可以看出，基于模块化神经网络的城市污水处理系统模型可以自适应地调整模型结构，获得较小的训练和预测误差，且能够较好地逼近出水总磷浓度的实际采样值，具有较好的预测效果。

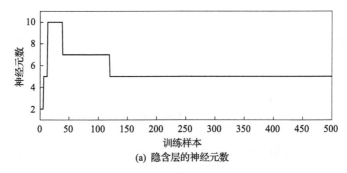

(a) 隐含层的神经元数

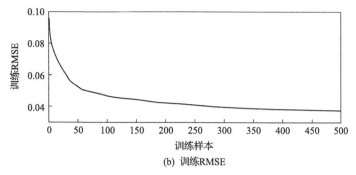

(b) 训练RMSE

图 7-5 基于模块化神经网络模型的出水总磷浓度训练结果(水厂一)

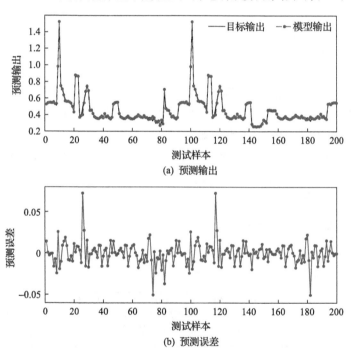

(a) 预测输出

(b) 预测误差

图 7-6 基于模块化神经网络模型的出水总磷浓度预测结果(水厂一)

　　为了进一步验证基于模块化神经网络的城市污水处理系统模型的优越性,将该系统模型与其他系统模型进行了对比研究,实验结果如表 7-5 所示。基于模块化神经网络的城市污水处理系统模型能够更好地拟合实际出水总磷浓度的变化趋势,具有较高的建模精度。与其他系统模型相比,基于模块化神经网络的城市污水处理系统模型具有精简的结构、理想的建模效率以及较高的模型精度,表明所提出的系统模型能实现对关键出水总磷浓度的实时预测。此外,基于模块化神经网络的城市污水处理系统模型中无随机参数或需要人为提前设定的参数,有利于该系统模型在实际城市污水处理厂中推广应用。综上分析,基于模块化神经网络的城市污水处理系统模型能够实现对出水总磷浓度的实时及高精度预测。

表 7-5 机理和数据驱动的城市污水处理系统模型出水总磷浓度实验结果对比(水厂一)

城市污水处理系统模型	神经元数	训练 RMSE	预测 RMSE
基于模块化神经网络的城市污水处理系统模型	5	0.0394	0.0524
基于 RBF 神经网络的城市污水处理系统模型	106	0.0697	0.0969
基于自组织 RBF 神经网络的城市污水处理系统模型	20	0.0711	0.1038
基于极限学习机的城市污水处理系统模型	400	0.0783	0.1105
基于支持向量回归的城市污水处理系统模型	55	0.0950	0.1430
基于卷积神经网络的城市污水处理系统模型	42	0.0822	0.0964

基于模块化神经网络的城市污水处理系统模型应用于第二个城市污水厂进行实验,训练结果和预测结果分别如图 7-7 和图 7-8 所示。图 7-7(a)和(b)分别表示基于模块化神经网络的城市污水处理系统模型的隐含层神经元数和训练误差,图 7-8(a)和(b)分别表示出水总磷浓度预测输出和预测误差。从图中可以看出,所提出的系统模型可以较好地跟踪出水总磷浓度值,预测误差小于 0.06。

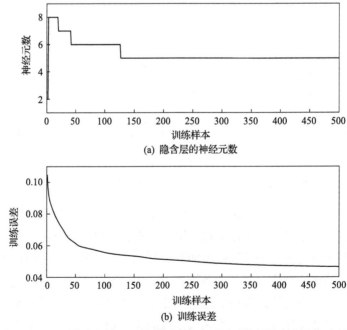

(a) 隐含层的神经元数

(b) 训练误差

图 7-7 基于模块化神经网络模型的出水总磷浓度训练结果(水厂二)

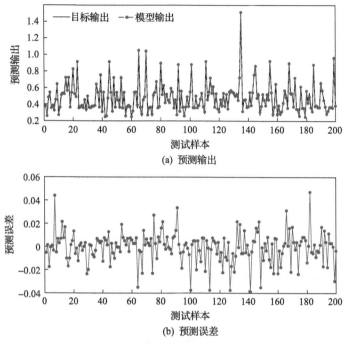

(a) 预测输出

(b) 预测误差

图 7-8　基于模块化神经网络模型的出水总磷浓度预测结果(水厂二)

　　基于模块化神经网络的城市污水处理系统模型与另外五种数据驱动的城市污水处理系统模型进行了对比研究，实验结果如表 7-6 所示。基于模块化神经网络的城市污水处理系统模型预测出水总磷浓度时，根据待解决任务构建了 1 个子网络、5 个隐含层神经元，表明基于模块化神经网络的城市污水处理系统模型可以自适应调节子网络个数。实验结果表明，所提出的系统模型能够较好地逼近实际出水总磷浓度值，误差保持在较小的数值范围内。在预测出水总磷浓度输出时拟合效果较其他系统模型有了明显提高，体现了基于模块化神经网络的城市污水处理系统模型具有较好的预测效果。

表 7-6　机理和数据驱动的城市污水处理系统模型出水总磷浓度实验结果对比(水厂二)

城市污水处理系统模型	神经元数	训练 RMSE	预测 RMSE
基于模块化神经网络的城市污水处理系统模型	5	0.0489	0.0546
基于 RBF 神经网络的城市污水处理系统模型	106	0.0762	0.0952
基于自组织 RBF 神经网络的城市污水处理系统模型	20	0.0834	0.1083
基于极限学习机的城市污水处理系统模型	400	0.0856	0.1137
基于支持向量回归的城市污水处理系统模型	55	0.0927	0.1389
基于卷积神经网络的城市污水处理系统模型	42	0.0891	0.0941

7.6 机理和数据驱动的城市污水处理系统模型应用平台

机理和数据驱动的城市污水处理系统模型应用于实际的城市污水处理厂时，需要设计和搭建相应的系统平台。因此，本节通过介绍机理和数据驱动的城市污水处理系统模型应用平台搭建，完成在实际的城市污水处理厂推广应用，并根据现场运行状态实现对系统模型平台应用效果进行分析与验证。

7.6.1 机理和数据驱动的城市污水处理系统模型平台搭建

机理和数据驱动的城市污水处理系统模型平台搭建是通过结合目前以活性污泥法为主的工艺流程和城市污水处理厂现场需求分析，借助采集的关键水质变量数据和现场运行机理信息，设计并实现系统的各个功能。

机理和数据驱动的城市污水处理系统模型平台的整体框架可概述为：采集城市污水处理过程的相关变量信息，信息读取后上传至城市污水处理组态检测系统界面，建立城市污水处理过程格栅、初沉池、生化反应池、二沉池等组态界面，实时检测各项水质参数，并同时通过在检测系统中的对象连接与嵌入技术添加列表项、读取列表项、添加组与编程软件建立数据分组连接，并将采集到的信息传至后台系统模型分析模块，对系统模型进行在线预测、在线调整等功能，通过智能算法预测关键水质参数信息，实现城市污水处理过程关键水质参数的在线预测。最后，预测的信息数据被反馈到运行过程之中，进行相应的设备维护和参数调整，为后期的系统设备运行、维护、检修提供保障。

7.6.2 机理和数据驱动的城市污水处理系统模型平台集成

为满足污水处理厂水质的实时监测，机理和数据驱动的城市污水处理系统平台利用网络技术与现场总线对整个系统进行软硬件的集成整合，系统软硬件之间的连接操作问题得到解决。系统软件包括信息采集模块、模型建立模块等，各个模块具备的功能如下。

1. 信息采集模块

信息采集模块通过与预先在污水处理厂设置的传感器或检测设备完成通信连接，由现场设备根据污水处理厂的实际运行工况在污水处理厂进行实时检测数据的采集，保存并上传至上位机，同时结合机理信息，将此信息转换为可表达的数据形式，存储在上位机中。信息采集模块界面如图 7-9 所示。

图 7-9　机理和数据驱动的城市污水处理系统模型平台信息采集模块

2. 模型建立模块

模型建立模块利用污水处理过程数据建立系统模型，对神经网络各层神经元个数、迭代步数、训练精度等进行相应定义，初始化网络参数，使用不同的数据样本对神经网络进行训练，调整模型的结构和参数，并通过实验结果分析系统模型性能，如图 7-10 所示。

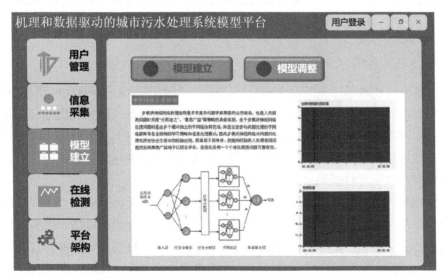

图 7-10　机理和数据驱动的城市污水处理系统模型平台模型建立模块

3. 在线检测模块

在线检测模块通过实际的城市污水处理过程数据对机理和数据驱动的城市污水处理系统模型性能进行分析验证。管理员根据实验结果可以在系统模型不足以满足用户对时间、精度等方面的需求时更新系统模型参数，从而增强模型的实用性。依照 7.4 节的结构参数调整算法调整模块化神经网络，建立自组织模块化神经网络预测模型，并重新加载至平台中，如图 7-11 所示。

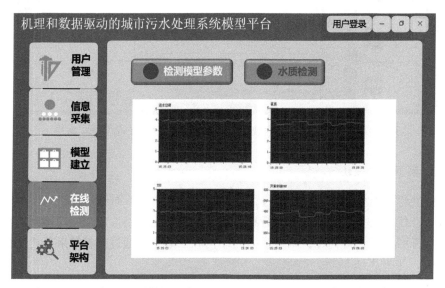

图 7-11　机理和数据驱动的城市污水处理系统模型平台在线检测模块

4. 人机交互模块

人机交互模块通过人工设定和计算机执行，对生产设备进行自动检测与控制。人工交互模块的交互范围涉及主界面、初沉池、格栅、曝气池、二沉池，交互内容包括实时曲线展示、报表显示、报警、预测分析等，同时在此基础上增设趋势曲线、变量检测报警等功能。专家可以在人机交互界面通过计算机进行城市污水信息处理，实现实时监管和人工决策。

机理和数据驱动的城市污水处理系统模型平台可以实时获取污水处理过程机理和数据，并利用机理和数据建立系统模型，实现出水水质的检测。模型平台具有以下特点：首先，模型平台可以从污水处理系统中提取机理和数据，具有集成性；其次，模型平台可以利用内嵌算法在线检测和预测出水水质，具有智能性；最后，模型平台可以实现人机交互，具有协同性。

7.6.3　机理和数据驱动的城市污水处理系统模型平台应用效果

为了验证和展示设计的机理和数据驱动的城市污水处理系统模型平台，将以实验室中试平台建立示范和实际污水处理厂建设示范两方面为例。平台通过计算机与城市污水处理厂的在线检测控制仪表进行连接，利用过程数据，系统模型可以预测出水水质，并将变量参数实时在交互界面显示，以便操作人员调整记录。将模型平台应用于北京某城市污水处理厂后，结果显示模型平台能够实现以上功能。

7.7　本 章 小 结

本章针对机理和数据驱动的城市污水处理系统模型构建，介绍了城市污水处理系统机理和数据分析与融合方法，阐述了机理和数据驱动的城市污水处理系统模型构建方法，详述了机理和数据驱动的城市污水处理系统模型优化设计方法，列举了机理和数据驱动的城市污水处理系统模型的应用案例，展示了机理和数据驱动的城市污水处理系统模型应用平台，具体有如下结论：

(1)城市污水处理系统机理和数据分析与融合方法。深入分析了过程机理和运行数据信息之间的关联性，介绍了过程机理和数据融合的核心技术。

(2)机理和数据驱动的城市污水处理系统模型构建。着重介绍了以模块化神经网络为载体的机理和数据驱动城市污水处理系统模型的构建过程，确定了系统模型的输入和输出变量，描述了机理和数据驱动的城市污水处理系统模型的结构。

(3)机理和数据驱动的城市污水处理系统模型动态调整。着重介绍了基于改进拟熵的权衰减算法的机理和数据驱动的城市污水处理系统模型参数优化方法，描述了基于权值变化程度的系统模型结构动态调整过程。

(4)机理和数据驱动的城市污水处理系统模型应用案例。深入分析了系统模型性能，并根据实际应用评估了模型性能，实现出水水质的在线精准检测。

(5)机理和数据驱动的城市污水处理系统模型应用平台。详细介绍了机理和数据驱动的城市污水处理系统模型应用平台搭建过程，并概述了模块集成过程，完成了平台展示。

第8章 数据和知识驱动的城市污水处理系统混合建模

8.1 引　言

　　数据和知识驱动的城市污水处理系统混合建模方法利用城市污水处理系统的数据和运行规律知识信息，描述城市污水处理系统中关键变量与运行状态关系，建立城市污水处理系统模型。该模型首先从城市污水处理系统中获取过程数据，并结合专家经验知识以及运行规律知识，将数据和知识进行分析、处理和融合；其次根据融合信息的特点寻找合适的模型载体，建立数据和知识驱动的城市污水处理系统模型；最后利用融合信息动态调整城市污水处理系统模型的结构和参数，提高模型的性能。

　　相较于机理和数据驱动混合建模方法，数据和知识驱动的城市污水处理系统混合建模方法利用了更容易获取的过程数据和运行规律知识，通过学习大量的过程数据信息和运行规律知识信息，建立有效的城市污水处理系统模型。因此，数据和知识驱动的城市污水处理系统混合建模方法具有运行信息获取充分、模型精度高以及泛化性能好等优点。在城市污水处理系统中，保证过程数据质量，将获取到的运行规律知识清晰表达，实现数据和知识的有效融合是数据和知识驱动的城市污水处理系统混合建模方法得以实际应用的关键。因此，如何有效获取城市污水处理系统数据和运行规律知识，利用数据和知识构建合适的系统模型，是数据和知识驱动的城市污水处理系统混合建模方法设计的重点与难点。

　　本章围绕数据和知识驱动的城市污水处理系统混合建模方法的设计与实现：首先，介绍城市污水处理系统数据和运行规律知识的分析与融合方法，根据过程数据和运行规律知识间的关联性，详细阐述过程数据和运行规律知识的融合方法，为城市污水处理系统模型构建奠定基础；其次，介绍数据和知识驱动的城市污水处理系统模型构建方法，包括模型描述、模型的输入/输出变量选取以及模型设计，继而详尽地介绍数据和知识驱动的城市污水处理系统模型的动态调整，包括参数的自适应更新以及结构的动态调整，并进行城市污水处理系统模型的收敛性证明；最后，给出数据和知识驱动的城市污水处理系统模型的应用案例，包括城市污水处理系统出水生化需氧量预测和城市污水处理系统出水总磷浓度预测，通过对数据和知识驱动的城市污水处理系统模型应用，并实现系统平台的开发，完成系统平台性能指标的分析与验证。

8.2　城市污水处理系统数据和知识信息分析与融合

城市污水处理系统中蕴含着丰富的过程数据和知识信息。过程数据和知识信息可以提取出相关水质指标的特征，建立相关水质指标和过程特征之间的关系。然而，数据信息和知识信息存在冗余、多源和异构等特征，无法实现数据和知识的有效集成和高效处理。因此，本节对过程数据和知识信息进行深入分析，实现信息间的有效融合。

8.2.1　城市污水处理系统数据和知识关联分析

城市污水处理系统包含着大量的过程数据和知识信息。过程数据和知识信息具有不同的形式，相互之间存在关联，均可用于表征城市污水处理系统的过程特性。城市污水处理系统数据和运行规律知识关联分析方法可以实现过程数据和运行规律知识的相互检验与补充，提高过程数据和运行规律知识的可用性。本节从两个方向介绍过程数据和运行规律知识的关联分析方法：过程数据中提取运行规律知识和运行规律知识中获取过程数据。

1. 过程数据中提取运行规律知识

城市污水处理系统数据包括进水水质、过程变量、运行环境、运行状态、人为操作等关键运行信息。上述数据信息来自于历史数据和现场数据，其中现场数据通过城市污水处理厂中相关传感器直接采集获得，利用现场总线和工业以太网技术将数据传输至计算机中，结合历史数据和实验室化验数据构建过程数据库。数据信息是衡量城市污水处理的水质是否达标、运行过程是否安全稳定的重要指标。然而，数据信息是不具有特定意义的数值且具有一定的时效性，单纯的数据没有任何意义和价值，仅是符号的表示。为了更好地体现出数据本身的价值，大量研究采用分类、回归分析、特征分析和偏差分析等合适的方法与手段，有针对性地对海量数据进行挖掘与分析，从数据中总结出规律并进行验证，逐步提取出具有内在价值的知识信息，使其在一定条件范围内具有普适的、相对稳定的、不以人的主观意识为转移的、有价值的结论和规律，进而实现从数据信息到知识信息的转化，产生巨大的经济价值和社会效益。因此，从城市污水处理系统的过程数据提取运行规律知识至关重要。

2. 运行规律知识中获取过程数据

城市污水处理系统中存在大量的机理知识、操作知识以及运行规律知识，这些知识信息是城市污水处理系统正常运行的可靠参考。知识信息是在一定条件范围内具有普适性的结论和规律，其表达方式包括逻辑表示、符号表示等，具有灵活性和启发性，可以解决领域内需要大量专门知识才能求解的问题。知识信息在固定形式、固定结构的固定描述下，可以通过编码排列的方式转化为城市污水处理系统中所需的各类型数据信息，实现知识到数据的转化，解决依靠知识信息无法精细化求解的问题。因此，城市污水处理系统的运行规律知识中也包含着有效的数据信息。从城市污水处理系统的运行规律知识获取过程数据同样重要。

综上所述，数据信息和知识信息作为城市污水处理系统中最为重要的两类信息，均是可被利用的有效信息，并可以相互转化。数据信息有助于传统知识实现创新，包括但不限于发现新变量，解释新理论、新现象；传统知识信息也可以支撑数据分析，通过理论解释数据现象。因此，数据信息和知识信息之间具有强烈的关联关系。

8.2.2 城市污水处理系统数据和知识深度融合

数据和知识融合是一种将具有相互联系的数据和运行规律知识融合为新信息、新整体的方法。数据和知识深度融合的研究方法也越来越普遍，不仅可以为数据和知识融合过程提供理论支撑，还可以有效指导数据和知识融合，几类主要深度融合方法如下。

1. 基于形式语言理论的深度融合方法

形式语言理论是使用数学方法研究自然语言或机器语言的理论，其利用精确的数学原理将自然语言或者机器语言转化为可处理的公式。形式语言具有高度的抽象化，可以采用专用符号和数学公式等形式化的手段描述语言的结构关系，并对产生的知识进行统一化和标准化的表示，以支持知识和数据在融合过程中的推理。这种规范的形式语言为数据和知识融合的实施提供了可能。形式语言利用数学方法进行研究，其表达内容和界限是明确的，而自然语言的界限是不明确的。因此，如何利用形式语言，使用具体的数学形式描述模糊性的自然语言是一个挑战性的难题。

2. 基于本体论的深度融合方法

基于本体论的深度融合方法通过本体来实现信息的深度融合。本体论是关于模型化世界的一种理论或一种组件。本体是对共享概念体系显性的、形式化的表达，是一种语义数据模型和知识组织的方式，可以用以辨识和关联语义上存在对应关系的概念，并具有推理功能。本体的构建过程是一个定义概念的过程，说明概念与被定义事物之间的关系。建立过程需要对抽象的概念进行详细的描述后，再把其还原为具体的事物。基于本体论的深度融合方法通过建立一套共享的术语和形式表示信息结构，将多元化的异构信息表示为同构的形式，实现异构信息的统一说明，保证信息的转化与融合并建立规范的新信息。该方法主要强调不同信息的内涵融合处理，而不是简单的结构化组合。然而，异构信息并不一定都具有共通的术语或者表达形式，这增加了使用基于本体论深度融合方法的复杂性。

3. 基于模糊集理论的深度融合方法

基于模糊集理论的深度融合方法通过模糊集理论来实现信息的深度融合。模糊集理论是指利用模糊集合的基本概念或连续隶属度函数的理论，该理论利用隶属程度对中间过渡的变量进行差异化描述，实现对模糊性进行描述的目的。同时，由于模糊集理论具有模糊性描述的优势，可以处理相互矛盾的模糊性数据和知识，实现不同场景的融合需求。虽然模糊集理论对解决不确定性的问题具有良好的适应性，但还需要结合其他融合方法来保证融合的精度和效率。

4. 基于迁徙学习的深度融合方法

基于迁徙学习的深度融合方法通过迁徙学习理论来实现信息的深度融合。基于迁徙学习的深度融合方法是基于两个相似的场景(参考场景和当前场景)，将参考场景下的实例、特征、参数或者关系等数据或者知识以特定的形式作为桥梁迁徙到当前场景，利用参考场景的知识和当前场景的数据实现深度融合，构建基于知识和数据的融合模型。该方法有助于将具有一定关联关系场景下的知识和数据进行融合，提高过程信息的有效性。

为了进一步提高城市污水处理系统信息的有效性，将城市污水处理系统历史数据经过处理得到运行规律知识信息，借鉴基于迁徙学习的深度融合方法，实现过程数据和运行规律知识信息的整合，可以更完整、更准确、更好地满足不同层次的需求，为构建城市污水处理系统模型奠定基础。

8.3　数据和知识驱动的城市污水处理系统模型构建

数据和知识驱动的城市污水处理系统模型利用过程数据和运行规律知识来表征城市污水处理系统的特性，建立城市污水处理系统模型。本节以模糊神经网络为模型载体，利用运行规律知识初始化模糊神经网络参数与结构，结合过程数据完成城市污水处理系统模型的搭建。

8.3.1　数据和知识驱动的城市污水处理系统模型描述

数据和知识驱动的城市污水处理系统模型可以利用过程数据和运行规律知识

对城市污水处理系统进行抽象表达。本节利用模糊神经网络作为数据和知识驱动的城市污水处理系统模型的载体，利用污水处理过程的知识和数据表达污水处理系统。模糊理论和神经网络技术是近几年来人工智能研究较为活跃的两个领域。人工神经网络是模拟人脑结构的思维功能，具有较强的自学习和联想功能，人工干预少，精度较高，对专家知识的利用也较好。但缺点是它不能处理和描述模糊信息，不能很好地利用已有的经验知识，特别是学习及问题的求解具有黑箱的特性，其工作不具有可解释性，同时它对样本的要求较高。模糊系统相对于神经网络具有推理过程容易理解、专家知识利用较好、对样本的要求较低等优点，但它同时又存在人工干预多、推理速度慢、精度较低等缺点，很难实现自适应学习的功能，而且如何自动生成和调整隶属度函数和模糊规则，是一个棘手的问题。如果将二者有机地结合起来，可起到互补的效果。模糊神经网络具备了神经网络的学习能力和模糊系统的解释能力，既可以处理不确定数据和知识信息，又能保证网络的自学习能力。因此，本节利用模糊神经网络构建数据和知识驱动的城市污水处理系统模型，将数据和知识信息作为模糊神经网络的输入/输出，获取出水水质指标和过程变量之间的关系，并研究模糊神经网络动态调整方法，提高网络性能，满足实际运行需求。

数据和知识驱动的城市污水处理系统模型具体描述如下：首先，利用过程数据和运行规律知识初步明确系统的组成变量及其关系，确定关键水质指标，并筛选出与其相关的过程变量，选取合适的模型输入和输出；其次，利用模糊神经网络对城市污水处理系统进行描述，建立水质指标和过程特征之间的关系；最后，利用过程数据和知识在训练过程中动态调整模糊神经网络的参数及结构，保证系统模型的表达性能。

8.3.2　数据和知识驱动的城市污水处理系统输入/输出变量选取

数据和知识驱动的城市污水处理系统模型输入/输出变量选取是保证模型性能、实现关键水质指标准确检测的基础。本节深入分析过程变量与关键水质指标的关系，利用主成分变量选取方法提取出能够描述关键水质指标的特征变量，以出水水质指标为例：首先，通过分析影响出水水质的相关变量，考虑不同变量之间相互影响、相互制约的关系；其次，对筛选出的相关变量进行信息预处理，删除冗余信息和错误信息；最后，利用主成分分析等方法选取出水水质特征变量，完成数据和知识驱动的城市污水处理系统输入/输出变量的选取。

1. 城市污水处理系统变量选取

通过分析城市污水处理运行过程，结合相关运行规律知识信息，获得该过程的所有相关变量，包括进水流量、进水 pH、出水 pH、进水固体悬浮物浓度、出水固体悬浮物浓度、进水生化需氧量、出水生化需氧量等，详细变量见第 5 章。

2. 城市污水处理系统信息预处理

城市污水处理系统信息预处理通过现场检测仪器或实验室化验获得相关变量数据，利用现场总线和工业以太网技术将数据传输至计算机中进行处理，并构建过程信息库。然而，由于测量精度、操作环境等原因，易出现数据丢失和检测误差等问题。为了提高数据的质量，数据需要进行预处理操作。信息预处理是信息分析和挖掘前非常重要的工作，是对信息进行审查和校验的过程，目的是提高信息的质量，保证模型建立过程的信息可信度。信息清洗是信息预处理的主要技术手段，包括填充缺失信息、清除重复信息和删除错误信息等，具体方式如下。

1) 填充缺失信息

在缺失信息清洗中，运行信息存在偶尔丢失的情况，需要对当前时刻的缺失值进行线性插值，取清洗后信息的前两个时刻值进行线性插值，替换当前时刻值。若出现某段时间内信息丢失的情况，则表示变量检测仪表出现故障或者信息传输过程中某一环节可能出现故障。该类信息会严重影响后续结果，所以不做数据填充处理，需要报错。

2) 清除重复信息

在连续重复信息清洗中，由于污水信息变量众多，采样周期也存在差异，大部分变量的采样周期为 15min，但也存在采样周期为 1h 的变量，如出水总磷浓度。为了匹配高频率的检测变量，出水总磷浓度一般会用相同值填补中间空缺的采样值。但实际运行中，出水总磷浓度空缺采样值的时刻也是变化的，用相同值代替会对后续预测带来偏差。建议对这种重复信息进行清洗。对当前时刻的重复信息进行线性插值，取清洗后信息的前 2 个时刻值做一个线性插值，预测当前时刻值并替换。同时，污水处理过程信息中还存在超过采样周期很长的一段时间内，信息没有变化的情况。这种重复信息不做清除处理，选择信息报错。

3) 删除错误信息

当运行信息的变化超过正常范围时，不仅不符合变量实际的物理意义，同时将会对建模结果产生一个较大偏差。此时采用正常范围边界值代替超过正常范围信息：如果当前时刻信息超出正常范围的上边界则用上边界值代替，如果当前时刻信息超出正常范围的下边界则用下边界值代替。

3. 城市污水处理系统辅助变量选取

在多元统计分析方法中，经典的线性相关性分析方法无法对非线性问题做出较好的处理，难以有效提取出参数变量间的相关性。为了解决该问题，通过采用主成分分析法对这些信息进行统计分析，确定出水水质的特征变量，该方法主要实现步骤如下：

(1) 获得样本矩阵 $M_{m \times b}$，其中 m 为样本数，b 为过程变量数。

(2) 对样本进行归一化处理，获得 M。

(3) 求解 M 的协方差矩阵，公式表示为

$$C_M = \text{cov}(M) = \begin{bmatrix} C_{11} & C_{12} & \cdots & C_{1b} \\ C_{21} & C_{22} & \cdots & C_{2b} \\ \vdots & \vdots & & \vdots \\ C_{b1} & C_{b2} & \cdots & C_{bb} \end{bmatrix} \tag{8-1}$$

其中，$\text{cov}(\cdot)$ 为协方差矩阵映射函数；C_{ij} 为矩阵 C_M 中第 i 行第 j 列的元素。

(4) 计算协方差矩阵 C_M 的特征值，将特征值排列为 $\lambda_1 \geqslant \lambda_2 \geqslant \cdots \geqslant \lambda_b$。

(5) 设阈值为 η_0，$0.85 < \eta_0 < 1$，$a=1$，求解 a 个主成分的贡献率，表示为

$$\eta(a) = \sum_{i=1}^{a} \lambda_i \bigg/ \sum_{i=1}^{b} \lambda_i \tag{8-2}$$

(6) 若 $\eta(a) > \eta_0$，则停止计算，选择特征值较大的前 a 个变量为特征变量，否则 a 增加 1，转向步骤 (5)。

8.3.3 数据和知识驱动的城市污水处理系统模型设计

本节将模糊神经网络结构作为数据和知识驱动的城市污水处理系统模型，其为四层前向拓扑连接，包括输入层、隶属度函数层 (RBF 层)、规则层和输出层，针对系统模型每一层具体解释如下。

1. 输入层

设该层有 D 个神经元，该层输出表示如下：

$$x_d(t) = u_d(t), \quad d = 1, 2, \cdots, D \tag{8-3}$$

其中，$u_d(t)$ 为第 d 个输入值；$x(t) = [x_1(t), x_2(t), \cdots, x_D(t)]$ 为该层的输出向量。

2. RBF 层

设该层有 K 个神经元，该层输出表示如下：

$$\theta_k(t) = \prod_{d=1}^{D} \exp\left(-\frac{(x_d(t) - c_{dk}(t))^2}{2\sigma_{dk}^2(t)}\right) = \exp\left(-\sum_{d=1}^{D} \frac{(x_d(t) - c_{dk}(t))^2}{2\sigma_{dk}^2(t)}\right), \quad k = 1, 2, \cdots, K \tag{8-4}$$

其中，$c_k(t)=[c_{1k}(t),c_{2k}(t),\cdots,c_{Dk}(t)]$ 为第 k 个神经元的中心向量；$\sigma_k(t)=[\sigma_{1k}(t),\sigma_{2k}(t),\cdots,\sigma_{Dk}(t)]$ 为第 k 个神经元的宽度向量；$\theta_k(t)$ 为第 k 个神经元的输出；K 为模糊规则数。

3. 规则层

该层的神经元数与 RBF 层的神经元数相同，表示如下：

$$v_m(t)=\frac{\theta_m(t)}{\sum\limits_{k=1}^{P}\theta_k(t)}=\frac{\exp\left(-\sum\limits_{d=1}^{D}\frac{(x_d(t)-c_{dm}(t))^2}{2\sigma_{dm}^2(t)}\right)}{\sum\limits_{k=1}^{P}\exp\left(-\sum\limits_{d=1}^{D}\frac{(x_d(t)-c_{dm}(t))^2}{2\sigma_{dm}^2(t)}\right)},\quad m=1,2,\cdots,K \tag{8-5}$$

其中，$v_m(t)$ 为第 m 个神经元输出；$v(t)=[v_1(t),v_2(t),\cdots,v_K(t)]$ 为该层的输出向量。

4. 输出层

该层输出表示如下：

$$y(t)=w(t)v(t)=\frac{\sum\limits_{k=1}^{P}w_k(t)\exp\left(-\sum\limits_{d=1}^{D}\frac{(x_d(t)-c_{dk}(t))^2}{2\sigma_{dk}^2(t)}\right)}{\sum\limits_{k=1}^{P}\exp\left(-\sum\limits_{d=1}^{D}\frac{(x_d(t)-c_{dk}(t))^2}{2\sigma_{dk}^2(t)}\right)} \tag{8-6}$$

其中，$w(t)=[w_1(t),w_2(t),\cdots,w_K(t)]$ 为模型的权值向量；$y(t)$ 为模型的输出。

系统模型可以利用经典 IF-THEN 规则的形式表达，第 k 个规则表示如下：

IF　$x_1(t)\in L_{1k}(t)$　and　$\cdots$　and　$x_d(t)\in L_{dk}(t)$　and　$\cdots$　and　$x_D(t)\in L_{Dk}(t)$　THEN　$y_k(t)=v_k(t)$ (8-7)

其中，$L_{dk}(t)$ 为第 k 个规则的第 d 个模糊集；$y_k(t)$ 为规则的输出。

8.4　数据和知识驱动的城市污水处理系统模型动态调整

数据和知识驱动的城市污水处理系统模型动态调整是提高模型性能的关键，主要包括模型参数的更新和模型结构的调整。本节在数据和知识驱动的城市污水处理系统模型构建的基础上，利用城市污水处理系统的过程数据以及运行规律知识信息在线调整模型的参数和结构，完成城市污水处理系统模型动态调整，提高系统模型性能。首先，基于混合优化目标函数，利用自适应二阶算法更新系统模型的参数。其次，根据相对重要性准则调整系统模型的结构。最后，构建基于数据和知识的系统模型。

8.4.1 数据和知识驱动的城市污水处理系统模型参数更新

为了提高数据和知识驱动的城市污水处理系统模型的性能，实现模型参数的动态校正，目标函数表示如下：

$$E(t) = \frac{1}{2}\sum_{t=1}^{m}(y(t)-y_d(t))^2 + \frac{1}{2}\sum_{t=1}^{m}\gamma(t)\sum_{j=1}^{p}(w_j(t)-w'_j(t))^2 \qquad (8\text{-}8)$$

其中，$\gamma(t)$ 为平衡两个部分的影响因子；$w'(t)=[w'_1(t),w'_2(t),\cdots,w'_p(t)]$ 为参考场景中的连接权值向量；m 为训练样本数；p 为规则层神经元的个数。

在网络训练过程中，采用了自适应二阶算法实现神经网络宽度、中心和权值的同时优化。该算法引入自适应学习率提高网络的收敛速度，更新公式表示如下：

$$P(t+1) = P(t) + (H(t)+\lambda(t)I)^{-1}\Phi(t) \qquad (8\text{-}9)$$

其中，$\Phi(t)$ 为梯度向量；$H(t)$ 为拟黑塞矩阵；I 为单位矩阵。$\lambda(t)$ 表示如下：

$$\lambda(t) = \mu(t)\lambda(t-1) \qquad (8\text{-}10)$$

$$\mu(t) = \frac{\tau^{\min}(t)+\lambda(t-1)}{\tau^{\max}(t)+1} \qquad (8\text{-}11)$$

其中，$\tau^{\max}(t)$ 和 $\tau^{\min}(t)$ 分别为 $P(t)$ 的最大特征值和最小特征值；$0<\lambda(t)<1$。$P(t)$ 表示如下：

$$P(t) = [c_1(t),\cdots,c_j(t),\cdots,c_K(t),\sigma_1(t),\cdots,\sigma_j(t),\cdots,\sigma_K(t)] \qquad (8\text{-}12)$$

$H(t)$ 和 $\Phi(t)$ 分别表示如下：

$$H(t) = j^{\mathrm{T}}(t)j(t) \qquad (8\text{-}13)$$

$$\Phi(t) = j^{\mathrm{T}}(t)e(t) \qquad (8\text{-}14)$$

其中，$e(t)$ 为输出的误差，表示如下：

$$e(t) = y_d(t)-y(t) \qquad (8\text{-}15)$$

$j(t)$ 为雅可比向量，表示如下：

$$j(t) = \left[\frac{\partial e(t)}{\partial c_1(t)}, \cdots, \frac{\partial e(t)}{\partial c_j(t)}, \cdots, \frac{\partial e(t)}{\partial c_K(t)}, \frac{\partial e(t)}{\partial \sigma_1(t)}, \cdots, \frac{\partial e(t)}{\partial \sigma_j(t)}, \cdots, \frac{\partial e(t)}{\partial \sigma_K(t)} \right] \quad (8\text{-}16)$$

$$\frac{\partial e(t)}{\partial c_j(t)} = \left[\frac{\partial e(t)}{\partial c_{1j}(t)}, \frac{\partial e(t)}{\partial c_{2j}(t)}, \cdots, \frac{\partial e(t)}{\partial c_{kj}(t)} \right] \quad (8\text{-}17)$$

$$\frac{\partial e(t)}{\partial c_{ij}(t)} = -\frac{2w_j(t)v_i(t)(x_i(t) - c_{ij}(t))}{\sigma_{ij}(t)} \quad (8\text{-}18)$$

$$\frac{\partial e(t)}{\partial \sigma_j(t)} = \left[\frac{\partial e(t)}{\partial \sigma_{1j}(t)}, \frac{\partial e(t)}{\partial \sigma_{2j}(t)}, \cdots, \frac{\partial e(t)}{\partial \sigma_{kj}(t)} \right] \quad (8\text{-}19)$$

$$\frac{\partial e(t)}{\partial \sigma_{ij}(t)} = -\frac{w_j(t) \times v_i(t) \times \left\| x_i(t) - c_{ij}(t) \right\|^2}{\sigma_{ij}^2(t)} \quad (8\text{-}20)$$

权值的更新公式表示如下：

$$w(t+1) = w(t) + (H_w(t) + \lambda(t) \times I)^{-1} \boldsymbol{\Phi}_w(t) \quad (8\text{-}21)$$

$$H_w(t) = j_w^{\mathrm{T}}(t) j_w(t) \quad (8\text{-}22)$$

$$j_w(t) = \left[\frac{\partial e(t)}{\partial w_1(t)}, \frac{\partial e(t)}{\partial w_2(t)}, \cdots, \frac{\partial e(t)}{\partial w_j(t)} \right] \quad (8\text{-}23)$$

$$\boldsymbol{\Phi}_w(t) = j_w^{\mathrm{T}}(t)e(t) + \left[\sum_{t=1}^{m} \gamma(t)(w_1(t) - w_1'(t)), \cdots, \sum_{t=1}^{m} \gamma(t)(w_p(t) - w_p'(t)) \right]^{\mathrm{T}} \quad (8\text{-}24)$$

根据式(8-9)，可得

$$\boldsymbol{\Phi}_\gamma(t) = (w(t) - w'(t))^{\mathrm{T}} (w(t) - w'(t)) \quad (8\text{-}25)$$

将式(8-25)代入式(8-8)中，$\gamma(t)$ 的更新公式表示如下：

$$\gamma(t+1) = \gamma(t) + \frac{1}{\lambda(t)} (w(t) - w'(t))^{\mathrm{T}} (w(t) - w'(t)) \quad (8\text{-}26)$$

根据上述计算过程，利用拟黑塞矩阵可以缩减计算二阶导数的运算量，提高网络参数更新效率。

8.4.2　数据和知识驱动的城市污水处理系统模型结构调整

数据和知识驱动的城市污水处理系统模型结构调整根据神经元的相对重要性评价指标来评价模糊规则的重要程度，从而对模型结构进行动态校正。神经元相对重要性指标表示如下：

$$Q_k(t) = \frac{\sum_{l=1}^{P}(r_{kl}(t)f_l(t))}{\sum_{k=1}^{K}\sum_{l=1}^{P}(r_{kl}(t)f_l(t))}, \quad k=1,2,\cdots,K \tag{8-27}$$

其中，$Q_k(t)$ 为规则层第 k 个神经元的相对重要性；$F(t) = [f_1(t), f_2(t), \cdots, f_P(t)]^T$；$R(t) = [r_1(t), r_2(t), \cdots, r_P(t)]$，$r_1(t) = [r_{11}(t), r_{21}(t), \cdots, r_{K1}(t)]^T$。$R(t)$ 和 $F(t)$ 的计算方式表示如下：

$$R(t) = [Z^T(t)Z(t)]^{-1}Z^T(t)\hat{I}(t) = Z^T(t)\hat{I}(t) \tag{8-28}$$

$$F(t) = [Z^T(t)Z(t)]^{-1}Z^T(t)Y(t) = Z^T(t)Y(t) \tag{8-29}$$

其中，$R(t)$ 为 $K \times K$ 矩阵；$F(t)$ 为 $K \times 1$ 矩阵；$Y(t) = [y(t), y(t-1), \cdots, y(t-N+1)]^T$；$Z(t)$ 和 $\hat{I}(t)$ 的计算方式表示如下：

$$Z(t) = S(t)\hat{S}(t) \tag{8-30}$$

$$\hat{I}(t) = S(t)\Delta(t)\hat{S}(t) \tag{8-31}$$

其中，$S(t) = [\xi_1(t), \xi_2(t), \cdots, \xi_K(t)]$ 为 $\hat{I}(t)\hat{I}^T(t)$ 的特征向量；$\hat{S}(t) = [\zeta_1(t), \zeta_2(t), \cdots, \zeta_K(t)]$ 为 $\hat{I}^T(t)\hat{I}(t)$ 的特征向量；$\Delta(t)$ 为 $\hat{I}(t)$ 的奇异值矩阵，$\hat{I}_l(t) = [w_1(t)v_l(x(t)), w_1(t)v_l(x(t-1)), \cdots, w_1(t)v_l(x(t-N+1))]^T$，$N$ 为样本总数。

根据相对重要性指标计算神经元的重要性程度，并将神经元的相对重要性评价指标作为判断神经元信息传递量的依据，实现系统模型结构的动态调整。系统模型结构的动态调整主要包括两个阶段，具体如下所述。

1. 增长阶段

在 $E(t) > E(t-1)$ 的情况下，增加规则层的神经元，判断系统模型中是否存在神经元具有较高信息传递量的条件表示如下：

$$Q_j(t) = \max\ Q(t) \tag{8-32}$$

其中，$Q(t)=[Q_1(t),\ Q_2(t),\cdots,Q_P(t)]$，$Q_j(t)$ 为最大相对重要性的神经元。对新增加的神经元需要进行初始化，新增加的神经元中心和宽度分别用 $c_{\text{new}}(t)$、$\sigma_{\text{new}}(t)$ 表示，$w_{\text{new}}(t)$ 为新增的突触连接权值，表示如下：

$$c_{\text{new}}(t)=c_{P+1}(t)=\frac{1}{2}(c_m(t)+x(t)) \tag{8-33}$$

$$\sigma_{\text{new}}(t)=\sigma_{P+1}(t)=\sigma_m(t) \tag{8-34}$$

$$w_{\text{new}}(t)=\frac{y_d(t)-y(t)}{\exp\left(-\sum_{i=1}^{k}\frac{(x_i(t)-c_{i\text{new}}(t))^2}{2\sigma_{i\text{new}}^2(t)}\right)} \tag{8-35}$$

其中，$x(t)$ 为当前输入样本；$c_m(t)$ 为第 m 个神经元的中心；$\sigma_m(t)$ 为第 m 个神经元的宽度；$y_d(t)$ 为系统的实际输出值。

2. 删减阶段

在 $E(t)<E(t-1)$ 的情况下，可以删减神经元。若满足式(8-36)和式(8-37)的条件，则删除第 h 个神经元：

$$Q_h(t)\leqslant Q_r \tag{8-36}$$

$$Q_h(t)=\min\ Q(t) \tag{8-37}$$

其中，Q_r 为阈值。第 h 个神经元相对应神经元的参数表示如下：

$$c'_{h\text{-}h}(t)=c_{h\text{-}h}(t) \tag{8-38}$$

$$\sigma'_{h\text{-}h}(t)=\sigma_{h\text{-}h}(t) \tag{8-39}$$

$$w'_{h\text{-}h}(t)=\frac{w_{h\text{-}h}(t)\exp\left(-\sum_{i=1}^{K}\frac{(x_i(t)-c_{i,h\text{-}h}(t))^2}{2\sigma_{i,h\text{-}h}^2(t)}\right)+w_h(t)\exp\left(-\sum_{i=1}^{K}\frac{(x_i(t)-c_{i,h}(t))^2}{2\sigma_{i,h}^2(t)}\right)}{\exp\left(-\sum_{i=1}^{K}\frac{(x_i(t)-c_{i,h\text{-}h}(t))^2}{2\sigma_{i,h\text{-}h}^2(t)}\right)}$$

$$\tag{8-40}$$

$$c'_h(t)=0 \tag{8-41}$$

$$\sigma'_h(t)=0 \tag{8-42}$$

$$w'_h(t)=0 \tag{8-43}$$

其中,第 h-h 个神经元表示与第 h 个神经元距离最近的神经元;$c'_{h-h}(t)$ 和 $\sigma'_{h-h}(t)$ 为第 h-h 个神经元的中心和宽度调整值;$w'_{h-h}(t)$ 为第 h-h 个神经元的突触权值变化;$c'_h(t)$ 和 $\sigma'_h(t)$ 为第 h 个神经元修剪以后的中心和宽度;$w'_h(t)$ 为第 h 个神经元被删减以后的突触权值变化。

为了更加清晰地描述数据和知识驱动的城市污水处理系统模型动态调整过程,具体步骤如下:

(1)初始化模型参数。随机初始化参考场景和当前场景系统模型参数(权值、中心和宽度)、自适应学习率 $\lambda(0)$ 及平衡参数 $\gamma(0)$。设置参考场景和当前场景系统模型的规则层神经元个数 P' 和 P,保证 $P'=P$。

(2)设置 $t'=1$,根据公式建立系统模型。

(3)若 t' 小于等于参考场景样本个数 N',则基于参考场景学习样本 $x'(t)$,采用自适应二阶算法,更新参考模型参数(权值、中心和宽度),然后 t' 增加 1,重新返回步骤(3),否则进入步骤(4)。

(4)参考模型停止训练,将参考模型参数(权值、中心和宽度)作为知识项用于当前场景模型。

(5)设置 $t=1$。

(6)若 t 小于等于当前场景样本个数 N,则根据当前场景学习样本 $x(t)$,采用自适应二阶算法,更新当前模型中的参数(权值、中心和宽度)、自适应学习率 $\lambda(t)$ 以及平衡参数 $\gamma(t)$。

(7)计算 $Q(t)$,并得到 $Q_r(t)$ 和 $Q_h(t)$。

(8)当 $E(t-1) \leqslant E(t)$ 时,增加一个神经元。

(9)当 $E(t-1) > E(t)$ 且 $Q_h(t) \leqslant Q_r(t)$ 时,删去一个神经元。

(10)若当前场景系统模型规则数 P 发生变化,则将参考场景规则数与当前场景规则数保持一致,跳转到(2);若当前场景系统模型规则数 P 没有发生变化,则跳转到(11)。

(11)t 增加 1,若 t 大于当前场景样本个数,则算法终止训练,否则返回步骤(6)。

数据和知识驱动的城市污水处理系统模型参数的调整可以提高模型的自适应能力,提高建模精度。此外,系统模型结构的调整可以保留有效的模型结构,删除错误和冗余的模型结构,保证系统模型结构的有效性。

8.5 数据和知识驱动的城市污水处理系统模型应用案例

出水生化需氧量和出水总磷浓度是衡量出水水质优劣程度的重要指标,是城市污水处理厂运行排放达标的重要依据。因此,本节分析数据和知识驱动的城市污水处理系统模型的收敛性，从理论上保证模型的有效性。此外，将数据和知识驱动的城市污水处理系统模型应用于出水生化需氧量和出水总磷浓度指标检测，通过实际应用证明模型的有效性。

8.5.1　数据和知识驱动的城市污水处理系统模型辅助变量选取

城市污水处理系统包含大量的过程数据和运行规律知识信息，为了减少信息噪声干扰和提高模型的性能，需要对城市污水处理系统变量进行分析，提取特征变量，通过降维操作减少相关性变量数目，降低模型运算复杂度。城市污水处理系统模型辅助变量选取过程主要包括城市污水处理系统变量选取、城市污水处理系统信息预处理和城市污水处理系统变量分析。以出水生化需氧量和出水总磷浓度为例，生化需氧量的知识属性特征为进水化学需氧量、出水固体悬浮物浓度、进水 pH、氨氮浓度和溶解氧浓度。出水总磷浓度的知识属性特征为进水总磷浓度、温度、溶解氧浓度、进水 pH 和总固体悬浮物浓度。

8.5.2　数据和知识驱动的城市污水处理系统模型性能验证

数据和知识驱动的城市污水处理系统模型收敛性证明是保证其实际应用的理论前提。模型参数学习和结构学习的收敛性证明如下。

定理 8-1（固定学习率参数调整）　如果满足

$$\left\| \Delta K(t) \right\| \leqslant \min \left\{ \left\| \Delta K(t-1) \right\|, \frac{\left\| \varPhi(K(t-1)) \right\|}{\left\| H(K(t-1)) \right\|} \right\} \tag{8-44}$$

$$\left\| \Delta w(t) \right\| \leqslant \min \left\{ \left\| \Delta w(t-1) \right\|, \frac{\left\| \varPhi_w(w(t-1)) \right\|}{\left\| H_w(w(t-1)) \right\|} \right\} \tag{8-45}$$

$$\left\| \Delta \gamma(t) \right\| \leqslant \left\| \Delta \gamma(t-1) \right\| \tag{8-46}$$

则可以保证收敛性，即系统模型误差满足

$$\lim_{t \to \infty} e(t) = 0 \tag{8-47}$$

证明　定义李雅普诺夫函数，表示如下：

$$V(K(t), w(t), \gamma(t)) = \frac{1}{2} e^{\mathrm{T}}(t) e(t) + \gamma(t)(w(t) - w'(t))^{\mathrm{T}}(w(t) - w'(t)) \tag{8-48}$$

李雅普诺夫函数变化量 $\Delta V(t)$ 表示如下：

$$\Delta V(K(t),w(t),\gamma(t))$$

$$= V(K(t+1),w(t+1),\gamma(t+1)) - V(K(t),w(t),\gamma(t))$$

$$= -\nabla G^{\mathrm{T}}(K(t)\Delta K(t) - \nabla R^{\mathrm{T}}(w(t))\Delta w(t) + (w(t)-w'(t)))^{\mathrm{T}}(w(t)-w'(t))\Delta\gamma(t) \tag{8-49}$$

$$+ \frac{1}{2}\Delta K^{\mathrm{T}}(t)\nabla^2 G(K(t))\Delta K(t) + \frac{1}{2}\Delta w^{\mathrm{T}}(t)\nabla^2 R(w(t))\Delta w(t)$$

其中，$\nabla G(K(t))$ 和 $\nabla R(w(t))$ 表示偏导数；$\nabla^2 G(K(t))$ 和 $\nabla^2 R(w(t))$ 表示二阶偏导数。

$$\Delta K(t) = (H(K(t)) + \lambda(t)I)^{-1}\varPhi(K(t)) \tag{8-50}$$

$$\Delta w(t) = (H_w(w(t)) + \lambda(t)I)^{-1}\varPhi_w(w(t)) \tag{8-51}$$

$$\Delta\gamma(t) = \varPsi(t)/\lambda(t) \tag{8-52}$$

其中，$\varPsi(t) = (w(t)-w'(t))^{\mathrm{T}}(w(t)-w'(t))$，结合式(8-50)~式(8-52)可得

$$\Delta V(K(t),w(t),\gamma(t))$$

$$= -\frac{1}{\lambda(t)}(w(t)-w'(t))^{\mathrm{T}}\varPsi(t)(w(t)-w'(t)) - \frac{1}{2}\Delta K^{\mathrm{T}}(t)\nabla^2 G(K(t))\Delta K(t) \tag{8-53}$$

$$- \frac{1}{2}\Delta w^{\mathrm{T}}(t)\nabla^2 R(w(t))\Delta w(t)$$

当满足式(8-44)~式(8-46)时，$\nabla^2 G(K(t))$ 和 $\nabla^2 R(w(t))$ 是正定的，因此有

$$\Delta V(K(t),w(t),\gamma(t)) < 0 \tag{8-54}$$

定理 8-2（自适应学习率参数调整） 若满足式(8-8)和式(8-9)，则可以保证收敛性。

证明 在固定学习率情况和自适应学习率情况下的李雅普诺夫函数表示如下：

$$V(K(t+1),w(t+1),\gamma(t+1))$$

$$= V(K(t),w(t),\gamma(t)) - \nabla G^{\mathrm{T}}(K(t)\Delta K(t) - \nabla R^{\mathrm{T}}(w(t)))\Delta w(t)$$

$$+ (w(t)-w'(t))^{\mathrm{T}}(w(t)-w'(t))\Delta\gamma(t) + \frac{1}{2}\Delta K^{\mathrm{T}}(t)\nabla^2 G(K(t))\Delta K(t) \tag{8-55}$$

$$+ \frac{1}{2}\Delta w^{\mathrm{T}}(t)\nabla^2 R(w(t))\Delta w(t)$$

$$\overline{V}(K(t+1),w(t+1),\gamma(t+1))$$

$$= \overline{V}(K(t),w(t),\gamma(t)) - \nabla\overline{G}^{\mathrm{T}}(K(t))\Delta\overline{K}(t) - \nabla\overline{R}^{\mathrm{T}}(w(t))\Delta\overline{w}(t)$$

$$+\frac{1}{2}\Delta\bar{K}^{\mathrm{T}}(t)\nabla^2\bar{G}(K(t)\Delta\bar{K}(t))+(\bar{w}(t)-\bar{w}'(t))^{\mathrm{T}}(\bar{w}(t)-\bar{w}'(t))\Delta\bar{\gamma}(t)$$
$$+\frac{1}{2}\Delta\bar{K}^{\mathrm{T}}(t)\nabla^2\bar{G}(K(t))\Delta\bar{K}(t)+\frac{1}{2}\Delta\bar{w}^{\mathrm{T}}(t)\nabla^2\bar{R}(w(t))\Delta\bar{w}(t) \tag{8-56}$$

此外，已知：

$$\Delta\bar{K}(t)=(H(K(t))+\lambda(t-1)\Gamma)^{-1}\Phi(K(t)) \tag{8-57}$$

$$\nabla^2\bar{G}(K(t))=H(K(t))+\lambda(t-1)I \tag{8-58}$$

$$\nabla^2\bar{R}(w(t))=H_w(w(t))+\lambda(t-1)I \tag{8-59}$$

$$\Delta\bar{w}(t)=H_w(w(t)+\lambda(t-1)I)^{-1}\Phi_w(w(t)) \tag{8-60}$$

$$\Delta\bar{\gamma}(t)=\Psi(t)/\lambda(t-1) \tag{8-61}$$

则

$$V(K(t+1),w(t+1),\gamma(t+1))-\bar{V}(K(t+1),w(t+1),\gamma(t+1))$$
$$=\frac{1}{\lambda(t-1)}(w(t)-w'(t))^{\mathrm{T}}\Psi(t)(w(t)-w'(t))+\frac{1}{2}\Delta\bar{K}^{\mathrm{T}}(t)\nabla^2G(K(t))\Delta\bar{K}(t)$$
$$-\frac{1}{\lambda(t)}(w(t)-w'(t))^{\mathrm{T}}\Psi(t)(w(t)-w'(t))-\frac{1}{2}\Delta K^{\mathrm{T}}(t)\nabla^2G(K(t))\Delta K(t)$$
$$+\frac{1}{2}\Delta\bar{w}^{\mathrm{T}}(t)\nabla^2\bar{R}(K(t))\Delta\bar{w}(t)-\frac{1}{2}\Delta w^{\mathrm{T}}(t)\nabla^2R(K(t))\Delta w(t) \tag{8-62}$$
$$=\frac{\mu(t)-1}{\lambda(t-1)\mu(t)}(w(t)-w'(t))^{\mathrm{T}}\Psi(t)(w(t)-w'(t))$$
$$+\frac{1}{2}\lambda(t-1)(\mu(t)-1)\Phi^{\mathrm{T}}(K(t))[\nabla^2\bar{G}(K(t))\nabla^2G(K(t))]^{-1}\Phi(K(t))$$
$$+\frac{1}{2}\lambda(t-1)(\mu(t)-1)\Phi_w^{\mathrm{T}}(w(t))[\nabla^2\bar{R}(w(t))\nabla^2R(w(t))]^{-1}\Phi_w(w(t))$$

根据式(8-10)和式(8-11)中的 $\lambda(t)$，可得

$$\mu(t)<1 \tag{8-63}$$

$$V(K(t+1))-\bar{V}(K(t+1))<0 \tag{8-64}$$

因此，系统模型收敛，可以保证实际应用的有效性。

定理 8-3(结构增长阶段)　当定理 8-1 和定理 8-2 成立时，根据式(8-33)～式(8-35)将新增神经元的参数进行初始化，可以改善系统模型逼近性能，加速收敛。

证明　神经元增加后，输出的误差平方公式表示如下：

$$\bar{E}(K_{P+1}(t)) = \frac{1}{2}(y(t) - \bar{y}(t))^2 \tag{8-65}$$

其中，$\bar{y}(t)$ 为相应的系统模型输出。式(8-65)可以进一步表示如下：

$$\bar{E}(K_{P+1}(t)) = \frac{1}{2}\left[y(t) - \left(\sum_{l=1}^{P} w_l(t)v_l(t) + w_{P+1}(t)v_{P+1}(t) \right) \right]^2 = 0 \tag{8-66}$$

因此定理 8-3 得证。

定理 8-4(结构修剪阶段)　当定理 8-1 和定理 8-2 成立时，神经元个数减少，根据式(8-38)～式(8-43)对神经元相关的参数进行调整，模型收敛性可得到保证。

证明　神经元删减的系统模型输出误差表示如下：

$$\underline{E}(K_{P-1}(t)) = \frac{1}{2}(y(t) - \underline{y}(t))^2 \tag{8-67}$$

其中，$\underline{y}(t)$ 为相应的模型输出。根据式(8-38)～式(8-43)，可得

$$
\begin{aligned}
\underline{E}(K_{P-1}(t)) &= \frac{1}{2}\left(y(t) - \sum_{l=1}^{P} w_l(t)v_l(t) - w_{h-h}(t)v_{h-h}(t) \right)^2 \\
&= E(K_P(t))
\end{aligned} \tag{8-68}
$$

因此定理 8-4 得证。

8.5.3　城市污水处理系统出水生化需氧量预测

本节建立基于自适应模糊神经网络的城市污水处理系统模型，并选取进水生化需氧量、出水固体悬浮物浓度、进水 pH、氨氮浓度和溶解氧浓度为模型输入变量，出水生化需氧量为模型输出。实验数据来源于两个不同的城市污水处理厂。对实验数据进行预处理并剔除异常数据后，共选取 270 组数据，其中 200 组作为训练样本，70 组作为测试样本。

基于自适应模糊神经网络的城市污水处理系统模型应用于第一个城市污水厂，获得的生化需氧量训练结果和预测结果分别如图 8-1 和图 8-2 所示。图 8-1(a)和(b)分别是所提出系统模型的规则数和训练 RMSE，从图中可以看出模型的结构能够自适应调整且最后能够保持稳定。根据训练误差可以看出，误差最小值可以达到 0.011。图 8-2(a)和(b)分别为预测输出和预测误差。图 8-2 显示所提出系统模型的预测误差区间为 [−0.2, 0.2]，模型输出曲线与实际输出曲线基本重合，实验结果表明该模型具有良好的预测效果。

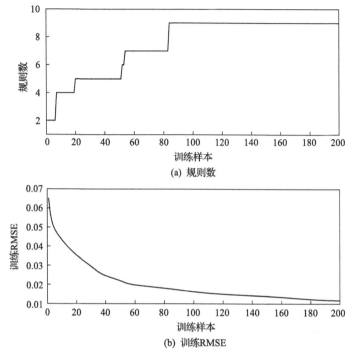

(a) 规则数

(b) 训练RMSE

图 8-1　基于自适应模糊神经网络模型的生化需氧量训练结果(水厂一)

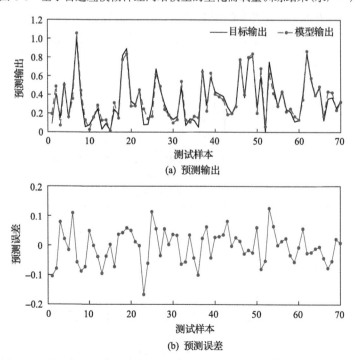

(a) 预测输出

(b) 预测误差

图 8-2　基于自适应模糊神经网络模型的生化需氧量预测结果(水厂一)

　　为了进一步验证基于自适应模糊神经网络的城市污水处理系统模型的性能,将该系统模型与另外四种数据和知识驱动的城市污水处理系统模型(基于 RBF 神经网络的城市污水处理系统模型、基于广义增长修剪 RBF 神经网络的城市污水处理系统模型、基于自适应粒子群自组织 RBF 神经网络的城市污水处理系统模型、基于动态模糊神经网络的城市污水处理系统模型)进行了对比研究,具体实验结果见表 8-1。根据实验结果可以看出,基于自适应模糊神经网络的城市污水处理系统模型具有有效紧凑的结构。此外,该系统模型具有较小的预测 RMSE,同时具有最小的训练 RMSE。与其他系统模型对比,所提出的系统模型能够获得较好的预测性能。

表 8-1　数据和知识驱动的城市污水处理系统模型生化需氧量实验结果对比(水厂一)

城市污水处理系统模型	规则数	训练 RMSE/10^{-2}	预测 RMSE/10^{-2}
基于自适应模糊神经网络的城市污水处理系统模型	9	1.2889	1.4834
基于 RBF 神经网络的城市污水处理系统模型	13	1.4965	1.4453
基于广义增长修剪 RBF 神经网络的城市污水处理系统模型	10	1.3544	1.4854
基于自适应粒子群自组织 RBF 神经网络的城市污水处理系统模型	12	1.4393	1.5872
基于动态模糊神经网络的城市污水处理系统模型	8	1.3382	1.4943

　　基于自适应模糊神经网络的城市污水处理系统模型应用于第二个城市污水厂,图 8-3(a)和(b)分别为模型的规则数和模型的训练 RMSE。实验表明,该系统

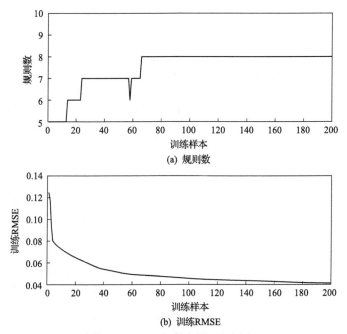

(a) 规则数

(b) 训练RMSE

图 8-3　基于自适应模糊神经网络模型的生化需氧量训练结果(水厂二)

模型可以自适应地改变模型的结构数量，以找到合适的模糊规则数并保持稳定，也稳步降低了训练误差。

图 8-4 为基于自适应模糊神经网络模型的生化需氧量预测结果，包含预测输出和预测误差，从预测输出图中可以看出模型预测输出曲线可以拟合实际输出曲线，预测误差区间为 $[-0.2, 0.2]$。根据实验结果可以看出，该系统模型可以获得准确的预测值。

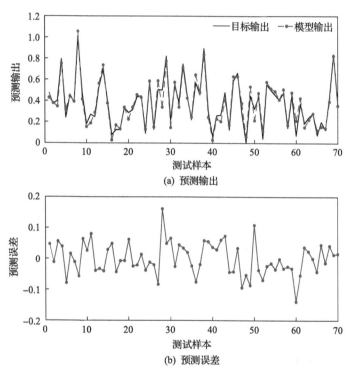

图 8-4　基于自适应模糊神经网络模型的生化需氧量预测结果(水厂二)

为了进一步验证基于自适应模糊神经网络的城市污水处理系统模型的性能，将该方法与另外四种系统模型进行对比研究，具体实验结果如表 8-2 所示。根据实验结果可以看出，基于自适应模糊神经网络的城市污水处理系统模型具有最紧凑的结构(规则数为 8)、较小的训练 RMSE(0.0412)和最小的预测 RMSE(0.0498)。因此，所建立的基于自适应模糊神经网络的城市污水处理系统模型可以较好地预测出水生化需氧量，具有良好的预测性能。

表 8-2　数据和知识驱动的城市污水处理系统模型生化需氧量实验结果对比(水厂二)

城市污水处理系统模型	规则数	训练 RMSE	预测 RMSE
基于自适应模糊神经网络的城市污水处理系统模型	8	0.0412	0.0498

城市污水处理系统模型	规则数	训练 RMSE	预测 RMSE
基于 RBF 神经网络的城市污水处理系统模型	12	0.0401	0.0512
基于广义增长修剪 RBF 神经网络的城市污水处理系统模型	10	0.0420	0.0503
基于自适应粒子群自组织 RBF 神经网络的城市污水处理系统模型	10	0.0428	0.0514
基于动态模糊神经网络的城市污水处理系统模型	9	0.0411	0.0503

8.5.4　城市污水处理系统出水总磷浓度预测

　　城市污水处理系统出水总磷浓度预测的实验数据来源于两个城市污水处理厂，剔除异常数据和填补空缺数据后各选取 1000 组数据，其中 800 组作为训练样本（图中只显示 200 组训练样本），200 组作为测试样本。

　　基于自适应模糊神经网络的城市污水处理系统模型应用于第一个城市污水厂进行训练和测试，出水总磷浓度的训练结果和预测结果分别如图 8-5 和图 8-6 所示。图 8-5(a) 和(b) 分别是系统模型规则数和训练 RMSE，图 8-6(a) 和(b) 分别表示预测输出和预测误差。基于预测误差，模型预测输出可以近似真实输出，误差较小，所有测试样本的预测误差处于 $[-0.04, 0.04]$ 范围内。从图中可以看出，所提出的系统模型具有较好的预测能力。

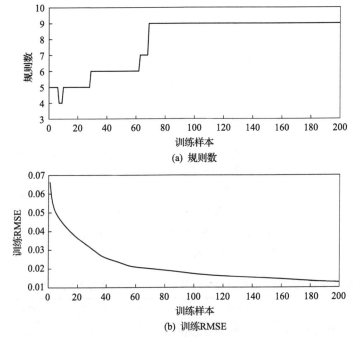

图 8-5　基于自适应模糊神经网络模型的出水总磷浓度训练结果（水厂一）

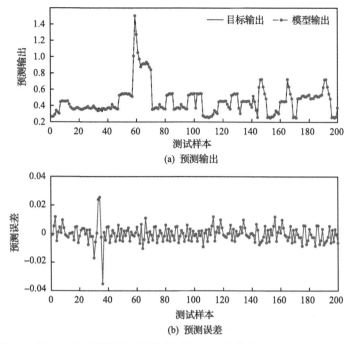

(a) 预测输出

(b) 预测误差

图 8-6　基于自适应模糊神经网络模型的出水总磷浓度预测结果(水厂一)

　　为了定量对比分析不同系统模型的性能，将基于自适应模糊神经网络的城市污水处理系统模型与不同模型进行对比研究，如表 8-3 所示。根据表 8-3 可以得出，所提出的系统模型具有较少的模糊规则数和最小的训练 RMSE。同时，该系统模型的预测精度显著提高，对于预测出水总磷浓度具有明显优势。

表 8-3　数据和知识驱动的城市污水处理系统模型出水总磷浓度实验结果对比(水厂一)

城市污水处理系统模型	规则数	训练 RMSE/10^{-2}	预测 RMSE/10^{-2}
基于自适应模糊神经网络的城市污水处理系统模型	9	1.2159	1.3076
基于 RBF 神经网络的城市污水处理系统模型	11	1.2165	1.3089
基于广义增长修剪 RBF 神经网络的城市污水处理系统模型	9	1.2161	1.3079
基于自适应粒子群自组织 RBF 神经网络的城市污水处理系统模型	8	1.2166	1.3084
基于动态模糊神经网络的城市污水处理系统模型	10	1.2161	1.3081

　　基于自适应模糊神经网络的城市污水处理系统模型应用于第二个城市污水处理厂中进行模型训练和测试，出水总磷浓度的训练结果和预测结果分别如图 8-7 和图 8-8 所示。从图中可以看出，基于自适应模糊神经网络的城市污水处理系统模型可以较好地预测出水总磷浓度。此外，根据表 8-4 的具体实验结果，基于自适应模糊神经网络的城市污水处理系统模型具有较少的模糊规则数和较小的预测RMSE。实验结果表明，基于自适应模糊神经网络的城市污水处理系统模

型能够获得较高的预测精度。

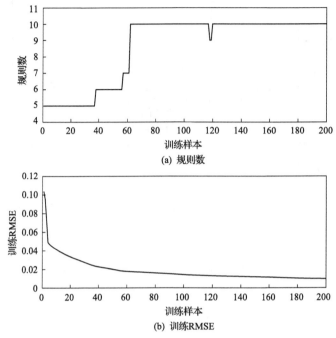

图 8-7　基于自适应模糊神经网络模型的出水总磷浓度训练结果(水厂二)

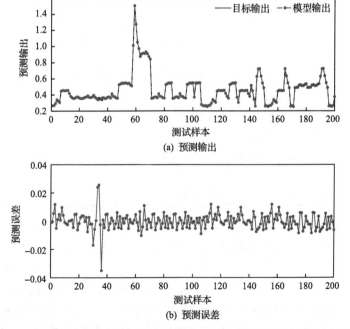

图 8-8　基于自适应模糊神经网络模型的出水总磷浓度预测结果(水厂二)

表 8-4　数据和知识驱动的城市污水处理系统模型出水总磷浓度实验结果对比(水厂二)

城市污水处理系统模型	规则数	训练 RMSE	预测 RMSE
基于自适应模糊神经网络的城市污水处理系统模型	10	0.0071	0.0098
基于 RBF 神经网络的城市污水处理系统模型	11	0.0084	0.0097
基于广义增长修剪 RBF 神经网络的城市污水处理系统模型	9	0.0077	0.0101
基于自适应粒子群自组织 RBF 神经网络的城市污水处理系统模型	10	0.0098	0.0114
基于动态模糊神经网络的城市污水处理系统模型	11	0.0085	0.0097

8.6　数据和知识驱动的城市污水处理系统模型应用平台

系统平台设计是数据和知识驱动的城市污水处理系统模型在实际城市污水处理厂推广应用的重要组成部分。数据和知识驱动的城市污水处理系统模型应用平台将数据和知识驱动模型及其相关功能封装成系统，对实际的污水处理过程的运行状态起指导作用。本节通过介绍该城市污水处理系统平台搭建和集成技术，实现系统平台的开发，并最终在实际的城市污水处理厂进行应用，完成系统平台性能指标的分析与验证。

8.6.1　数据和知识驱动的城市污水处理系统模型平台搭建

数据和知识驱动的城市污水处理系统模型平台搭建过程具体介绍如下：首先，对用户需求进行分析，制定相应的开发计划并保证计划的可行性；其次，定义用户登录、注册等多个模块并实现各模块开发，为系统设计奠定基础；再次，利用编程语言对各模块进行编程，实现数据和知识驱动的城市污水处理系统模型平台搭建；最后，对系统进行测试和维护，保证系统在实际水厂中的可靠应用。该系统可以实现污水处理厂过程数据的采集，基于数据和知识的系统模型导入，利用过程数据和运行规律知识完成数据和知识驱动的模型搭建和训练，并将结果通过界面直接显示，增强了整个系统的可视化效果。

8.6.2　数据和知识驱动的城市污水处理系统模型平台集成

数据和知识驱动的城市污水处理系统模型平台集成是利用现场总线和以太网技术将该系统的软硬件进行整合，并最终实现对城市污水处理厂出水水质进行显示、存储和实时的监测。城市污水处理系统平台集成主要解决了系统软件和系统硬件之间的互联和互操作问题。系统软件包括用户管理、数据管理等模块，其中各模块功能说明如下。

1. 用户管理模块

用户首次登录需要先注册信息,并经过管理员审核后才可以正常登录该系统。此后,输入正确的用户名和密码即可实现对该系统的访问与使用。为了保证信息的安全性,用户分为普通用户和管理员用户。普通用户可以使用该系统的访问、查询、下载等基础功能,而管理员用户可以管理用户信息、修改用户权限和维护系统等,如图 8-9 所示。

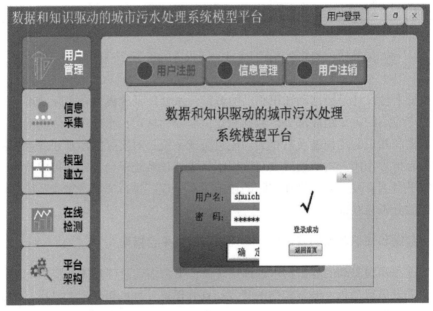

图 8-9　数据和知识驱动的城市污水处理系统模型平台用户管理模块

2. 信息采集模块

信息采集模块中建立模型平台和污水处理厂的现场采集仪表的通信连接,读取由现场仪表采集并汇总至平台的数据,并显示在当前模块。在数据管理模块中,管理员可以上传、查询、修改和保存数据,用户可以查询和下载,如图 8-10 所示。

3. 模型建立模块

模型建立模块是数据和知识驱动的城市污水处理系统模型平台集成最重要的模块。该系统平台默认添加城市污水处理系统数据和知识驱动的混合建模方法,用户可以直接调用该方法进行建模。用户进入训练模块后,可以设置系统模型初始规则层神经元个数和参数,选择需要进行训练的样本数据,之后可以根据用户选择的样本数据对系统模型进行训练和预测,如图 8-11 所示。

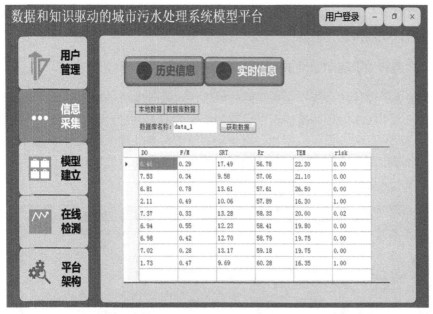

图 8-10　数据和知识驱动的城市污水处理系统模型平台信息采集模块

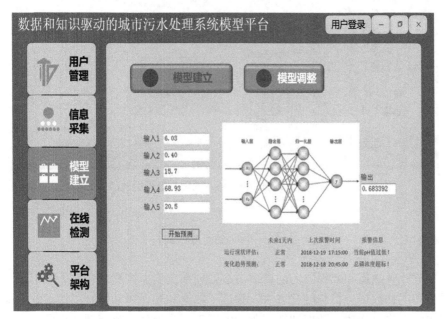

图 8-11　数据和知识驱动的城市污水处理系统模型平台模型建立模块

　　数据和知识驱动的城市污水处理系统模型平台可以实时获取污水处理过程知识和数据，并利用知识和数据建立系统模型，实现出水水质的检测。模型平台具有以下特点：首先，模型平台可以规范数据访问，加密重要文件，具有安全性；

其次，模型平台可以利用内嵌算法在线检测和预测出水水质，具有智能性；最后，模型平台反映的数据是动态变化的，具有动态性。

8.6.3 数据和知识驱动的城市污水处理系统模型平台应用效果

为了展示设计的系统平台在实际的城市污水处理系统的应用效果，数据和知识驱动的城市污水处理系统模型平台应用于实验室中试平台建立示范和实际污水处理厂建设示范两方面。数据和知识驱动的城市污水处理系统模型平台通过系统模型实现对出水水质的在线高精度检测，将相关变量的参数实时显示在界面上，方便操作人员进行观察和记录，应用效果如图 8-12 所示。

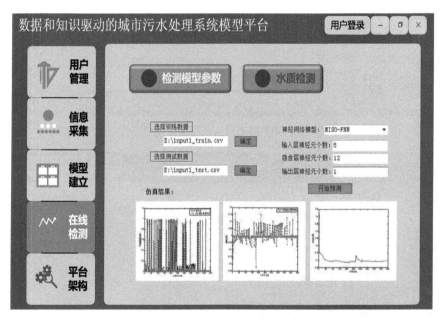

图 8-12　数据和知识驱动的城市污水处理系统模型平台应用效果

8.7　本 章 小 结

本章针对数据和知识驱动的城市污水处理系统模型构建，介绍了城市污水处理系统知识和数据分析与融合方法，阐述了数据和知识驱动的城市污水处理系统模型构建方法，详述了数据和知识驱动的城市污水处理系统模型优化设计方法，列举了数据和知识驱动的城市污水处理系统模型的应用案例，展示了数据和知识驱动的城市污水处理系统模型应用平台，具体有如下内容：

(1)城市污水处理系统数据和知识分析与融合方法。深入分析了过程知识和运行数据信息之间的关联性，介绍了过程知识和数据融合的核心技术。

(2)数据和知识驱动的城市污水处理系统模型构建。着重介绍了以模糊神经网络为载体的数据和知识驱动的城市污水处理系统模型构建过程，确定了系统模型的输入和输出变量，描述了数据和知识驱动的城市污水处理系统模型的结构。

(3)数据和知识驱动的城市污水处理系统模型动态调整。重点描述了基于自适应二阶算法优化的数据和知识驱动的城市污水处理系统模型参数优化方法，概述了基于相对重要性准则的系统模型结构优化方法。

(4)数据和知识驱动的城市污水处理系统模型应用案例。深入分析了系统模型性能，并根据实际应用评估了模型性能，实现出水水质的在线精准检测。

(5)数据和知识驱动的城市污水处理系统模型应用平台。详细介绍了数据和知识驱动的城市污水处理系统模型应用平台搭建过程，并概述了模块集成过程，完成了平台展示。

第9章　多源信息驱动的城市污水处理系统混合建模

9.1　引　　言

多源信息驱动的城市污水处理系统混合建模方法通过深入分析城市污水处理过程运行机理、过程数据以及经验知识等信息，提取能够表征城市污水处理系统运行过程的有效信息，构建城市污水处理系统模型。该系统模型能够从城市污水处理系统中挖掘出有效的运行机理、过程数据以及经验知识等多源信息，分析并融合多源信息，根据融合信息的特点建立系统模型，实现系统模型结构和参数的动态调整，提高模型的性能。

相较于基于两种信息来源的城市污水处理系统建模方法，多源信息驱动的城市污水处理系统混合建模方法能够更加全面地利用多种运行信息，通过分析和融合不同来源的信息，获得有效的运行信息来建立系统模型。多源信息驱动的城市污水处理系统混合模型不仅具有模型精度高、泛化性能强的特点，还具有鲁棒性强、稳定性高等特点。此外，在城市污水处理系统多源信息中，机理信息可以描述城市污水处理系统运行工艺，过程数据和运行规律知识能够反映系统运行状态。因此，如何有效利用城市污水处理过程中的多源信息，设计合适的城市污水处理系统模型，实现多源信息驱动城市污水处理系统混合建模方法的成功应用，是多源信息驱动城市污水处理过程混合建模方法设计的重点和难点。

多源信息驱动的城市污水处理系统混合模型性能主要由不同来源信息的特性决定，本章围绕多源信息驱动的城市污水处理系统混合建模方法的设计与实现：首先，介绍城市污水处理系统多源信息的分析与融合方法，详细阐述城市污水处理系统多源信息之间的关联性；其次，描述多源信息驱动的城市污水处理系统模型构建方法，包括模型描述、模型的输入/输出变量选取及模型设计；再次，详尽地介绍多源信息驱动的城市污水处理系统模型动态调整过程，包括参数的更新和结构的调整；然后，给出多源信息驱动的城市污水处理系统模型的应用案例，包括城市污水处理系统模型的性能分析与验证，以及城市污水处理系统出水生化需氧量预测和城市污水处理过程出水总磷浓度预测；最后，设计多源信息驱动的城市污水处理系统模型应用平台，基于应用平台的搭建和集成，完成多源信息驱动的城市污水处理系统混合模型的应用效果验证。

9.2　城市污水处理系统多源信息分析与融合

城市污水处理系统中蕴含着丰富的运行机理、过程数据和运行规律知识等信息，深入分析信息之间的特征，挖掘多源信息之间的关系，实现不同来源信息间的有效融合，完成信息的高效集成和处理是保证城市污水处理系统多源信息混合驱动模型性能的关键。

9.2.1　城市污水处理系统多源信息关联分析

城市污水处理系统多源信息包括反应机理、关键水质参数数据、出水水质数据、操作知识以及运行规律知识等。以上信息是保证城市污水处理系统处理效率以及安全稳定运行的必要条件。研究多源信息关联分析方法，有利于进一步挖掘信息的价值，减少冗余信息，避免错误信息，补充疏漏信息。多源信息有多种来源与表现形式，在相关性、多元表示原理的支撑下，多源信息的形式与表征也是重要的研究内容。

城市污水处理过程信息具有信息来源不同的特点。为了更好地体现出信息的价值，利用筛选方法有针对性地将城市污水处理过程参考场景的信息转化到当前场景下同一类型的有效信息。同样，用类似的方法可以实现城市污水处理过程当前场景信息转化为参考场景下的同一类型信息。因此，多源信息之间既相互区别，又相互关联，将城市污水处理过程目标场景中运行机理、过程数据、经验知识信息和参考场景中运行机理、过程数据、经验知识信息进行统一的表达是实现城市污水处理过程多源信息互联的关键。

9.2.2　城市污水处理系统多源信息深度融合

城市污水处理系统多源信息深度融合通过对不同来源的城市污水处理系统信息进行转换及整合，将多源信息整理成具有统一表达方式的信息，是提高城市污水处理过程信息有效性的关键，也是构建城市污水处理系统模型的重要手段。

迁徙学习方法旨在将某个领域或任务上学习到的知识、规律或者模式应用到不同但是有关联的领域或者问题中，已成为一种重要的多源信息融合方法。目前，迁徙学习方法主要包括基于实例迁徙学习的深度融合方法、基于特征迁徙学习的深度融合方法、基于关系迁徙学习的深度融合方法和基于参数迁徙学习的深度融合方法。

1. 基于实例迁徙学习的深度融合方法

基于实例迁徙学习的深度融合方法通过衡量参考场景中的信息与目标场景中

信息的相似度,从参考场景信息中筛选出和目标场景信息相似度较高的实例信息,并根据一定的权值将参考场景的信息与目标场景中的信息深度融合,实现多源信息的深度融合。然而,参考场景信息和目标场景信息之间的权值难以确定,导致多源信息融合的有效性难以保证,直接影响信息的准确性。

2. 基于特征迁徙学习的深度融合方法

基于特征迁徙学习的深度融合方法主要是在参考场景和目标场景之间寻找具有代表性的特征,在保证参考场景和目标场景之间相似性的前提下,实现参考场景信息和目标场景信息的迁徙及融合。基于特征迁徙学习的深度融合方法将参考场景和目标场景的特征从原始特征空间映射到新的共同特征空间,实现不同场景信息的深度融合。

3. 基于关系迁徙学习的深度融合方法

基于关系迁徙学习的深度融合方法通过建立参考场景信息的关系模型与目标场景信息的关系模型,利用两个关系模型之间的映射模型实现关系信息的迁徙。该方法在相关域中处理迁徙学习的问题,无须假设每一个域的数据都是独立同分布的,即可实现信息迁徙。

4. 基于参数迁徙学习的深度融合方法

基于参数迁徙学习的深度融合方法将参考场景信息和目标场景信息以某些具有共同参数的函数表示,利用共同参数作为参考场景和目标场景信息融合的桥梁。基于参数迁徙学习的深度融合方法重点关注不同场景或任务中的相关模型,同时,这些模型需要具有相同的参数或者先验分布。

城市污水处理过程多源信息深度融合可以融合城市污水处理过程的机理、数据和知识信息以实现多源信息组合、优势互补,提高运行信息的完整性。同时,综合分析城市污水处理过程的多源信息,可以克服污水处理系统机理信息的不准确、知识信息的不完备、数据信息的不确定性,提高污水处理系统信息的精确度、可靠性、一致性和可信度,从而获得更全面有效的信息,改善系统整体性能,为后续的优化与控制应用提供保障。因此,城市污水处理系统多源信息深度融合方法是实现城市污水处理系统混合建模的基础。

9.3　多源信息驱动的城市污水处理系统模型构建

多源信息驱动的城市污水处理系统模型利用参考场景和当前场景中的多源信息描述城市污水处理系统运行特点,实现城市污水处理过程的表征。本节以模糊神经网络为模型载体，利用运行机理、过程数据和知识完成城市污水处理系统模型搭建。

9.3.1　多源信息驱动的城市污水处理系统模型描述

多源信息驱动的城市污水处理系统模型利用系统机理、过程数据和运行规律知识对城市污水处理系统进行表达。本节利用模糊神经网络构建多源信息驱动的城市污水处理系统模型，将机理、数据和知识信息作为模糊神经网络的输入/输出，获取出水水质指标和过程变量之间的关系。

多源信息驱动的城市污水处理系统模型具体描述如下：首先，获取城市污水处理系统的多源信息，初步明确系统的组成变量及其关系，确定关键水质指标，并筛选出与其相关的过程变量，选取合适的模型输入和输出；其次，利用模糊神经网络对城市污水处理系统进行描述，建立关键水质指标和过程变量之间的关系；最后，利用多源信息在训练过程中动态调整模糊神经网络的参数和结构，保证系统模型的表达性能。

9.3.2　多源信息驱动的城市污水处理系统输入/输出变量选取

多源信息驱动的城市污水处理系统模型输入/输出变量选取是保证城市污水处理系统模型性能和实现运行指标准确检测的基础。本节基于城市污水处理过程的运行机理、过程数据和知识信息，深入分析污水处理过程中变量之间的关系，获取与运行指标相关的变量，利用相空间嵌入法或主成分分析法等，提取出对输出影响最大的一些过程变量组成输入变量集，作为多源信息驱动的城市污水处理系统模型输入，具体表示如下。

1. 城市污水处理系统相关变量选取

通过分析城市污水处理运行过程，结合参考场景和当前场景的相关运行机理，获得该过程的所有相关变量，利用城市污水处理过程变量数据，分析可进行检测的相关变量，同时基于城市污水处理过程的相关专家经验，确定该过程的所有相关变量，如表 9-1 所示。

表 9-1　城市污水处理系统相关变量

变量名	单位	变量名	单位
进水 pH	—	曝气池溶解氧浓度	mg/L
出水 pH	—	进水氨氮浓度	mg/L
进水固体悬浮物浓度	mg/L	出水氨氮浓度	mg/L
出水固体悬浮物浓度	mg/L	进水色度	(稀释)倍数

续表

变量名	单位	变量名	单位
进水生化需氧量	mg/L	出水色度	(稀释)倍数
出水生化需氧量	mg/L	进水总氮浓度	mg/L
进水化学需氧量	mg/L	出水总氮浓度	mg/L
出水化学需氧量	mg/L	进水总磷浓度	mg/L
氧化还原电位	mg/L	出水总磷浓度	mg/L
出水石油类浓度	mg/L	进水温度	℃
曝气池污泥沉降比	—	出水温度	℃
曝气池固体悬浮物浓度	mg/L	剩余污泥排泥量	m³
进水流量	m³/天	外回流流量	m³/天

2. 城市污水处理系统信息预处理

基于上述筛选出的城市污水处理过程变量，通过当前场景中的现场检测仪器或实验室化验获得相关变量数据，利用现场总线和工业以太网技术将数据传输至计算机中进行处理，结合参考场景中的运行机理、历史数据、知识等构建过程信息库。由于城市污水处理系统中过程变量的选取很大程度决定了系统模型的性能，需要对采集的信息进行处理。在实际应用中，由于城市污水处理系统多源信息可能出现重复记录等问题，需要对过程信息库中的多源信息进行预处理。预处理包括清除重复信息、填充缺失信息以及修正异常信息等。

1) 清除重复信息

城市污水处理系统多源信息需将每一个实例信息都与其他实例信息进行对比，当存在两个或者两个以上的信息相同时，说明该信息是冗余的，去除信息中的重复记录。例如，对于城市污水处理系统机理和知识信息，可以利用相似度方法计算，删除重复信息；对于城市污水处理系统数据值，可以采用统计学的方法来检测，识别出数据信息中的重复记录。

2) 填充缺失信息

城市污水处理系统缺失信息通常采用统计学、聚类等方法进行处理。统计学方法通过分析城市污水处理系统信息，获取统计信息，利用算术平均值等信息填充缺失值。聚类是寻求类间的相似性，构建较小的具有代表性的信息，并基于该集合进一步分析和填充缺失信息。

3) 修正异常信息

对于超过正常范围的信息，通常采用正常范围边界值代替的方法进行处理。

3. 城市污水处理系统辅助变量选取

城市污水处理系统辅助变量选取能够筛选出表征主导变量特征的相关性变量，与主导变量间具有紧密的关系。这里以主成分分析法为例，筛选过程变量，再结合专家知识确定辅助变量，主要实现步骤如下。

(1) 由系统相关变量组成样本矩阵。

(2) 对样本矩阵进行归一化处理，获得新矩阵。

(3) 求解样本矩阵的协方差矩阵，表示如下：

$$C_M = \mathrm{cov}(M) \tag{9-1}$$

其中，$\mathrm{cov}(\cdot)$ 为求解协方差矩阵；M 为样本矩阵。

(4) 计算协方差矩阵的特征值，特征值 λ 按从大到小的顺序排列。

(5) 设阈值为 η_0，$0.85 < \eta_0 < 1$，求解 a 个主成分的累计贡献率，表示如下：

$$\eta(a) = \sum_{i=1}^{a} \lambda_i \bigg/ \sum_{i=1}^{b} \lambda_i \tag{9-2}$$

(6) 若 $\eta(a) > \eta_0$，则停止计算，选择特征值较大的前 a 个变量为特征变量；否则，a 增加 1，转向步骤 (4)。

(7) 根据污水处理厂技术人员的专家知识人工选取部分相关变量作为城市污水处理模型的辅助变量。

(8) 综合步骤 (5) 和步骤 (6) 选取辅助变量，作为城市污水处理过程的辅助变量，并设置为模型的输入变量。

以上方法融合了城市污水处理系统的运行机理、数据特征和专家知识，可以保证辅助变量选取的有效性和可解释性。

关键水质指标是保证城市污水处理系统工况正常、稳定运行的重要指标。在多源信息驱动的城市污水处理系统模型中，一般选取污泥体积指数、泡沫浮渣、出水水质等指标或过程指标作为模型的输出，根据输入变量信息计算获得输出，实现关键指标的实时、有效检测并提高污水处理厂的运行质量、运行效率。

9.3.3　多源信息驱动的城市污水处理系统模型设计

多源信息驱动的城市污水处理系统模型是利用多源信息建立的系统模型，描述运行指标和过程变量之间的关系。本节以模糊神经网络为基础模型，利用迁徙学习方法进行信息融合，实现模型设计。

目标场景和参考场景中过程数据表示如下：

$$\begin{cases} D^s(t) = \{X^s(t), y_d^s(t)\} \\ D^t(t) = \{X^t(t), y_d^t(t)\} \end{cases} \tag{9-3}$$

其中，$D^s(t)$ 和 $D^t(t)$ 为源场景和目标场景数据；$X^s(t)$、$X^t(t)$、$y_d^s(t)$ 和 $y_d^t(t)$ 分别为 t 时刻参考场景输入样本、目标场景的输入样本、源场景输出样本和目标场景输出样本。

目标模型的模糊规则表示如下：

$$R_j^t: \text{IF} \quad x_1^t(t) \text{ is } A_{1j}^t(t) \text{ and } \cdots x_i^t(t) \text{ is } A_{ij}^t(t) \text{ and } \cdots x_D^t(t) \text{ is } A_{Dj}^t(t)$$
$$\text{THEN} \quad y_j^t(t) \in f_j^t(t) \tag{9-4}$$

其中，$j=1, 2, \cdots, P$，P 为目标模型的规则数；$x_i^t(t)$ 为输入变量；$A_{ij}^t(t)$ 为高斯隶属度函数值；$y_j^t(t)$ 为目标模型的规则输出；$f_j^t(t)$ 表示如下：

$$f_j^t(t) = w_j^t(t) v_j^t(t) \tag{9-5}$$

其中，$w_j^t(t)$ 为第 j 个归一化神经元的权值；$v_j^t(t)$ 为第 j 个归一化神经元的输出，且

$$v_j^t(t) = \prod_{i=1}^{D} A_{ij}^t(t) \bigg/ \sum_{j=1}^{P} \left(\prod_{i=1}^{D} A_{ij}^t(t) \right) \tag{9-6}$$

$$A_{ij}^t(t) = \mathrm{e}^{-\dfrac{\left(x_i^t(t) - c_{ij}^t(t)\right)^2}{2(\sigma_{ij}^t(t))^2}} \tag{9-7}$$

其中，$c_{ij}^t(t)$ 和 $\sigma_{ij}^t(t)$ 分别为目标场景中的中心和宽度。

源模型的模糊规则可表示如下：

$$R_j^s: \text{IF} \quad x_1^s(t) \text{ is } A_{1j}^s(t) \text{ and } \cdots x_i^s(t) \text{ is } A_{ij}^s(t) \text{ and } \cdots x_D^s(t) \text{ is } A_{Dj}^s(t)$$
$$\text{THEN} \quad y_j^s(t) \text{ is } f_j^s(t) \tag{9-8}$$

其中，R_j^s 为源模型的第 j 条规则；$x_i^s(t)$ 为源模型的输入变量；$A_{ij}^s(t)$ 为源模型的高斯隶属度函数值；$y_j^s(t)$ 为源模型的规则输出。利用 IF-THEN 规则表达形式，将城市污水处理系统的参考场景和目标场景中数据信息分别表示如下：

$$\text{IF} \quad x_1^s(t) \in L_{1p}^s(t) \text{ and } \cdots x_d^s(t) \in L_{dp}^s(t) \text{ and } \cdots x_D^s(t) \in L_{Dp}^s(t)$$
$$\text{THEN} \quad y_p^s(t) \in f_p^s(t) \tag{9-9}$$

$$\text{IF} \quad x_1^t(t) \in L_{1p}^t(t) \quad \text{and} \quad \cdots x_d^t(t) \in L_{dp}^t(t) \quad \text{and} \quad \cdots x_D^t(t) \in L_{Dp}^t(t)$$
$$\text{THEN} \quad y_p^t(t) \in f_p^t(t) \tag{9-10}$$

其中，$x_d^s(t)$ 为参考场景中第 d 个输入变量；$L_{dp}^s(t)$ 为参考场景中第 p 条模糊规则中第 d 个输入变量的语言项；$y_p^s(t)$ 为参考场景中第 p 条模糊规则的输出；$x_d^t(t)$ 为目标场景中第 d 个输入变量；$L_{dp}^t(t)$ 为目标场景中第 p 条模糊规则中第 d 个输入变量的语言项；$y_p^t(t)$ 为目标场景中第 p 条模糊规则的输出。参考模型的目标函数表示如下：

$$E_1(t) = \frac{1}{2}\left(f^s(X^s(t), \Theta^s(t)) - y_d^s(t)\right)^2 \tag{9-11}$$

其中，$f^s(t)$ 为参考模型输出；$\Theta^s(t) = [C^s(t), \gamma^s(t)]$ 为参考模型的参数向量，有

$$\begin{cases} C^s(t) = [c_1^s(t), c_2^s(t), \cdots, c_P^s(t)] \\ \gamma^s(t) = [\gamma_1^s(t), \gamma_2^s(t), \cdots, \gamma_P^s(t)] \end{cases} \tag{9-12}$$

其中，$C^s(t)$ 为参考模型中 t 时刻整个 RBF 神经元的中心；$\gamma^s(t)$ 为参考模型中 t 时刻整个 RBF 神经元的宽度。建立目标模型的目标函数表示如下：

$$E_3(t) = \frac{1}{2}\left(f^t(X^t(t), \Theta^t(t), \delta\Theta^s(t)) - y_d^t(t)\right)^2 \tag{9-13}$$

其中，$f^t(t)$ 为目标模型输出；δ 为模型之间的关系。目标模型中规则的中心和宽度更新可以表示如下：

$$\begin{cases} C^{\text{new}}(t) = C^{\text{old}}(t) + \delta C^s(t) \\ \gamma^{\text{new}}(t) = \gamma^{\text{old}}(t) + \delta\gamma^s(t) \end{cases} \tag{9-14}$$

其中，$C^{\text{old}}(t)$ 为目标模型中神经元的中心；$\gamma^{\text{old}}(t)$ 为目标模型中神经元的宽度。

多源信息驱动的城市污水处理系统模型输出表示如下：

$$f(t) = (1-\beta)f^s(t) + \beta f^t(t) \tag{9-15}$$

其中，β 为平衡参数，$0<\beta<1$，通过多层联结结构，多源信息驱动的城市污水处理系统模型可以同时利用当前场景和参考模型的信息，改善目标模型的学习性能。

9.4 多源信息驱动的城市污水处理系统模型动态调整

本节在多源信息驱动的城市污水处理系统模型构建的基础上，利用城市污水处理系统中的多源信息，在线调整模型的参数和结构，完成城市污水处理系统模型动态调整，改善系统模型性能。本节以运行机理、过程数据和知识信息驱动的系统模型为例，介绍基于知识的参数动态调整方法，描述基于模糊规则潜能 (potential fuzzy rule，PFR) 的结构动态调整方法。

9.4.1 多源信息驱动的城市污水处理系统模型参数更新

基于静态形式的多源信息驱动城市污水处理系统在模型训练过程不发生变化，导致模型的性能无法满足实际运行的需要。因此，采用基于知识迁徙学习方法对模型参数进行调整，该方法可以利用多源驱动信息(运行机理、过程数据和知识信息)学习模型参数，弥补模型信息不足的问题，将多源信息驱动的目标函数表示如下：

$$\Gamma(t) = F(t) + \alpha \Omega(t) + \varepsilon L(t) \tag{9-16}$$

$$\begin{cases} \Omega(t) = \dfrac{1}{2}\left(f^{\mathrm{s}}(t) - f^{\mathrm{t}}(t)\right)^2 \\ L(t) = \dfrac{1}{2}\left\| w^{\mathrm{t}}(t) \right\|^2 \end{cases} \tag{9-17}$$

其中，$0 < \alpha, \varepsilon < 1$ 为平衡参数；$w^{\mathrm{t}}(t)$ 为 t 时刻目标模型的权值向量。该目标函数可以弥补参考场景与目标场景之间信息分布的差异，减小信息差异带来的负面影响。此外，该目标函数可以同时利用源模型的知识和目标数据，提高目标模型的建模能力。多源信息驱动的城市污水处理系统模型参数更新表示如下：

$$\begin{cases} \Theta^{\mathrm{s}}(t+1) = \Theta^{\mathrm{s}}(t) + \Delta\Theta^{\mathrm{s}}(t) \\ \Theta^{\mathrm{new}}(t+1) = \Theta^{\mathrm{new}}(t) + \Delta\Theta^{\mathrm{new}}(t) \\ w^{\mathrm{s}}(t+1) = w^{\mathrm{s}}(t) + \Delta w^{\mathrm{s}}(t) \\ w^{\mathrm{t}}(t+1) = w^{\mathrm{t}}(t) + \Delta w^{\mathrm{t}}(t) \end{cases} \tag{9-18}$$

$$\begin{cases} \Delta\Theta^{\mathrm{s}}(t) = -\eta_1(1-\beta)\left(\dfrac{e(t)}{2} + \alpha\varsigma(t)\right)\dfrac{\partial f^{\mathrm{s}}(t)}{\partial\Theta^{\mathrm{s}}(t)} \\ \Delta\Theta^{\mathrm{new}}(t) = \eta_2\beta\left(\dfrac{e(t)}{2} - \alpha\varsigma(t)\right)\dfrac{\partial f^{\mathrm{t}}(t)}{\partial\Theta^{\mathrm{new}}(t)} \end{cases} \tag{9-19}$$

$$
\begin{cases}
\Delta w^{\mathrm{s}}(t) = -\eta_3(1-\beta)\left(\dfrac{e(t)}{2} + \alpha\varsigma(t)\right)\dfrac{\partial f^{\mathrm{s}}(t)}{\partial w^{\mathrm{s}}(t)} \\[3mm]
\Delta w^{\mathrm{t}}(t) = \eta_4\beta\left(\dfrac{e(t)}{2} - \alpha\varsigma(t)\right)\dfrac{\partial f^{\mathrm{t}}(t)}{\partial w^{\mathrm{t}}(t)} + 2\varepsilon w^{\mathrm{t}}(t)
\end{cases}
\tag{9-20}
$$

其中，$e(t)$ 为多源信息驱动的城市污水处理系统模型输出误差；$\varsigma(t)=f^{\mathrm{s}}(t)-f^{\mathrm{t}}(t)$ 为输出差异。η_1、η_2 为参考模型和目标模型前件参数学习率；η_3 和 η_4 为参考模型和目标模型权值的权值学习率。源模型前件参数 $\Theta^{\mathrm{s}}(t)=[C^{\mathrm{s}}(t),\gamma^{\mathrm{s}}(t)]$ 的偏导数表示如下：

$$
\frac{\partial f^{\mathrm{s}}(t)}{\partial \Theta^{\mathrm{s}}(t)} =
\begin{bmatrix}
\dfrac{\partial f^{\mathrm{s}}(t)}{\partial c_{1j}^{\mathrm{s}}(t)}, & \dfrac{\partial f^{\mathrm{s}}(t)}{\partial c_{2j}^{\mathrm{s}}(t)}, & \cdots, & \dfrac{\partial f^{\mathrm{s}}(t)}{\partial c_{mj}^{\mathrm{s}}(t)} \\[3mm]
\dfrac{\partial f^{\mathrm{s}}(t)}{\partial \sigma_{1}^{\mathrm{s}}(t)}, & \dfrac{\partial f^{\mathrm{s}}(t)}{\partial \sigma_{2}^{\mathrm{s}}(t)}, & \cdots, & \dfrac{\partial f^{\mathrm{s}}(t)}{\partial \sigma_{P}^{\mathrm{s}}(t)}
\end{bmatrix}
\tag{9-21}
$$

$$
\frac{\partial f^{\mathrm{s}}(t)}{\partial c_{j}^{\mathrm{s}}(t)} =
\begin{bmatrix}
\dfrac{\partial f^{\mathrm{s}}(t)}{\partial c_{1j}^{\mathrm{s}}(t)}, & \dfrac{\partial f^{\mathrm{s}}(t)}{\partial c_{2j}^{\mathrm{s}}(t)}, & \cdots, & \dfrac{\partial f^{\mathrm{s}}(t)}{\partial c_{mj}^{\mathrm{s}}(t)}
\end{bmatrix}
\tag{9-22}
$$

$$
\frac{\partial f^{\mathrm{s}}(t)}{\partial c_{ij}^{\mathrm{s}}(t)} = \frac{2w_{j}^{\mathrm{s}}(t)v_{i}^{\mathrm{s}}(t)(x_{i}(t)-c_{ij}^{\mathrm{s}}(t))}{\sigma_{ij}^{\mathrm{s}}(t)}
\tag{9-23}
$$

$$
\frac{\partial f^{\mathrm{s}}(t)}{\partial \sigma_{j}^{\mathrm{s}}(t)} =
\begin{bmatrix}
\dfrac{\partial f^{\mathrm{s}}(t)}{\partial \sigma_{1j}^{\mathrm{s}}(t)}, & \dfrac{\partial f^{\mathrm{s}}(t)}{\partial \sigma_{2j}^{\mathrm{s}}(t)}, & \cdots, & \dfrac{\partial f^{\mathrm{s}}(t)}{\partial \sigma_{mj}^{\mathrm{s}}(t)}
\end{bmatrix}
\tag{9-24}
$$

$$
\frac{\partial f^{\mathrm{s}}(t)}{\partial \sigma_{ij}^{\mathrm{s}}(t)} = \frac{w_{j}^{\mathrm{s}}(t)v_{i}^{\mathrm{s}}\left\|x_{i}(t)-c_{ij}^{\mathrm{s}}(t)\right\|^{2}}{(\sigma_{ij}^{\mathrm{s}}(t))^{2}}
\tag{9-25}
$$

目标模型参数的前件参数 $\Theta_{\mathrm{new}}(t)=[C_{\mathrm{new}}(t),\gamma_{\mathrm{new}}(t)]$ 的偏导数表示如下：

$$
\frac{\partial \Gamma(t)}{\partial \Theta_{\mathrm{new}}(t)} =
\begin{bmatrix}
\dfrac{\partial \Gamma(t)}{\partial c_{1}^{\mathrm{new}}(t)}, & \dfrac{\partial \Gamma(t)}{\partial c_{2}^{\mathrm{new}}(t)}, & \cdots, & \dfrac{\partial \Gamma(t)}{\partial c_{P}^{\mathrm{new}}(t)} \\[3mm]
\dfrac{\partial \Gamma(t)}{\partial \sigma_{1}^{\mathrm{new}}(t)}, & \dfrac{\partial \Gamma(t)}{\partial \sigma_{2}^{\mathrm{new}}(t)}, & \cdots, & \dfrac{\partial \Gamma(t)}{\partial \sigma_{P}^{\mathrm{new}}(t)}
\end{bmatrix}
\tag{9-26}
$$

其中，目标模型中心参数 $C_{\mathrm{new}}(t)$、$\gamma_{\mathrm{new}}(t)$ 的偏导数表示如下：

$$
\frac{\partial f^{\mathrm{t}}(t)}{\partial c_{j}^{\mathrm{new}}(t)} =
\begin{bmatrix}
\dfrac{\partial f^{\mathrm{t}}(t)}{\partial c_{1j}^{\mathrm{new}}(t)}, & \dfrac{\partial f^{\mathrm{t}}(t)}{\partial c_{2j}^{\mathrm{new}}(t)}, & \cdots, & \dfrac{\partial f^{\mathrm{t}}(t)}{\partial c_{mj}^{\mathrm{new}}(t)}
\end{bmatrix}
\tag{9-27}
$$

$$\frac{\partial f^{\mathrm{t}}(t)}{\partial c_{ij}^{\mathrm{new}}(t)} = \frac{2w_j^{\mathrm{t}}(t)v_i^{\mathrm{t}}(t)[x_i(t) - c_{ij}^{\mathrm{new}}(t)]}{\sigma_{ij}^{\mathrm{new}}(t)} \tag{9-28}$$

$$\frac{\partial f^{\mathrm{t}}(t)}{\partial \sigma_j^{\mathrm{new}}(t)} = \left[\frac{\partial f^{\mathrm{t}}(t)}{\partial \sigma_{1j}^{\mathrm{new}}(t)}, \frac{\partial f^{\mathrm{t}}(t)}{\partial \sigma_{2j}^{\mathrm{new}}(t)}, \cdots, \frac{\partial f^{\mathrm{t}}(t)}{\partial \sigma_{mj}^{\mathrm{new}}(t)} \right] \tag{9-29}$$

$$\frac{\partial f^{\mathrm{t}}(t)}{\partial \sigma_{ij}^{\mathrm{new}}(t)} = \frac{w_j^{\mathrm{t}}(t) \times v_i^{\mathrm{t}} \times \left\| x_i(t) - c_{ij}^{\mathrm{new}}(t) \right\|^2}{\sigma_{ij}^{\mathrm{new}}(t)^2} \tag{9-30}$$

多源信息驱动的城市污水处理系统模型输出相对于源模型后件参数 $w^{\mathrm{s}}(t)$ 的偏导数表示如下：

$$\frac{\partial f^{\mathrm{s}}(t)}{\partial w^{\mathrm{s}}(t)} = \left[\frac{\partial f^{\mathrm{s}}(t)}{\partial w_1^{\mathrm{s}}(t)}, \frac{\partial f^{\mathrm{s}}(t)}{\partial w_2^{\mathrm{s}}(t)}, \cdots, \frac{\partial f^{\mathrm{s}}(t)}{\partial w_P^{\mathrm{s}}(t)} \right] \tag{9-31}$$

$$\frac{\partial f^{\mathrm{s}}(t)}{\partial w_1^{\mathrm{s}}(t)} = v_1^{\mathrm{s}}(t) \tag{9-32}$$

多源信息驱动的城市污水处理系统模型输出相对于目标模型后件参数 $w^{\mathrm{t}}(t)$ 的偏导数表示如下：

$$\frac{\partial f^{\mathrm{t}}(t)}{\partial w^{\mathrm{t}}(t)} = \left[\frac{\partial f^{\mathrm{t}}(t)}{\partial w_1^{\mathrm{t}}(t)}, \frac{\partial f^{\mathrm{t}}(t)}{\partial w_2^{\mathrm{t}}(t)}, \cdots, \frac{\partial f^{\mathrm{t}}(t)}{\partial w_P^{\mathrm{t}}(t)} \right] \tag{9-33}$$

$$\frac{\partial f^{\mathrm{t}}(t)}{\partial w_1^{\mathrm{t}}(t)} = v_1^{\mathrm{t}}(t) \tag{9-34}$$

根据上述公式，多源信息驱动的城市污水处理系统模型参数更新完毕。

9.4.2　多源信息驱动的城市污水处理系统模型结构调整

多源信息驱动的城市污水处理系统固定结构将影响模型性能，当结构规模较大时，虽能获得较好的性能但计算复杂度较高；当结构规模较小时，由于信息处理能力不足，模型性能较差。因此，为了动态调整多源信息驱动的城市污水处理系统模型的结构，采用基于 PFR 的优化方法对模型结构进行调整，该方法通过设计 PFR 指标，评价多源信息驱动的城市污水处理系统模型结构，实现模型结构的动态调整，具体包括指标计算、结构增长、结构删减三个阶段。

1. 系统模型结构指标计算

考虑 k 个历史输入/输出信息，线性回归模型定义为

$$y_d(t) = W(t)\Phi(t) + e(t) \tag{9-35}$$

其中，$y_d(t)$ 为系统模型的输出；$W(t)$ 为归一化层权值向量；$e(t)$ 为误差向量；$\Phi(t)$ 表示如下：

$$\Phi(t) = [v(t-k+1), v(t-k+2), \cdots, v(t)] \tag{9-36}$$

其中，$v(t)$ 为归一化层的输出。利用 QR 分解，$\Phi(t)$ 重新表示如下：

$$\Phi^{\mathrm{T}}(t) = Q(t)R(t) \tag{9-37}$$

其中，$Q(t) = [q_1(t), q_2(t), \cdots, q_P(t)]$，$q_1(t) = [q_1(t-k+1), q_1(t-k), \cdots, q_1(t)]^{\mathrm{T}}$；$R(t)$ 为上三角矩阵。误差下降率表示如下：

$$\mathrm{err}_l(t) = \frac{(y_d(t)q_1^{\mathrm{T}}(t))^2}{q_1^{\mathrm{T}}(t)q_1(t)y_d^{\mathrm{T}}(t)y_d(t)} \tag{9-38}$$

其中，第 l 个归一化层神经元的 PFR 表示如下：

$$\mathrm{PFR}_l(t) = \frac{R_l(t)}{\sum_{l=1}^{P} R_l(t)} \tag{9-39}$$

$$R_l(t+1) = \lambda R_l(t) + v_l(t-\rho+1)\mathrm{err}_l(t) \tag{9-40}$$

其中，$\rho = k, k-1, \cdots, 1$；$0 < \lambda < 1$ 为一个常数。PFR 能够识别出重要的模糊规则及冗余的模糊规则。为了提高模型的性能，提出一种基于 PFR 的自组织机制来调整模糊规则。

2. 系统模型结构增长

如果第 l 个归一化的神经元的 PFR 满足

$$\mathrm{PFR}_l(t) > \beta_0 \tag{9-41}$$

则新增一个神经元，其中 $\beta_0 \in (0,1)$ 为增长阈值。对新增加的神经元进行初始化，表示如下：

$$c_{\mathrm{new}}(t) = \frac{1}{2}(c_l(t) + x(t)) \tag{9-42}$$

$$\sigma_{\mathrm{new}}(t) = \sigma_l(t) \tag{9-43}$$

$$w_{\text{new}}(t) = \frac{e(t)}{v_{\text{new}}(t)} \tag{9-44}$$

其中，$c_{\text{new}}(t)$ 为新增的神经元中心；$\sigma_{\text{new}}(t)$ 为新增的神经元宽度；$w_{\text{new}}(t)$ 为新增的连接权值；$c_l(t)$ 为第 l 个神经元的中心；$\sigma_l(t)$ 为第 l 个神经元的宽度。

3. 系统模型结构删减

如果第 l 个归一化神经元的 PFR 满足

$$\text{PFR}_l(t) \leqslant \beta_1 \tag{9-45}$$

则删减一个神经元，其中 $\beta_1 \in (0, 0.1)$ 为删减阈值，对最相邻神经元 l' 的参数进行初始化表示如下：

$$c'_{l'}(t) = c_{l'}(t), \quad c_l(t) = 0 \tag{9-46}$$

$$\sigma'_{l'}(t) = \sigma_{l'}(t), \quad \sigma_l(t) = 0 \tag{9-47}$$

$$w'_{l'}(t) = \frac{w_{l'}(t)v_{l'}(t) + w_l(t)v_l(t)}{v_{l'}(t)}, \quad w_l(t) = 0 \tag{9-48}$$

其中，第 l' 个神经元表示第 l 个神经元欧氏距离最近的神经元；$c_{l'}(t)$ 为 t 时刻删减之前的第 l' 神经元的中心值；$c'_{l'}(t)$ 为 t 时刻删减之后的第 l' 个神经元的中心值；$\sigma_{l'}(t)$ 为 t 时刻删减之前的第 l' 神经元的宽度值；$\sigma'_{l'}(t)$ 为 t 时刻删减之后的第 l' 神经元的宽度；$w_{l'}(t)$ 为 t 时刻删减之前的第 l' 个神经元的权值；$w'_{l'}(t)$ 为 t 时刻删减之后的第 l' 个神经元的权值。

多源信息驱动的城市污水处理系统模型动态调整步骤如下：

(1) 初始化系统模型参数和神经元个数，建立初始系统模型。

(2) 参考场景中进入学习样本，基于梯度下降算法更新参考模型参数。

(3) 计算模型的输出，获得输出误差、相互吸引策略项和正则化项。基于优化准则，采用梯度下降算法，更新当前模型参数。

(4) 计算归一化层神经元的 PFR 值。

(5) 利用 PFR 动态调整系统模型结构，并更新相应神经元参数。

(6) 令 $P' = P$，保证源模型和目标模型的结构相同。

(7) 若达到最大训练步数，则算法终止，否则跳转到 (3)。

采用以上参数和结构动态调整机制，系统模型能够自适应跟踪污水处理过程动态变化的环境，提高模型的自适应能力。

9.5 多源信息驱动的城市污水处理系统模型应用案例

多源信息驱动的城市污水处理系统模型通过构建关键过程变量与运行指标之间的关系，实现运行指标的在线检测。本节基于运行机理、过程数据和知识信息的多源信息城市污水处理系统模型应用于出水水质指标检测，基于收敛性证明验证模型性能，并建立出水水质指标和过程变量之间的关系，实现出水生化需氧量和出水总磷浓度的精准检测。

9.5.1 多源信息驱动的城市污水处理系统模型辅助变量选取

为了提高多源信息驱动的城市污水处理系统模型的性能，需要对污水处理过程运行机理、过程数据和知识信息进行分析和处理，提取辅助变量。多源信息驱动的城市污水处理系统模型辅助变量选取过程主要包括城市污水处理过程相关变量选取、城市污水处理过程信息预处理以及城市污水处理系统辅助变量分析。以出水总磷浓度为例，利用主成分分析法完成关键水质参数的辅助变量选取，根据式(9-1)和式(9-2)选取进水总磷浓度、温度、溶解氧浓度、pH和总固体悬浮物浓度作为系统模型的辅助变量。

9.5.2 多源信息驱动的城市污水处理系统模型性能验证

多源信息驱动的城市污水处理系统模型性能验证是保证系统模型应用效果的前提，本节以多源信息驱动的城市污水处理系统模型收敛性证明为例，对系统模型性能进行验证，具体过程包括系统模型的参数更新阶段和结构调整阶段。

1. 系统模型参数更新的收敛性分析

为了验证多源信息驱动的城市污水处理系统模型的收敛性，引入如下学习误差表示如下：

$$e_1(t) = f_S(x_T(t)) - y_T(t) \tag{9-49}$$

$$e_2(t) = f_T(x_T(t)) - y_T(t) \tag{9-50}$$

$$e_3(t) = K_R(t) - K_U(t) \tag{9-51}$$

$$e_4(t) = K_T(t) - [K_E(t), K_U(t), K_Z(t)] \tag{9-52}$$

其中，$e_1(t)$ 为差异自适应误差；$e_2(t)$ 为当前场景数据驱动误差；$e_3(t)$ 为信息保留误差；$e_4(t)$ 为参考场景知识驱动误差；$K_R(t)$、$K_T(t)$、$K_E(t)$、$K_U(t)$ 和 $K_Z(t)$ 分别为目标场景和参考场景的重构信息、目标场景中的信息、参考场景中的有效信息、参考场景中的可用信息和参考场景中的误差信息。

定理 9-1 假设该系统模型根据更新规则训练，如果满足

$$\lambda_{\mathrm{T}}(t) = \frac{\alpha(t)e_1^2(t) + \beta(t)e_3^2(t) + \gamma(t)e_2^2(t) + W(t)e_4^2(t)}{\left(e_2^2(t)\dfrac{\partial y(K_{\mathrm{T}}(t))}{\partial K_{\mathrm{T}}(t)} + e_4^2(t)\right)^2} \tag{9-53}$$

则该方法的收敛性是可以保证的，且有

$$\lim_{t \to \infty} E(t) = 0 \tag{9-54}$$

证明　定义李雅普诺夫函数表示如下：

$$V(K_{\mathrm{T}}(t)) = \frac{1}{2}E^{\mathrm{T}}(t)E(t) \tag{9-55}$$

李雅普诺夫函数的差值表示如下：

$$\Delta V(K_{\mathrm{T}}(t)) = \frac{1}{2}(E^2(t+1) - E^2(t)) \tag{9-56}$$

$$E(t+1) = E(t) + \Delta E(t) \tag{9-57}$$

$$\Delta E(t) = \frac{\partial E(t)}{K_{\mathrm{T}}(t)}(K_{\mathrm{T}}(t+1) - K_{\mathrm{T}}(t)) \tag{9-58}$$

利用式(9-53)的更新规则，表示如下：

$$K_{\mathrm{T}}(t+1) - K_{\mathrm{T}}(t) = -\lambda_{\mathrm{T}}(t)\frac{\partial E(t)}{\partial K_{\mathrm{T}}(t)} \tag{9-59}$$

结合式(9-56)～式(9-59)，李雅普诺夫函数的差值可重新表示如下：

$$\Delta V(K_{\mathrm{T}}(t)) = -\lambda_{\mathrm{T}}(t)\left(e_2(t)\frac{\partial y(K_{\mathrm{T}}(t))}{\partial K_{\mathrm{T}}(t)} + e_4(t)\right)^2 \\ - (\alpha(t)e_1^2(t) + \beta(t)e_3^2(t) + \gamma(t)e_2^2(t) + W(t)e_4^2(t)) \tag{9-60}$$

如果满足条件(9-53)，可得

$$\Delta V(K_{\mathrm{T}}(t)) < 0 \tag{9-61}$$

根据李雅普诺夫引理，系统模型参数更新方法在结构固定阶段的收敛性得证。

2. 系统模型结构调整的收敛性分析

定理 9-2　在结构调整情况下，当系统模型结构满足以下条件时

$$\lambda_{\mathrm{T}}^{p}(t) < \frac{2(\alpha(t)e_1^2(t) + \beta(t)e_3^2(t) + \gamma e_2^2(t) + w_{\mathrm{R}}^p(t)e_4^2(t))}{\left(e_1^2(t)\dfrac{\partial y(K_{\mathrm{T}}^p(t))}{\partial K_{\mathrm{T}}^p(t)} + e_4^2(t)\right)^2} \tag{9-62}$$

可以保证多源信息驱动的系统模型结构调整算法收敛，且有

$$\lim_{t\to\infty} J(t) = 0 \tag{9-63}$$

其中，$\lambda_{\mathrm{T}}^p(t)$ 为 $K_{\mathrm{T}}^p(t)$ 的学习率。

证明　从多源信息驱动的系统模型的参考场景中获得知识，系统模型参数初始化表示 $K_{\mathrm{T}}^{*p}(t) = K_{\mathrm{T}}^p(t) + \lambda_{\mathrm{T}}^p(t)\left(\partial J(t)/\partial K_{\mathrm{T}}^p(t)\right)$。近似误差表示如下：

$$e_1^*(t) = (y(K_{\mathrm{T}}^{*p}(t), x_{\mathrm{T}}(t)) - y_{\mathrm{T}}(t)) = 0 \tag{9-64}$$

因此，系统模型结构调整过程中近似误差保持不变，可保证系统模型结构调整方法的收敛性。

9.5.3　城市污水处理过程出水生化需氧量预测

本节建立基于知识迁徙模糊神经网络的城市污水处理系统模型，实现出水生化需氧量预测。该系统模型选取进水化学需氧量、出水固体悬浮物浓度、进水 pH、氨氮浓度和溶解氧浓度作为模型输入变量。实验数据来源于两个不同的城市污水处理厂，剔除异常数据后选取 500 组样本用于目标数据和 500 组添加随机噪声应用于参考场景中，70 组数据用于测试。为避免数据量纲对系统模型的影响，实验中需要对数据进行归一化处理，所有的输入数据和输出样本都归一化到[0，1]。模型参数设置如下：归一化神经元的初始值为 2，最大训练步数 500，平衡参数 ε 为 0.2，学习率 η 为 0.01，$\beta=0.7$，$\delta=0.5$，运行 10 次。为了评价多源信息驱动的城市污水处理系统模型的性能，采用的评价指标包括规则数、训练 RMSE 和预测 RMSE。

基于知识迁徙模糊神经网络的城市污水处理系统模型应用于第一个城市污水处理厂中，获得生化需氧量的训练结果和预测结果分别如图 9-1 和图 9-2 所示。图中显示多源信息驱动的系统模型预测输出与真实输出之间误差较小，表明所提出的系统模型具有较好的预测性能。

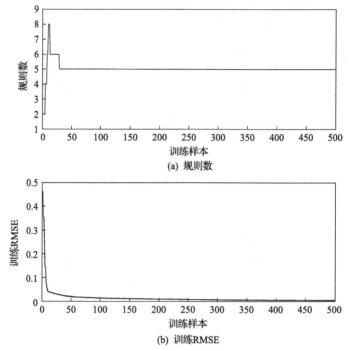

(a) 规则数

(b) 训练RMSE

图 9-1 基于知识迁徙模糊神经网络模型的生化需氧量训练结果(水厂一)

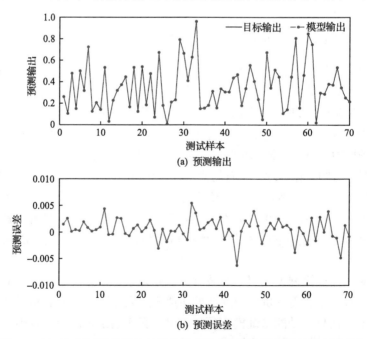

(a) 预测输出

(b) 预测误差

图 9-2 基于知识迁徙模糊神经网络模型的生化需氧量预测结果(水厂一)

　　为了进一步评价基于知识迁徙模糊神经网络的城市污水处理系统模型的性能，其预测结果与基于知识杠杆模糊神经网络的城市污水处理系统模型、基于动态模糊神经网络的城市污水处理系统模型、基于广义动态模糊神经网络的城市污水处理系统模型、基于增长修剪模糊神经网络的城市污水处理系统模型和基于模糊神经网络的城市污水处理系统模型相比，实验结果如表 9-2 所示。由表可知，所提出的系统模型具有最小的规则数、训练 RMSE 以及预测 RMSE。同时，与其他系统模型相比，基于知识迁徙模糊神经网络的城市污水处理系统模型能够获得精简的模型结构及较高的模型精度。

表 9-2　多源信息驱动城市污水处理系统模型生化需氧量实验结果对比（水厂一）

城市污水处理系统模型	规则数	训练 RMSE/10^{-4}	预测 RMSE/10^{-4}
基于知识迁徙模糊神经网络的城市污水处理系统模型	5	9.0450	9.1877
基于知识杠杆模糊神经网络的城市污水处理系统模型	7	10.0542	10.4557
基于动态模糊神经网络的城市污水处理系统模型	6	12.1012	12.1156
基于广义动态模糊神经网络的城市污水处理系统模型	5	10.0850	10.4985
基于增长修剪模糊神经网络的城市污水处理系统模型	5	9.8610	9.9657
基于模糊神经网络的城市污水处理系统模型	6	13.1190	13.3278

　　将基于知识迁徙模糊神经网络的城市污水处理系统模型应用于第二个城市污水处理厂进行实验，出水生化需氧量的训练结果和预测结果分别如图 9-3 和图 9-4

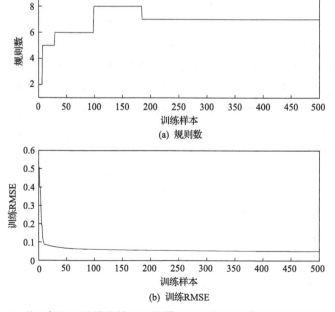

(a) 规则数

(b) 训练RMSE

图 9-3　基于知识迁徙模糊神经网络模型的生化需氧量训练结果（水厂二）

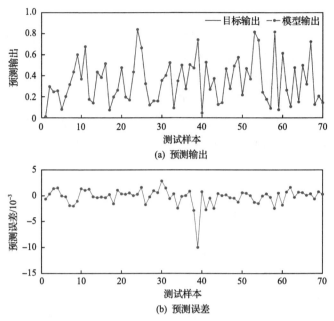

图 9-4　基于知识迁徙模糊神经网络模型的生化需氧量预测结果（水厂二）

所示。从图中可以看出，基于知识迁徙模糊神经网络的城市污水处理系统模型可以获得较小的训练 RMSE，以及较好的测试效果，能够较好地预测出水生化需氧量。

同时，基于知识迁徙模糊神经网络的城市污水处理系统模型与其他系统模型（基于知识杠杆模糊神经网络的城市污水处理系统模型、基于动态模糊神经网络的城市污水处理系统模型、基于广义动态模糊神经网络的城市污水处理系统模型、基于增长修剪模糊神经网络的城市污水处理系统模型和基于模糊神经网络的城市污水处理系统模型）的比较结果如表 9-3 所示。如表 9-3 所示，基于知识迁徙模糊神经网络的城市污水处理系统模型的规则数为 7，训练 RMSE 为 0.0510，预测

表 9-3　多源信息驱动城市污水处理系统模型生化需氧量实验结果对比（水厂二）

城市污水处理系统模型	规则数	训练 RMSE	预测 RMSE
基于知识迁徙模糊神经网络的城市污水处理系统模型	7	0.0510	0.0680
基于知识杠杆模糊神经网络的城市污水处理系统模型	7	0.0541	0.0692
基于动态模糊神经网络的城市污水处理系统模型	8	0.0551	0.0710
基于广义动态模糊神经网络的城市污水处理系统模型	9	0.0613	0.0699
基于增长修剪模糊神经网络的城市污水处理系统模型	8	0.0586	0.0679
基于模糊神经网络的城市污水处理系统模型	6	0.0524	0.0701

RMSE 为 0.0680。实验结果表明所提出的城市污水处理系统模型具有简单的结构以及较好的预测精度。

9.5.4　城市污水处理过程出水总磷浓度预测

基于知识迁徙模糊神经网络的城市污水处理系统模型应用于出水总磷浓度预测实验中，该模型的输入变量包括进水总磷浓度、温度、溶解氧浓度、pH 和总固体悬浮物浓度，输出变量为出水总磷浓度。实验数据来源于两个不同的城市污水处理厂，剔除异常数据后，参考场景包括 500 组源场景数据和 500 组添加随机噪声的目标场景数据，200 组数据用于测试。实验中需要对训练数据和预测数据进行归一化处理，所有的输入数据和输出数据都归一化到 [0, 1]。基于知识迁徙模糊神经网络的城市污水处理系统模型模糊数初始值是 2，平衡参数的 ε 为 0.15，学习率 η 为 0.01，$\delta = 0.6$，$\beta = 0.65$。

基于知识迁徙模糊神经网络的城市污水处理系统模型应用于第一个城市污水处理厂，出水总磷浓度训练结果和预测结果分别如图 9-5 和图 9-6 所示。从图中可以看出，预测误差处于 [−0.18, 0.12]，实验结果表明基于知识迁徙模糊神经网络的多源信息驱动城市污水处理系统模型具有较好的预测性能。

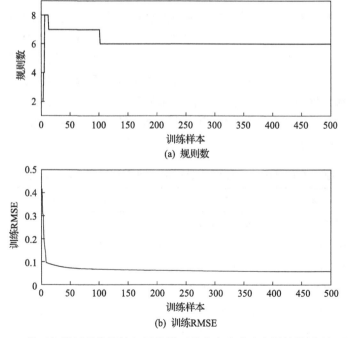

(a)　规则数

(b)　训练RMSE

图 9-5　基于知识迁徙模糊神经网络模型的出水总磷浓度训练结果(水厂一)

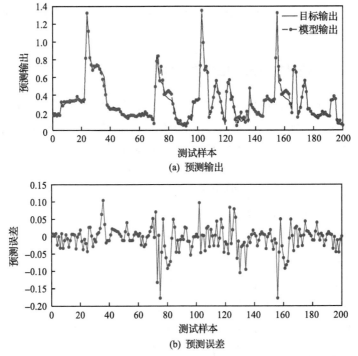

(a) 预测输出

(b) 预测误差

图 9-6　基于知识迁徙模糊神经网络模型的出水总磷浓度预测结果(水厂一)

　　为了评价基于知识迁徙模糊神经网络的城市污水处理系统模型的性能,其实验结果与基于知识杠杆模糊神经网络的城市污水处理系统模型、基于动态模糊神经网络的城市污水处理系统模型、基于广义动态模糊神经网络的城市污水处理系统模型、基于增长修剪模糊神经网络的城市污水处理系统模型和基于模糊神经网络的城市污水处理系统模型相比,具体结果如表 9-4 所示。实验结果表明所提出的基于知识迁徙模糊神经网络的城市污水处理系统模型能够实现对出水总磷浓度的实时及高精度预测。

表 9-4　多源信息驱动城市污水处理系统模型出水总磷浓度实验结果对比(水厂一)

城市污水处理系统模型	规则数	训练 RMSE	预测 RMSE
基于知识迁徙模糊神经网络的城市污水处理系统模型	6	0.0589	0.0593
基于知识杠杆模糊神经网络的城市污水处理系统模型	7	0.0662	0.0675
基于动态模糊神经网络的城市污水处理系统模型	10	0.0857	0.1350
基于广义动态模糊神经网络的城市污水处理系统模型	8	0.0824	0.1072
基于增长修剪模糊神经网络的城市污水处理系统模型	6	0.0696	0.1213
基于模糊神经网络的城市污水处理系统模型	7	0.0720	0.1059

　　基于知识迁徙模糊神经网络的城市污水处理系统模型应用于第二个城市污水处理厂中，该模型出水总磷浓度的训练结果和预测结果分别如图 9-7 和图 9-8 所示。为了进一步评价基于知识迁徙模糊神经网络的城市污水处理系统模型的性能，与其他五种系统模型(基于知识杠杆模糊神经网络的城市污水处理系统模型、基于动态模糊神经网络的城市污水处理系统模型、基于广义动态模糊神经网络的城市污水处理系统模型、基于增长修剪模糊神经网络的城市污水处理系统模型和基于模糊神经网络的城市污水处理系统模型)进行比较，具体实验结果如表 9-5 所示。从表中可知，基于知识迁徙模糊神经网络的城市污水处理系统模型具有紧凑的结果和较好的预测效果。

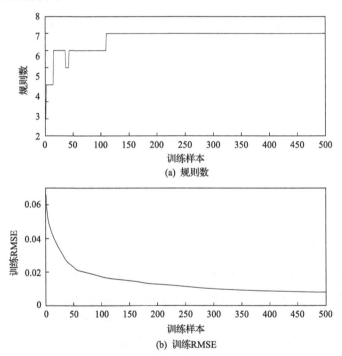

(a) 规则数

(b) 训练RMSE

图 9-7　基于知识迁徙模糊神经网络模型的出水总磷浓度训练结果(水厂二)

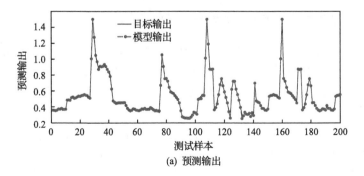

(a) 预测输出

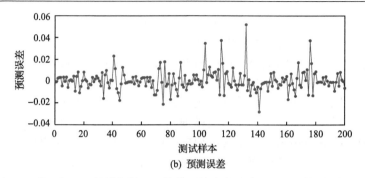

(b) 预测误差

图 9-8　基于知识迁徙模糊神经网络模型的出水总磷浓度预测结果（水厂二）

表 9-5　多源信息驱动城市污水处理系统模型出水总磷浓度实验结果对比（水厂二）

城市污水处理系统模型	规则数	训练 RMSE	预测 RMSE
基于知识迁徙模糊神经网络的城市污水处理系统模型	7	0.0075	0.0009
基于知识杠杆模糊神经网络的城市污水处理系统模型	8	0.0081	0.0010
基于动态模糊神经网络的城市污水处理系统模型	11	0.0069	0.0010
基于广义动态模糊神经网络的城市污水处理系统模型	10	0.0089	0.0009
基于增长修剪模糊神经网络的城市污水处理系统模型	8	0.0079	0.0009
基于模糊神经网络的城市污水处理系统模型	10	0.0085	0.0010

9.6　多源信息驱动的城市污水处理系统模型应用平台

　　多源信息驱动的城市污水处理系统模型应用平台是多源信息驱动模型应用的重要基础，有助于城市污水处理厂管理自动化、程序化和全面化。多源信息驱动的城市污水处理系统模型应用平台的开发包括系统平台搭建和集成技术，将数据采集、数据管理、多源信息驱动模型等功能封装成单独模块，并进行系统化整合。通过在实际的城市污水处理厂应用，完成系统平台验证。

9.6.1　多源信息驱动的城市污水处理系统模型平台搭建

　　多源信息驱动的城市污水处理系统模型平台搭建设计并实现以下功能模块：用户管理模块、数据处理模块、变量选取模块、水质预测模块和信息报表模块。该系统采用 Visual Studio 2010、MATLAB、C#语言等编程语言完成系统设计、界面的编程等功能。

　　该系统通过水质传感器采集城市污水处理厂的样本数据，经过数据预处理后，结合导入基于多源信息的模糊神经网络模型，利用训练数据对模型进行训练并完成预测模型的搭建。同时搭建数据显示模块，实现预测曲线和预测误差曲线的直接显示。该系统具有实时预测城市污水处理过程关键变量的功能。

9.6.2 多源信息驱动的城市污水处理系统模型平台集成

多源信息驱动的城市污水处理系统模型平台集成是将该系统各个功能模块以及硬件设备进行整合，通过对各相对独立的操作系统的集中控制，实现管理的系统化和集成化。从城市污水处理厂人员的办公需求出发，设计基于浏览器/服务器（browser/server, B/S）结构的在线系统。污水处理厂人员可以在任意时间和地点查询与出水水质相关的记录信息；通过中控室上位机的实时显示，观察污水处理运行情况。多源信息驱动的城市污水处理系统集成了用户管理模块、污水处理过程变量数据处理模块等功能模块。各个模块具备的功能如下。

1. 用户管理模块

用户管理模块可以对模型平台访问人员进行验证，访问人员分为普通用户和管理员用户。普通用户的权限包括水质查看、数据导出等基本功能，管理员权限在基础权限外，还具有管理用户信息、修改数据及其他重要权限。登录界面如图 9-9 所示。

图 9-9　多源信息驱动的城市污水处理系统模型平台用户管理模块

2. 数据处理模块

数据处理模块利用相关传感器进行过程变量数据的采集，并进行实时通信，保证了过程变量数据上传的准确性和同步性。在数据处理模块中，选用关系型数据库，用于存储数据结果，如图 9-10 所示。

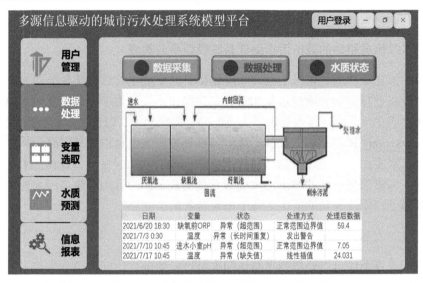

图 9-10　多源信息驱动的城市污水处理系统模型平台数据处理模块

3. 变量选取模块

变量选取模块通过分析城市污水处理运行过程特点，结合城市污水处理系统相关运行机理、过程数据和知识信息，获得该系统的所有相关变量。此外，变量选取模块基于城市污水处理系统变量数据，利用统计分析的方法，结合相关运行机理和数据选取相关性较强的多个变量作为城市污水处理系统模型的部分输入变量，如图 9-11 所示。

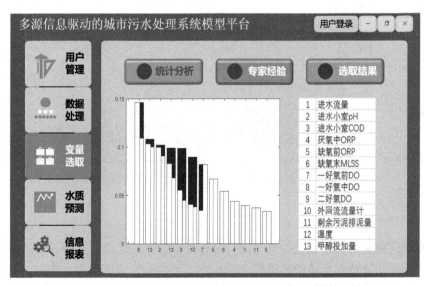

图 9-11　多源信息驱动的城市污水处理系统模型平台变量选取模块

4. 水质预测模块

水质预测模块利用污水处理过程机理、数据、知识建立系统模型，根据系统模型实现出水水质预测和出水水质显示。一方面，系统模型通过深入挖掘出水水质变量指标和过程变量之间的关系，建立系统模型。另一方面，系统模型可以通过图像动态显示过程变量和水质参数，便于操作人员根据系统显示随时监视城市污水处理过程运行状态，如图 9-12 所示。

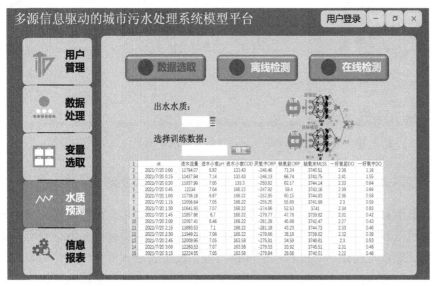

图 9-12　多源信息驱动的城市污水处理系统模型平台水质预测模块

5. 信息报表模块

信息报表模块主要用于存储其他模块产生的信息，通过信息报表界面可以对城市污水处理各个模块的数据进行展示。为了保证运行信息安全性和保密性，历史信息导出功能和历史数据打印功能均需管理员权限，如图 9-13 所示。

多源信息驱动的城市污水处理系统模型平台可以自动采集数据、机理和知识，并利用多源信息建立系统模型、知识实现出水水质的监测，各个模块之间相互连接，相辅相成。因此，多源信息驱动的城市污水处理系统模型平台具有以下特点：首先，模型平台充分考虑了当下与未来的业务，可以自适应调整功能模块，具有灵活性和可拓展性；其次，模型平台可以规范数据访问，加密重要文件，具有安全性；再次，模型平台充分考虑了当下与未来的业务，可以自适应调整功能模块，具有灵活性和可拓展性；最后，模型平台可以在内部和外部实现数据互通，功能互通，具有协同性。

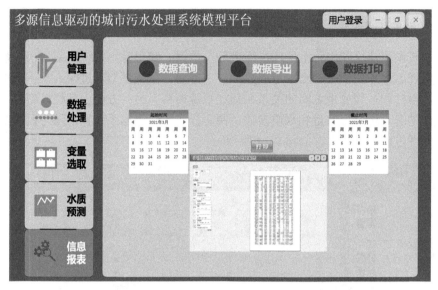

图 9-13　多源信息驱动的城市污水处理系统模型平台信息报表模块

9.6.3　多源信息驱动的城市污水处理系统模型平台应用效果

多源信息驱动的城市污水处理系统模型平台应用效果验证将从实验室中试平台建立示范和实际污水处理厂建设示范两方面进行。将设计的多源信息驱动的城市污水处理系统应用中，进行性能测试。该系统平台嵌入计算机中，可以与污水处理厂中控室内组态软件和在线控制仪表进行对接，在实时获取水厂内的在线参数的同时，对出水水质进行预测，并将相关变量的参数实时显示在界面上，方便操作人员观察和记录。根据测试样本，实现对出水水质的离线和在线预测。当出水水质超标时，可发出警报提醒用户。此外，污水处理运行数据和历史数据当前时刻的出水水质状态在界面上显示，以供用户和污水处理厂工作人员查看当前污水处理厂的运行状态。将模型平台应用于北京某污水处理厂后，结果显示模型平台能够实现以上功能。

9.7　本 章 小 结

本章针对多源信息驱动的城市污水处理系统模型的构建问题，介绍了城市污水处理系统多源信息分析与融合方法，阐述了多源信息驱动的城市污水处理系统模型构建方法，详述了多源信息驱动的城市污水处理系统模型优化设计方法，列举了多源信息驱动的城市污水处理系统模型的应用案例，展示了多源信息驱动的城市污水处理系统模型应用平台，具体有如下内容：

(1)城市污水处理系统多源信息分析与融合方法。挖掘了多源信息之间的关系，介绍了多源信息分析与融合的核心技术。

(2)多源信息驱动的城市污水处理系统模型构建。重点描述了以模糊神经网络为载体的多源信息城市污水处理系统模型的构建过程，确定了系统模型的输入和输出变量，描述了多源信息驱动的城市污水处理系统模型的结构。

(3)多源信息驱动的城市污水处理系统模型动态调整。着重介绍了基于知识利用的参数动态调整方法，阐述了基于模糊规则潜能的结构动态调整方法。

(4)多源信息驱动的城市污水处理系统模型应用案例。深入分析了系统模型性能，以出水生化需氧量和出水总磷浓度为例，重点介绍了系统模型应用效果，实现了出水水质指标的精准检测。

(5)多源信息驱动的城市污水处理系统模型应用平台。重点概述了数据和知识驱动的城市污水处理系统模型应用平台搭建过程，并详细描述了用户登录、污水处理过程变量数据处理等模块集成过程。

第10章　城市污水处理系统建模发展趋势

城市污水处理系统建模理论与方法不仅是研究城市污水处理工艺设计的关键，也是城市污水处理过程优化控制的重要前提。目前城市污水处理系统建模的主要方法有机理模型、智能特征模型(数据驱动模型和知识驱动模型)以及混合模型。虽然以上模型被认为是当前城市污水处理系统有效的建模方法，但是从研究现状看，还存在如下问题。

基于运行机理的城市污水处理系统建模方法通过深入分析城市污水处理生化反应，如微生物生长、衰减、水解等反应过程，利用动力学方程建立系统模型。然而，由于城市污水处理过程运行复杂多变，基于运行机理的城市污水处理系统建模方法难以准确描述城市污水处理系统运行特征。数据驱动或知识驱动的城市污水处理系统智能特征模型通过深度挖掘城市污水处理过程数据信息或知识信息，选取对预测变量影响较大的辅助变量，如氨氮浓度、生化需氧量、化学需氧量、温度等，建立软测量模型或搭建专家知识库，完成对城市污水处理系统模型构建。由于在数据采集和传输过程中存在数据丢失和不足的问题，且在知识获取中需要消耗大量的时间，影响智能特征模型性能。混合模型通常在详尽分析机理与数据、数据与知识、机理数据与知识之间关系的基础上，融合不同方法多角度、多层次地挖掘城市污水处理特性，建立城市污水处理系统模型。然而，由于城市污水处理过程的运行指标与全流程生产指标之间的关系难以采用机理分析的方法建立模型，专家经验和隐性知识难以通过智能特征的方法描述，城市污水处理过程实时动态优化模型难以采用已有的方法建立，而这正是城市污水处理系统全流程智能建模的关键问题。

因此，为了实现污水处理行业又好又快地发展，完成水资源优化利用的目标，城市污水处理系统建模发展至关重要。本章围绕城市污水处理系统建模发展趋势，首先介绍城市污水处理系统建模全流程特征动态提取，通过动态提取城市污水处理运行全流程特征，为建立系统模型奠定基础；其次，描述城市污水处理系统全流程建模，集成建模需要深度挖掘运行全流程过程中隐含的信息，提取系统特征，关联重组机理、数据和知识经验，从而确定高精度的城市污水处理全流程模型；最后，设计城市污水处理系统全流程功能模型集成平台，利用软硬件设施完成局部关键模型的集成，从而实现对运行全流程态势的监测。

10.1 城市污水处理运行全流程特征提取

城市污水处理运行全流程特征提取是系统全流程建模的基础，是城市污水处理运行过程监测平台中不可或缺的内容。然而，由于城市污水处理运行过程复杂多变，全流程特征动态变化，难以准确提取出有效的全流程特征。本节详细介绍城市污水处理运行全流程信息分析、全流程辅助变量动态选取，以及全流程特征自适应提取等方面的展望。

1. 城市污水处理运行全流程信息分析

典型的城市污水处理过程包括初沉、曝气、二沉、过滤、消毒、污泥处置等多个流程，是一个由多流程组成的复杂系统。各个流程工序繁多且关联紧密，涉及物理处理、生物处理和化学处理等多种处理过程，各过程中包括物质转化机制和多流程过程协同机制，而且城市污水处理过程的强非线性、时变、时滞、多变量耦合等不确定性因素以及经济与安全等复杂约束对运行全流程信息分析研究带来很大挑战；同时，难以采用基于单一的机理、数据和知识信息的建模方法满足整个城市污水处理过程安全稳定高效运行的需求。因此，深入分析城市污水处理运行全流程信息，是实现城市污水处理全流程建模的关键。

2. 城市污水处理运行全流程辅助变量动态选取

由于城市污水处理过程中进水流量、进水成分、污染物浓度、天气变化等参量都是被动接受，微生物生命活动受溶解氧浓度、微生物种群、污水 pH 等多种因素影响且生化反应过程具有明显的时变性，相关过程水质变量信息需要实时调整和动态更新，以保证相关过程变量信息的有效性。同时，为了建立全流程相关过程变量与关键指标之间的关系，需要深入分析相关过程变量与指标之间的关系，确定指标的关键过程变量。因此，需根据不同的运行工况动态选取辅助变量，为全流程特征提取奠定基础。

3. 城市污水处理运行全流程特征自适应提取

城市污水处理运行全流程特征涉及机理、数据以及知识类信息，为了获取全流程指标的特征，需要研究城市污水处理全流程特征提取方法。然而，由于城市污水处理过程是一个多流程、时变、时滞、不确定性严重的复杂系统，难以准确确定全流程指标的特征。因此，基于城市污水处理过程机理、数据以及知识信息，自适应提取全流程指标的特征，是实现全流程建模的重要保障。

10.2　城市污水处理运行全流程建模

城市污水处理运行全流程涉及环节众多、生化反应复杂，建立的模型不能从全局反映城市污水处理的内在联系，难以实现精确的建模与辨识。本节详细介绍城市污水处理运行全流程指标特征模型研究、全流程模型研究以及全流程模型校正等方面的展望。

1. 城市污水处理运行全流程指标特征模型研究

城市污水处理运行全流程指标涉及的对象是从进水到出水的生产全过程，包括全流程的运行、生产设备的运行控制、过程控制等不同层次，其具有多流程、强非线性、多变量强耦合、变量类型混杂、多层次等特性；且这些特性随环境变化而变化，受进水流量、进水成分、污染物种类、有机物浓度、运行工况、设备状态等多种动态条件的影响，难以保证全流程指标特征的有效性。因此，如何建立城市污水处理过程运行全流程指标特征模型是一个具有挑战性的任务。

2. 城市污水处理运行全流程模型研究

由于城市污水处理运行全流程指标由城市污水处理的出水水质、污水处理效率、能耗、物耗等相关的多目标组成，其具有运行指标之间存在冲突、运行指标数随生产工况等变化、运行指标时间尺度不一致等特征，且受技术规范与操作规范、设备能力、原材料与作业条件等多种约束，其本质上是一个多冲突、多层次、多尺度和多约束的动态优化运行问题，城市污水处理运行全流程指标的特性需要通过机理分析、特征提取、知识推理等相结合的方法来刻画。因此，需要深度挖掘数据隐含信息，提取系统特征，关联重组知识经验，从而建立高精度的城市污水处理运行全流程模型。

3. 城市污水处理运行全流程模型校正

城市污水处理过程涉及众多过程变量和运行工况，是一个非常复杂的多变量多目标的时变问题，现有的机理模型、智能特征模型和混合模型是静态模型，对于动态、时变的城市污水处理运行全流程描述不足。因此，依据深度学习、反馈机制等方法深度挖掘城市污水处理全流程中的关键信息，并通过机理、数据及专家知识建立全流程模型自动评价机制，实现城市污水处理运行全流程模型结构校正、参数校正和模型性能改善，是保证城市污水处理运行全流程模型精度的重要过程。

10.3 城市污水处理运行全流程模型集成平台

城市污水处理全流程优化运行是保证出水水质达标排放、实现污水处理厂安全稳定高效运行的基础。然而，由于缺少有效的全流程模型集成平台，城市污水处理厂异常工况频发、能耗和药耗等浪费严重。本节详细介绍城市污水处理运行全流程模型迁移、全流程模块库设计及全流程平台软硬件集成等方面的展望。

1. 城市污水处理运行全流程模型迁移

依据神经网络、深度学习、贝叶斯网络等方法深度挖掘城市污水处理全流程中的关键运行信息，并通过数据信息、专家知识等方法建立出水水质计算、水质参数预测、自动诊断、自动评价等具有关键功能的城市污水处理模型，配合上层决策系统，预防可能出现的出水水质超标、设备运行故障等问题，并根据运行事态程度做出相应的运行方案，不断调整污水处理运行过程；研究基于事件驱动的功能模型迁移方法，完成相关功能的完备迁移，是实现城市污水处理运行全流程功能一体化的保证。

2. 城市污水处理运行全流程模块库设计

根据城市污水处理运行全流程模型迁移效果，将对不同模型模块进行分类处理，如设计信息采集与处理模块，包括信息识别、信息采集及信息输入等功能，信息通过存储设备进行缓冲、保存、备份等，并根据需要进行分类、计算、分析和检索等处理，具备信息传递和发布等功能。信息采集与处理模块前端连接传感器和存储器，后端与特征提取模块相连。因此，应设计可调用、可兼容的功能模块，确保模块的功能实现及可移植性，建立全流程模块库，完善平台功能，提高平台的适用性。

3. 城市污水处理运行全流程平台软硬件集成

根据外接设备、内部模块等功能需求，确定城市污水处理系统全流程平台的硬件；根据模块间标准化接口通信协议，设计支持全流程平台运行的软件，保障平台功能执行以及各部件、模块间的信息交互和共享；依据显示和仿真分析需求，开发信息采集、处理和相关业务服务界面，研制城市污水处理系统全流程功能模型集成平台；并在典型的城市污水处理厂进行测试，依据测试结果分析并改善全流程模型集成平台的性能。

10.4　本　章　小　结

本章针对城市污水处理系统建模发展趋势,介绍了运行全流程特征提取过程,描述了城市污水处理运行全流程模型,对运行全流程模型集成平台进行了概述,为实现城市污水处理系统建模更好的发展,以及提高城市污水处理系统自动化、信息化水平奠定了基础,主要内容如下:

(1)全流程特征提取。分析了城市污水处理运行全流程信息获取的必要性,通过挖掘相关过程变量与指标之间的关系动态选取全流程辅助变量,介绍了全流程指标特征的自适应提取的关键性。

(2)全流程建模。介绍了全流程指标特征模型和全流程模型的挑战性及重要性,描述了全流程模型校正方法的必要性,为改善城市污水处理运行全流程模型性能奠定了基础。

(3)全流程模型集成平台。分析了城市污水处理系统全流程功能模型集成平台搭建的意义,描述了全流程模型迁移、全流程模块库设计以及全流程平台软硬件集成的发展方向,为城市污水处理系统运行全流程态势监测提供支撑。

参 考 文 献

[1] van Loosdrecht M C M, Brdjanovic D. Anticipating the next century of wastewater treatment[J]. Science, 2014, 344(6191): 1452-1453.

[2] Li X W, Mei Q Q, Chen L B, et al. Enhancement in adsorption potential of microplastics in sewage sludge for metal pollutants after the wastewater treatment process[J]. Water Research, 2019, 157: 228-237.

[3] 国家生态环境部. 关于 2021 年第三季度主要污染物排放严重超标重点排污单位名单和处理处罚整改情况的函[Z]. 环办执法函〔2021〕610 号. 2021.12.27.

[4] 国家发展改革委, 科技部, 工业和信息化部, 等. 关于推进污水资源化利用的指导意见[Z]. 发改环资〔2021〕13 号. 2021.1.4.

[5] 国务院. 2021 年政府工作报告[Z]. 国发〔2021〕6 号. 2021.3.5.

[6] 住房和城乡建设部. 2020 年城乡建设统计年鉴[Z]. 2021.10.12.

[7] Bashar R, Gungor K, Karthikeyan K G, et al. Cost effectiveness of phosphorus removal processes in municipal wastewater treatment[J]. Chemosphere, 2018, 197: 280-290.

[8] Mannina G, Cosenza A, Rebouças T F. Uncertainty and sensitivity analysis for reducing greenhouse gas emissions from wastewater treatment plants[J]. Water Science and Technology: A—Journal of the International Association on Water Pollution Research, 2020, 82(2): 339-350.

[9] Maurya A K, Reddy B S, Theerthagiri J, et al. Modeling and optimization of process parameters of biofilm reactor for wastewater treatment[J]. Science of the Total Environment, 2021, 787: 147624.

[10] Arnell M, Ahlström M, Wärff C, et al. Plant-wide modelling and analysis of WWTP temperature dynamics for sustainable heat recovery from wastewater[J]. Water Science and Technology, 2021, 84(4): 1023-1036.

[11] Reifsnyder S, Cecconi F, Rosso D. Dynamic load shifting for the abatement of GHG emissions, power demand, energy use, and costs in metropolitan hybrid wastewater treatment systems[J]. Water Research, 2021, 200: 117224.

[12] Olusegun S J, de Sousa Lima L F, Della Santina Mohallem N. Enhancement of adsorption capacity of clay through spray drying and surface modification process for wastewater treatment[J]. Chemical Engineering Journal, 2018, 334: 1719-1728.

[13] Chen Q W, Wang Q B, Yan H L, et al. Improve the performance of full-scale continuous treatment of municipal wastewater by combining a numerical model and online sensors[J]. Water Science and Technology, 2018, 78(8): 1658-1667.

[14] Su X L, Chiang P C, Pan S Y, et al. Systematic approach to evaluating environmental and ecological technologies for wastewater treatment[J]. Chemosphere, 2019, 218: 778-792.

[15] Ahmad Naghibi S, Salehi E, Khajavian M, et al. Multivariate data-based optimization of membrane adsorption process for wastewater treatment: Multi-layer perceptron adaptive neural network versus adaptive neural fuzzy inference system[J]. Chemosphere, 2021, 267: 129268.

[16] Flores-Alsina X, Ramin E, Ikumi D, et al. Assessment of sludge management strategies in wastewater treatment systems using a plant-wide approach[J]. Water Research, 2021, 190: 116714.

[17] Yuan Z G, Olsson G, Cardell-Oliver R, et al. Sweating the assets—The role of instrumentation, control and automation in urban water systems[J]. Water Research, 2019, 155: 381-402.

[18] Yi Q Y, Tan J L, Liu W Y, et al. Peroxymonosulfate activation by three-dimensional cobalt hydroxide/graphene oxide hydrogel for wastewater treatment through an automated process[J]. Chemical Engineering Journal, 2020, 400: 125965.

[19] Eerikäinen S, Haimi H, Mikola A, et al. Data analytics in control and operation of municipal wastewater treatment plants: Qualitative analysis of needs and barriers[J]. Water Science and Technology, 2020, 82(12): 2681-2690.

[20] Ullah A, Hussain S, Wasim A, et al. Development of a decision support system for the selection of wastewater treatment technologies[J]. Science of the Total Environment, 2020, 731: 139158.

[21] Foteinis S, Monteagudo J M, Durán A, et al. Environmental sustainability of the solar photo-Fenton process for wastewater treatment and pharmaceuticals mineralization at semi-industrial scale[J]. Science of the Total Environment, 2018, 612: 605-612.

[22] Yuan D L, Zhang C, Tang S F, et al. Enhancing CaO_2 fenton-like process by Fe(II)-oxalic acid complexation for organic wastewater treatment[J]. Water Research, 2019, 163: 114861.

[23] Qiao S, Hou C Y, Wang X, et al. Minimizing greenhouse gas emission from wastewater treatment process by integrating activated sludge and microalgae processes[J]. Science of the Total Environment, 2020, 732: 139032.

[24] Gu J, Yang Q, Liu Y. Mainstream anammox in a novel A-2B process for energy-efficient municipal wastewater treatment with minimized sludge production[J]. Water Research, 2018, 138: 1-6.

[25] Gu Z P, Chen W M, Li Q B, et al. Kinetics study of dinitrodiazophenol industrial wastewater treatment by a microwave-coupled ferrous-activated persulfate process[J]. Chemosphere, 2019, 215: 82-91.

[26] Raju S, Carbery M, Kuttykattil A, et al. Improved methodology to determine the fate and transport of microplastics in a secondary wastewater treatment plant[J]. Water Research, 2020, 173: 115549.

[27] Pan Z L, Zhou J, Lin Z Y, et al. Effects of COD/TN ratio on nitrogen removal efficiency, microbial community for high saline wastewater treatment based on heterotrophic nitrification-aerobic denitrification process[J]. Bioresource Technology, 2020, 301: 122726.

[28] Zhao W T, Sui Q, Huang X. Removal and fate of polycyclic aromatic hydrocarbons in a hybrid anaerobic-anoxic-oxic process for highly toxic coke wastewater treatment[J]. Science of the Total Environment, 2018, 635: 716-724.

[29] Ben W W, Zhu B, Yuan X J, et al. Occurrence, removal and risk of organic micropollutants in wastewater treatment plants across China: Comparison of wastewater treatment processes[J]. Water Research, 2018, 130: 38-46.

[30] García D, Posadas E, Blanco S, et al. Evaluation of the dynamics of microalgae population structure and process performance during piggery wastewater treatment in algal-bacterial photobioreactors[J]. Bioresource Technology, 2018, 248: 120-126.

[31] Wang X J, Yang R L, Zhang Z J, et al. Mass balance and bacterial characteristics in an in situ full-scale swine wastewater treatment system occurring anammox process[J]. Bioresource Technology, 2019, 292: 122005.

[32] Zhao C L, Zhou J Y, Yan Y, et al. Application of coagulation/flocculation in oily wastewater treatment: A review[J]. Science of the Total Environment, 2021, 765: 142795.

[33] Molognoni D, Chiarolla S, Cecconet D, et al. Industrial wastewater treatment with a bioelectrochemical process: Assessment of depuration efficiency and energy production[J]. Water Science and Technology, 2018, 77(1): 134-144.

[34] Aziz A, Basheer F, Sengar A, et al. Biological wastewater treatment(anaerobic-aerobic) technologies for safe discharge of treated slaughterhouse and meat processing wastewater[J]. Science of the Total Environment, 2019, 686: 681-708.

[35] Hao X D, Wang X Y, Liu R B, et al. Environmental impacts of resource recovery from wastewater treatment plants[J]. Water Research, 2019, 160: 268-277.

[36] Zhang M, Gu J, Liu Y. Engineering feasibility, economic viability and environmental sustainability of energy recovery from nitrous oxide in biological wastewater treatment plant[J]. Bioresource Technology, 2019, 282: 514-519.

[37] He W H, Dong Y, Li C, et al. Field tests of cubic-meter scale microbial electrochemical system in a municipal wastewater treatment plant[J]. Water Research, 2019, 155: 372-380.

[38] Kim E, Yulisa A, Kim S, et al. Monitoring microbial community structure and variations in a full-scale petroleum refinery wastewater treatment plant[J]. Bioresource Technology, 2020, 306: 123178.

[39] Chen Y W, Lan S H, Wang L H, et al. A review: Driving factors and regulation strategies of microbial community structure and dynamics in wastewater treatment systems[J]. Chemosphere, 2017, 174: 173-182.

[40] Ji S P, Ma W Y, Wei Q W, et al. Integrated ABR and UASB system for dairy wastewater treatment: Engineering design and practice[J]. Science of the Total Environment, 2020, 749: 142267.

[41] Bayo J, Olmos S, López-Castellanos J. Microplastics in an urban wastewater treatment plant: The influence of physicochemical parameters and environmental factors[J]. Chemosphere, 2020, 238: 124593.

[42] Mohana A A, Farhad S M, Haque N, et al. Understanding the fate of nano-plastics in wastewater treatment plants and their removal using membrane processes[J]. Chemosphere, 2021, 284: 131430.

[43] Guo G, Ekama G A, Wang Y Y, et al. Advances in sulfur conversion-associated enhanced biological phosphorus removal in sulfate-rich wastewater treatment: A review[J]. Bioresource Technology, 2019, 285: 121303.

[44] Cao J S, Zhang T, Wu Y, et al. Correlations of nitrogen removal and core functional Genera in full-scale wastewater treatment plants: Influences of different treatment processes and influent characteristics[J]. Bioresource Technology, 2020, 297: 122455.

[45] Wang L, Liang W Z, Chen W S, et al. Integrated aerobic granular sludge and membrane process for enabling municipal wastewater treatment and reuse water production[J]. Chemical Engineering Journal, 2018, 337: 300-311.

[46] Borzooei S, Campo G, Cerutti A, et al. Optimization of the wastewater treatment plant: From energy saving to environmental impact mitigation[J]. Science of the Total Environment, 2019, 691: 1182-1189.

[47] Wang H, Liu Z H, Zhang J, et al. Insights into removal mechanisms of bisphenol A and its analogues in municipal wastewater treatment plants[J]. Science of the Total Environment, 2019, 692: 107-116.

[48] Kim I T, Lee Y E, Jeong Y, et al. A novel method to remove nitrogen from reject water in wastewater treatment plants using a methane-and methanol-dependent bacterial consortium[J]. Water Research, 2020, 172: 115512.

[49] Salmi P, Ryymin K, Karjalainen A K, et al. Particle balance and return loops for microplastics in a tertiary-level wastewater treatment plant[J]. Water Science and Technology, 2021, 84(1): 89-100.

[50] Khan A H, Khan N A, Ahmed S, et al. Application of advanced oxidation processes followed by different treatment technologies for hospital wastewater treatment[J]. Journal of Cleaner Production, 2020, 269: 122411.

[51] Starling M C V M, de Mendonça Neto R P, Pires G F F, et al. Combat of antimicrobial resistance in municipal wastewater treatment plant effluent via solar advanced oxidation processes: Achievements and perspectives[J]. Science of the Total Environment, 2021, 786: 147448.

[52] Wang Y, Chen H, Liu Y X, et al. An adsorption-release-biodegradation system for simultaneous biodegradation of phenol and ammonium in phenol-rich wastewater[J]. Bioresource Technology, 2016, 211: 711-719.

[53] Fan J X, Chen D Y, Li N J, et al. Adsorption and biodegradation of dye in wastewater with Fe$_3$O$_4$@MIL-100 (Fe) core-shell bio-nanocomposites[J]. Chemosphere, 2018, 191: 315-323.

[54] Zhang L, Su F, Wang N, et al. Biodegradability enhancement of hydrolyzed polyacrylamide wastewater by a combined Fenton-SBR treatment process[J]. Bioresource Technology, 2019, 278: 99-107.

[55] Ma K L, Zhang X H, Shang Y, et al. Improved purified terephthalic acid wastewater treatment using combined UAFB-SBR system: At mesophilic and ambient temperature[J]. Chemosphere, 2020, 247: 125752.

[56] Pronk W, Ding A, Morgenroth E, et al. Gravity-driven membrane filtration for water and wastewater treatment: A review[J]. Water Research, 2019, 149: 553-565.

[57] Zhang Z F, Zhao Y, Yang J J, et al. Talaromyces cellulolyticus as a promising candidate for biofilm construction and treatment of textile wastewater[J]. Bioresource Technology, 2021, 340: 125718.

[58] Pan Z L, Song C W, Li L, et al. Membrane technology coupled with electrochemical advanced oxidation processes for organic wastewater treatment: Recent advances and future prospects[J]. Chemical Engineering Journal, 2019, 376: 120909.

[59] Hube S, Eskafi M, Hrafnkelsdóttir K F, et al. Direct membrane filtration for wastewater treatment and resource recovery: A review[J]. Science of the Total Environment, 2020, 710: 136375.

[60] Cheng D L, Ngo H H, Guo W S, et al. Anaerobic membrane bioreactors for antibiotic wastewater treatment: Performance and membrane fouling issues[J]. Bioresource Technology, 2018, 267: 714-724.

[61] Leaper S, Abdel-Karim A, Gad-Allah T A, et al. Air-gap membrane distillation as a one-step process for textile wastewater treatment[J]. Chemical Engineering Journal, 2019, 360: 1330-1340.

[62] Li K, Wen G, Li S, et al. Effect of pre-oxidation on low pressure membrane (LPM) for water and wastewater treatment: A review[J]. Chemosphere, 2019, 231: 287-300.

[63] Tan X, Acquah I, Liu H Z, et al. A critical review on saline wastewater treatment by membrane bioreactor (MBR) from a microbial perspective[J]. Chemosphere, 2019, 220: 1150-1162.

[64] Damtie M M, Kim B, Woo Y C, et al. Membrane distillation for industrial wastewater treatment: Studying the effects of membrane parameters on the wetting performance[J]. Chemosphere, 2018, 206: 793-801.

[65] Maaz M, Yasin M, Aslam M, et al. Anaerobic membrane bioreactors for wastewater treatment: Novel configurations, fouling control and energy considerations[J]. Bioresource Technology, 2019, 283: 358-372.

[66] Lei Z, Yang S M, Li Y Y, et al. Application of anaerobic membrane bioreactors to municipal wastewater treatment at ambient temperature: A review of achievements, challenges, and perspectives[J]. Bioresource Technology, 2018, 267: 756-768.

[67] Zheng W L, Wen X H, Zhang B, et al. Selective effect and elimination of antibiotics in membrane bioreactor of urban wastewater treatment plant[J]. Science of the Total Environment, 2019, 646: 1293-1303.

[68] Xu Z C, Song X Y, Li Y, et al. Removal of antibiotics by sequencing-batch membrane bioreactor for swine wastewater treatment[J]. Science of the Total Environment, 2019, 684: 23-30.

[69] Kwak W, Rout P R, Lee E, et al. Influence of hydraulic retention time and temperature on the performance of an anaerobic ammonium oxidation fluidized bed membrane bioreactor for low-strength ammonia wastewater treatment[J]. Chemical Engineering Journal, 2020, 386: 123992.

[70] Bein E, Zucker I, Drewes J E, et al. Ozone membrane contactors for water and wastewater treatment: A critical review on materials selection, mass transfer and process design[J]. Chemical Engineering Journal, 2021, 413: 127393.

[71] He Y P, Tian Z, Yi Q Z, et al. Impact of oxytetracycline on anaerobic wastewater treatment and mitigation using enhanced hydrolysis pretreatment[J]. Water Research, 2020, 187: 116408.

[72] Zhang R C, Li Y X, Wang Z J, et al. Biochar-activated peroxydisulfate as an effective process to eliminate pharmaceutical and metabolite in hydrolyzed urine[J]. Water Research, 2020, 177: 115809.

[73] Fernández-Gonzálen R, Martín-Lara M A, Blázquez G, et al. Hydrolyzed olive cake as novel adsorbent for copper removal from fertilizer industry wastewater[J]. Journal of Cleaner Production, 2020, 268: 121935.

[74] Min H C, Hu D X, Wang H C, et al. Electrochemical-assisted hydrolysis/acidification-based processes as a cost-effective and efficient system for pesticide wastewater treatment[J]. Chemical Engineering Journal, 2020, 397: 125417.

[75] Jiang J, Zhou Z, Huang J, et al. Repurposing hydrolysis acidification tank in municipal wastewater treatment plants for sludge reduction and biological nutrient removal[J]. Chemical Engineering Journal, 2020, 396: 125327.

[76] Quist-Jensen C A, Wybrandt L, Løkkengaard H, et al. Acidification and recovery of phosphorus from digested and non-digested sludge[J]. Water Research, 2018, 146: 307-317.

[77] Guo G, Tian F, Zhang L P, et al. Effect of salinity on removal performance in hydrolysis acidification reactors treating textile wastewater[J]. Bioresource Technology, 2020, 313: 123652.

[78] Liu X N, Yuan W K, Di M X, et al. Transfer and fate of microplastics during the conventional activated sludge process in one wastewater treatment plant of China[J]. Chemical Engineering Journal, 2019, 362: 176-182.

[79] Abusam A, Mydlarczyk A. Assessment of the operational performances of two activated sludge systems in Kuwait[J]. Environmental Monitoring and Assessment, 2018, 190(9): 1-7.

[80] Rosenwinkel K H, Verstraete W, Vlaeminck S E, et al. Industrial Wastewater Treatment[M]// Activated Sludge 100 Years and Counting. London: IWA Publishing, 2014: 343-367.

[81] Burdsall A C, Xing Y, Cooper C W, et al. Bioaerosol emissions from activated sludge basins: Characterization, release, and attenuation[J]. Science of the Total Environment, 2021, 753: 141852.

[82] Xiao K K, Pei K Y, Wang H, et al. Citric acid assisted Fenton-like process for enhanced dewaterability of waste activated sludge with in-situ generation of hydrogen peroxide[J]. Water Research, 2018, 140: 232-242.

[83] Wang J, Chon K, Ren X H, et al. Effects of beneficial microorganisms on nutrient removal and excess sludge production in an anaerobic-anoxic/oxic (A^2O) process for municipal wastewater treatment[J]. Bioresource Technology, 2019, 281: 90-98.

[84] Zhao R X, Feng J, Liu J, et al. Deciphering of microbial community and antibiotic resistance genes in activated sludge reactors under high selective pressure of different antibiotics[J]. Water Research, 2019, 151: 388-402.

[85] Zhen G Y, Lu X Q, Su L H, et al. Unraveling the catalyzing behaviors of different iron species (Fe^{2+} vs. Fe^0) in activating persulfate-based oxidation process with implications to waste activated sludge dewaterability[J]. Water Research, 2018, 134: 101-114.

[86] Hu J W, Zhao J W, Wang D B, et al. Effect of diclofenac on the production of volatile fatty acids from anaerobic fermentation of waste activated sludge[J]. Bioresource Technology, 2018, 254: 7-15.

[87] Liu X R, Xu Q X, Wang D B, et al. Unveiling the mechanisms of how cationic polyacrylamide affects short-chain fatty acids accumulation during long-term anaerobic fermentation of waste activated sludge[J]. Water Research, 2019, 155: 142-151.

[88] Wu Y X, Wang D B, Liu X R, et al. Effect of poly aluminum chloride on dark fermentative hydrogen accumulation from waste activated sludge[J]. Water Research, 2019, 153: 217-228.

[89] Xu Q X, Liu X R, Wang D B, et al. Enhanced short-chain fatty acids production from waste activated sludge by sophorolipid: Performance, mechanism, and implication[J]. Bioresource Technology, 2019, 284: 456-465.

[90] Yu W B, Wen Q Q, Yang J K, et al. Unraveling oxidation behaviors for intracellular and extracellular from different oxidants (HOCl vs. H_2O_2) catalyzed by ferrous iron in waste activated sludge dewatering[J]. Water Research, 2019, 148: 60-69.

[91] Zhang Y Y, Kuroda M, Arai S, et al. Biological treatment of selenate-containing saline wastewater by activated sludge under oxygen-limiting conditions[J]. Water Research, 2019, 154: 327-335.

[92] Wang D B, He D D, Liu X R, et al. The underlying mechanism of calcium peroxide pretreatment enhancing methane production from anaerobic digestion of waste activated sludge[J]. Water Research, 2019, 164: 114934.

[93] Dong H H, Wang W, Song Z Z, et al. A high-efficiency denitrification bioreactor for the treatment of acrylonitrile wastewater using waterborne polyurethane immobilized activated sludge[J]. Bioresource Technology, 2017, 239: 472-481.

[94] Ping Q, Lu X, Zheng M, et al. Effect of CaO_2 addition on anaerobic digestion of waste activated sludge at different temperatures and the promotion of valuable carbon source production under ambient condition[J]. Bioresource Technology, 2018, 265: 247-256.

[95] Wu Y, Wang S, Liang D H, et al. Conductive materials in anaerobic digestion: From mechanism to application[J]. Bioresource Technology, 2020, 298: 122403.

[96] Yang J N, Liu X R, Wang D B, et al. Mechanisms of peroxymonosulfate pretreatment enhancing production of short-chain fatty acids from waste activated sludge[J]. Water Research, 2019, 148: 239-249.

[97] Xia L, Li X M, Fan W H, et al. Heterotrophic nitrification and aerobic denitrification by a novel Acinetobacter sp. ND7 isolated from municipal activated sludge[J]. Bioresource Technology, 2020, 301: 122749.

[98] Li Q, Li H, Wang G J, et al. Effects of loading rate and temperature on anaerobic co-digestion of food waste and waste activated sludge in a high frequency feeding system, looking in particular at stability and efficiency[J]. Bioresource Technology, 2017, 237: 231-239.

[99] Qi M, Yang Y K, Zhang X Y, et al. Pollution reduction and operating cost analysis of municipal wastewater treatment in China and implication for future wastewater management[J]. Journal of Cleaner Production, 2020, 253: 120003.

[100] Liu Z, Han H G, Yang H Y, et al. Knowledge-aided and data-driven fuzzy decision making for sludge bulking[J]. IEEE Transactions on Fuzzy Systems, 2023, 31 (4): 1189-1201.

[101] Tong J, Tang A P, Wang H Y, et al. Microbial community evolution and fate of antibiotic resistance genes along six different full-scale municipal wastewater treatment processes[J]. Bioresource Technology, 2019, 272: 489-500.

[102] Yadav M K, Short M D, Aryal R, et al. Occurrence of illicit drugs in water and wastewater and their removal during wastewater treatment[J]. Water Research, 2017, 124: 713-727.

[103] Wei Z Y, Liu Y Y, Feng K, et al. The divergence between fungal and bacterial communities in seasonal and spatial variations of wastewater treatment plants[J]. Science of the Total Environment, 2018, 628-629: 969-978.

[104] Higgins P G, Hrenovic J, Seifert H, et al. Characterization of acinetobacter baumannii from water and sludge line of secondary wastewater treatment plant[J]. Water Research, 2018, 140: 261-267.

[105] Yang Q, Wang X L, Luo W, et al. Effectiveness and mechanisms of phosphate adsorption on iron-modified biochars derived from waste activated sludge[J]. Bioresource Technology, 2018, 247: 537-544.

[106] Wang S, Ma X X, Wang Y Y, et al. Piggery wastewater treatment by aerobic granular sludge: Granulation process and antibiotics and antibiotic-resistant bacteria removal and transport[J]. Bioresource Technology, 2019, 273: 350-357.

[107] Kazadi Mbamba C, Lindblom E, Flores-Alsina X, et al. Plant-wide model-based analysis of iron dosage strategies for chemical phosphorus removal in wastewater treatment systems[J]. Water Research, 2019, 155: 12-25.

[108] Wu M F, Chen Y F, Lin H J, et al. Membrane fouling caused by biological foams in a submerged membrane bioreactor: Mechanism insights[J]. Water Research, 2020, 181: 115932.

[109] Kong Z, Wu J, Rong C, et al. Large pilot-scale submerged anaerobic membrane bioreactor for the treatment of municipal wastewater and biogas production at 25 ℃ [J]. Bioresource Technology, 2021, 319: 124123.

[110] Tang J L, Wang X C, Hu Y S, et al. Nutrients removal performance and sludge properties using anaerobic fermentation slurry from food waste as an external carbon source for wastewater treatment[J]. Bioresource Technology, 2019, 271: 125-135.

[111] Russell J N, Yost C K. Alternative, environmentally conscious approaches for removing antibiotics from wastewater treatment systems[J]. Chemosphere, 2021, 263: 128177.

[112] Wang W, Kannan K. Fate of parabens and their metabolites in two wastewater treatment plants in New York State, United States[J]. Environmental Science & Technology, 2016, 50(3): 1174-1181.

[113] Zhao J G, Li Y H, Chen X R, et al. Effects of carbon sources on sludge performance and microbial community for 4-chlorophenol wastewater treatment in sequencing batch reactors[J]. Bioresource Technology, 2018, 255: 22-28.

[114] Chen C M, Ming J, Yoza B A, et al. Characterization of aerobic granular sludge used for the treatment of petroleum wastewater[J]. Bioresource Technology, 2019, 271: 353-359.

[115] Nguyen P Y, Carvalho G, Reis M A M, et al. A review of the biotransformations of priority pharmaceuticals in biological wastewater treatment processes[J]. Water Research, 2021, 188: 116446.

[116] Zhou Y, Xia S Q, Zhang J, et al. Insight into the influences of pH value on Pb(II) removal by the biopolymer extracted from activated sludge[J]. Chemical Engineering Journal, 2017, 308: 1098-1104.

[117] Ejhed H, Fång J, Hansen K, et al. The effect of hydraulic retention time in onsite wastewater treatment and removal of pharmaceuticals, hormones and phenolic utility substances[J]. Science of the Total Environment, 2018, 618: 250-261.

[118] Blair R M, Waldron S, Gauchotte-Lindsay C. Average daily flow of microplastics through a tertiary wastewater treatment plant over a ten-month period[J]. Water Research, 2019, 163: 114909.

[119] Pazda M, Kumirska J, Stepnowski P, et al. Antibiotic resistance genes identified in wastewater treatment plant systems—A review[J]. Science of the Total Environment, 2019, 697: 134023.

[120] Paździor K, Bilińska L, Ledakowicz S. A review of the existing and emerging technologies in the combination of AOPs and biological processes in industrial textile wastewater treatment[J]. Chemical Engineering Journal, 2019, 376: 120597.

[121] Ma B, Xu X X, Wei Y, et al. Recent advances in controlling denitritation for achieving denitratation/anammox in mainstream wastewater treatment plants[J]. Bioresource Technology, 2020, 299: 122697.

[122] Leng L J, Wei L, Xiong Q, et al. Use of microalgae based technology for the removal of antibiotics from wastewater: A review[J]. Chemosphere, 2020, 238: 124680.

[123] Ben W W, Zhu B, Yuan X J, et al. Transformation and fate of natural estrogens and their conjugates in wastewater treatment plants: Influence of operational parameters and removal pathways[J]. Water Research, 2017, 124: 244-250.

[124] Castronovo S, Wick A, Scheurer M, et al. Biodegradation of the artificial sweetener acesulfame in biological wastewater treatment and sandfilters[J]. Water Research, 2017, 110: 342-353.

[125] Hou J, Chen Z Y, Gao J, et al. Simultaneous removal of antibiotics and antibiotic resistance genes from pharmaceutical wastewater using the combinations of up-flow anaerobic sludge bed, anoxic-oxic tank, and advanced oxidation technologies[J]. Water Research, 2019, 159: 511-520.

[126] Awad H, Gar Alalm M, El-Etriby H K. Environmental and cost life cycle assessment of different alternatives for improvement of wastewater treatment plants in developing countries[J]. Science of the Total Environment, 2019, 660: 57-68.

[127] Arashiro L T, Montero N, Ferrer I, et al. Life cycle assessment of high rate algal ponds for wastewater treatment and resource recovery[J]. Science of the Total Environment, 2018, 622-623: 1118-1130.

[128] Liu Y J, Gu J, Liu Y. Energy self-sufficient biological municipal wastewater reclamation: Present status, challenges and solutions forward[J]. Bioresource Technology, 2018, 269: 513-519.

[129] Gallego-Schmid A, Tarpani R R Z. Life cycle assessment of wastewater treatment in developing countries: A review[J]. Water Research, 2019, 153: 63-79.

[130] Zhang Z Q, Chen Y G. Effects of microplastics on wastewater and sewage sludge treatment and their removal: A review[J]. Chemical Engineering Journal, 2020, 382: 122955.

[131] Zhao J W, Zhang J, Zhang D L, et al. Effect of emerging pollutant fluoxetine on the excess sludge anaerobic digestion[J]. Science of the Total Environment, 2021, 752: 141932.

[132] Do M H, Ngo H H, Guo W S, et al. Challenges in the application of microbial fuel cells to wastewater treatment and energy production: A mini review[J]. Science of the Total Environment, 2018, 639: 910-920.

[133] Vidal J, Carvajal A, Huiliñir C, et al. Slaughterhouse wastewater treatment by a combined anaerobic digestion/solar photoelectro-Fenton process performed in semicontinuous operation[J]. Chemical Engineering Journal, 2019, 378: 122097.

[134] Chai H X, Xiang Y, Chen R, et al. Enhanced simultaneous nitrification and denitrification in treating low carbon-to-nitrogen ratio wastewater: Treatment performance and nitrogen removal pathway[J]. Bioresource Technology, 2019, 280: 51-58.

[135] Nguyen N B, Kim M K, Le Q T, et al. Spectroscopic analysis of microplastic contaminants in an urban wastewater treatment plant from Seoul, South Korea[J]. Chemosphere, 2021, 263: 127812.

[136] Li R H, Wang X M, Li X Y. A membrane bioreactor with iron dosing and acidogenic co-fermentation for enhanced phosphorus removal and recovery in wastewater treatment[J]. Water Research, 2018, 129: 402-412.

[137] Liu H, Han P, Liu H B, et al. Full-scale production of VFAs from sewage sludge by anaerobic alkaline fermentation to improve biological nutrients removal in domestic wastewater[J]. Bioresource Technology, 2018, 260: 105-114.

[138] Zhang H, Xue G, Chen H, et al. Magnetic biochar catalyst derived from biological sludge and ferric sludge using hydrothermal carbonization: Preparation, characterization and its circulation in Fenton process for dyeing wastewater treatment[J]. Chemosphere, 2018, 191: 64-71.

[139] Maddela N R, Sheng B B, Yuan S S, et al. Roles of quorum sensing in biological wastewater treatment: A critical review[J]. Chemosphere, 2019, 221: 616-629.

[140] Xu F, Ouyang D L, Rene E R, et al. Electricity production enhancement in a constructed wetland-microbial fuel cell system for treating saline wastewater[J]. Bioresource Technology, 2019, 288: 121462.

[141] Hauduc H, Takács I, Smith S, et al. A dynamic physicochemical model for chemical phosphorus removal[J]. Water Research, 2015, 73: 157-170.

[142] Yang H N, Deng L W, Liu G J, et al. A model for methane production in anaerobic digestion of swine wastewater[J]. Water Research, 2016, 102: 464-474.

[143] Kirchem D, Lynch M Á, Bertsch V, et al. Modelling demand response with process models and energy systems models: Potential applications for wastewater treatment within the energy-water nexus[J]. Applied Energy, 2020, 260: 114321.

[144] Rivas A, Irizar I, Ayesa E. Model-based optimisation of wastewater treatment plants design[J]. Environmental Modelling & Software, 2008, 23(4): 435-450.

[145] Plósz B G, Leknes H, Thomas K V. Impacts of competitive inhibition, parent compound formation and partitioning behavior on the removal of antibiotics in municipal wastewater treatment[J]. Environmental Science & Technology, 2010, 44(2): 734-742.

[146] Ekama G A. Using bioprocess stoichiometry to build a plant-wide mass balance based steady-state WWTP model[J]. Water Research, 2009, 43(8): 2101-2120.

[147] Jeong K, Son M, Yoon N, et al. Modeling and evaluating performance of full-scale reverse osmosis system in industrial water treatment plant[J]. Desalination, 2021, 518: 115289.

[148] Bolyard S C, Motlagh A M, Lozinski D, et al. Impact of organic matter from leachate discharged to wastewater treatment plants on effluent quality and UV disinfection[J]. Waste Management, 2019, 88: 257-267.

[149] Mannina G, Ekama G A, Capodici M, et al. Influence of carbon to nitrogen ratio on nitrous oxide emission in an integrated fixed film activated sludge membrane bioreactor plant[J]. Journal of Cleaner Production, 2018, 176: 1078-1090.

[150] Weijers S R, Vanrolleghem P A. A procedure for selecting best identifiable parameters in calibrating activated sludge model No.1 to full-scale plant data[J]. Water Science and Technology, 1997, 36(5): 69-79.

[151] Manga J, Ferrer J, Garcia-Usach F, et al. A modification to the activated sludge model No. 2 based on the competition between phosphorus-accumulating organisms and glycogen-accumulating organisms[J]. Water Science and Technology, 2001, 43(11): 161-171.

[152] Karahan-Gül Ö, van Loosdrecht M C M, Orhon D. Modification of activated sludge model No. 3 considering direct growth on primary substrate[J]. Water Science and Technology, 2003, 47(11): 219-225.

[153] Jeppsson U, Rosen C, Alex J, et al. Towards a benchmark simulation model for plant-wide control strategy performance evaluation of WWTPs[J]. Water Science and Technology, 2006, 53(1): 287-295.

[154] Jeppsson U, Pons M N. The COST benchmark simulation model-current state and future perspective[J]. Control Engineering Practice, 2004, 12(3): 299-304.

[155] Nopens I, Benedetti L, Jeppsson U, et al. Benchmark simulation model No 2: Finalisation of plant layout and default control strategy[J]. Water Science and Technology, 2010, 62(9): 1967-1974.

[156] Alonso A V, Kaiser T, Babist R, et al. A multi-component model for granular activated carbon filters combining biofilm and adsorption kinetics[J]. Water Research, 2021, 197: 117079.

[157] Demirkaya E, Ciftcioglu B, Ozyildiz G, et al. Comprehensive evaluation of starter culture

impact on the bioreactor performance and microbial kinetics[J]. Biochemical Engineering Journal, 2022, 177: 108233.

[158] Wang Y K, Sheng G P, Ni B J, et al. Simultaneous carbon and nitrogen removals in membrane bioreactor with mesh filter: An experimental and modeling approach[J]. Chemical Engineering Science, 2013, 95: 78-84.

[159] Blomberg K, Kosse P, Mikola A, et al. Development of an extended ASM3 model for predicting the nitrous oxide emissions in a full-scale wastewater treatment plant[J]. Environmental Science and Technology, 2018, 52(10): 5803-5811.

[160] García-Diéguez C, Bernard O, Roca E. Reducing the anaerobic digestion model No. 1 for its application to an industrial wastewater treatment plant treating winery effluent wastewater[J]. Bioresource Technology, 2013, 132: 244-253.

[161] Seco A, Ruano M V, Ruiz-Martinez A, et al. Plant-wide modelling in wastewater treatment: Showcasing experiences using the Biological Nutrient Removal Model[J]. Water Science and Technology, 2020, 81(8): 1700-1714.

[162] Bengtsson-Palme J, Milakovic M, Švecová H, et al. Industrial wastewater treatment plant enriches antibiotic resistance genes and alters the structure of microbial communities[J]. Water Research, 2019, 162: 437-445.

[163] Kazadi-Mbamba C, Flores-Alsina X, John Batstone D, et al. Validation of a plant-wide phosphorus modelling approach with minerals precipitation in a full-scale WWTP[J]. Water Research, 2016, 100: 169-183.

[164] Dias P A, Dunkel T, Fajado D A S, et al. Image processing for identification and quantification of filamentous bacteria in in situ acquired images[J]. Biomedical Engineering Online, 2016, 15(1): 64.

[165] Trojanowicz K, Plaza E, Trela J. Model extension, calibration and validation of partial nitritation-anammox process in moving bed biofilm reactor(MBBR) for reject and mainstream wastewater[J]. Environmental Technology, 2019, 40(9): 1079-1100.

[166] Nguyen V H, Harada H, Le V T, et al. Dynamic estimation of hourly fluctuation of influent biodegradable carbonaceous and nitrogenous materials using activated sludge system[J]. Journal of Water and Environment Technology, 2019, 17(1): 40-53.

[167] Ribeiro J M, Conca V, Santos J M M, et al. Expanding ASM models towards integrated processes for short-cut nitrogen removal and bioplastic recovery[J]. Science of the Total Environment, 2022, 821: 153492.

[168] Zeng J, Liu J F. Economic model predictive control of wastewater treatment processes[J]. Industrial and Engineering Chemistry Research, 2015, 54(21): 5710-5721.

[169] Zhang W L, Fang S Q, Li Y, et al. Optimizing the integration of pollution control and water

transfer for contaminated river remediation considering life-cycle concept[J]. Journal of Cleaner Production, 2019, 236: 117651.

[170] Han H G, Zhang L, Liu H X, et al. Multiobjective design of fuzzy neural network controller for wastewater treatment process[J]. Applied Soft Computing, 2018, 67: 467-478.

[171] Han H G, Zhu S G, Qiao J F, et al. Data-driven intelligent monitoring system for key variables in wastewater treatment process[J]. Chinese Journal of Chemical Engineering, 2018, 26(10): 2093-2101.

[172] Han H G, Liu Z, Hou Y, et al. Data-driven multiobjective predictive control for wastewater treatment process[J]. IEEE Transactions on Industrial Informatics, 2020, 16(4): 2767-2775.

[173] Costa J G, Paulo A M S, Amorim C L, et al. Quantitative image analysis as a robust tool to assess effluent quality from an aerobic granular sludge system treating industrial wastewater[J]. Chemosphere, 2022, 291: 132773.

[174] Bertels X, Demeyer P, van den Bogaert S, et al. Factors influencing SARS-CoV-2 RNA concentrations in wastewater up to the sampling stage: A systematic review[J]. Science of the Total Environment, 2022, 820: 153290.

[175] Singh K P, Malik A, Mohan D, et al. Chemometric data analysis of pollutants in wastewater—A case study[J]. Analytica Chimica Acta, 2005, 532(1): 15-25.

[176] Bezzaoucha S, Marx B, Maquin D, et al. Nonlinear joint state and parameter estimation: Application to a wastewater treatment plant[J]. Control Engineering Practice, 2013, 21(10): 1377-1385.

[177] Li J, Bioucas-Dias J M, Plaza A. Hyperspectral image segmentation using a new Bayesian approach with active learning[J]. IEEE Transactions on Geoscience and Remote Sensing, 2011, 49(10): 3947-3960.

[178] Kusiak A, Wei X P. A data-driven model for maximization of methane production in a wastewater treatment plant[J]. Water Science and Technology, 2012, 65(6): 1116-1122.

[179] Torregrossa D, Hansen J, Hernández-Sancho F, et al. A data-driven methodology to support pump performance analysis and energy efficiency optimization in Waste Water Treatment Plants[J]. Applied Energy, 2017, 208: 1430-1440.

[180] Cong Q M, Yu W. Integrated soft sensor with wavelet neural network and adaptive weighted fusion for water quality estimation in wastewater treatment process[J]. Measurement, 2018, 124: 436-446.

[181] Wan J Q, Huang M Z, Ma Y W, et al. Prediction of effluent quality of a paper mill wastewater treatment using an adaptive network-based fuzzy inference system[J]. Applied Soft Computing, 2011, 11(3): 3238-3246.

[182] Verma A, Wei X P, Kusiak A. Predicting the total suspended solids in wastewater: A

data-mining approach[J]. Engineering Applications of Artificial Intelligence, 2013, 26(4): 1366-1372.

[183] Antwi P, Zhang D C, Luo W H, et al. Performance, microbial community evolution and neural network modeling of single-stage nitrogen removal by partial-nitritation/anammox process[J]. Bioresource Technology, 2019, 284: 359-372.

[184] Santín I, Pedret C, Vilanova R, et al. Advanced decision control system for effluent violations removal in wastewater treatment plants[J]. Control Engineering Practice, 2016, 49: 60-75.

[185] Akratos C S, Papaspyros J N E, Tsihrintzis V A. Total nitrogen and ammonia removal prediction in horizontal subsurface flow constructed wetlands: Use of artificial neural networks and development of a design equation[J]. Bioresource Technology, 2009, 100(2): 586-596.

[186] Deng Y, Zhou X L, Shen J, et al. New methods based on back propagation(BP) and radial basis function(RBF) artificial neural networks(ANNs) for predicting the occurrence of haloketones in tap water[J]. Science of the Total Environment, 2021, 772: 145534.

[187] 丛秋梅, 柴天佑, 余文. 污水处理过程的递阶神经网络建模[J]. 控制理论与应用, 2009, 26(1): 8-14.

[188] 黄明智, 马邕文, 万金泉, 等. 污水处理中人工神经网络应用研究的探讨[J]. 环境科学与技术, 2008, 31(3): 131-135.

[189] 赵立杰, 袁德成, 柴天佑. 基于多分类概率极限学习机的污水处理过程操作工况识别[J]. 化工学报, 2012, 63(10): 3173-3182.

[190] Liu H B, Zhang Y C, Zhang H. Prediction of effluent quality in papermaking wastewater treatment processes using dynamic kernel-based extreme learning machine[J]. Process Biochemistry, 2020, 97: 72-79.

[191] Noori M T, Jain S C, Ghangrekar M M, et al. Biofouling inhibition and enhancing performance of microbial fuel cell using silver nano-particles as fungicide and cathode catalyst[J]. Bioresource Technology, 2016, 220: 183-189.

[192] Nezhad M F, Mehrdadi N, Torabian A, et al. Artificial neural network modeling of the effluent quality index for municipal wastewater treatment plants using quality variables: South of Tehran wastewater treatment plant[J]. Journal of Water Supply: Research and Technology-Aqua, 2016, 65(1): 18-27.

[193] Manu D S, Thalla A K. Artificial intelligence models for predicting the performance of biological wastewater treatment plant in the removal of Kjeldahl nitrogen from wastewater[J]. Applied Water Science, 2017, 7(7): 3783-3791.

[194] Xiao L, Liao B L, Li S, et al. Nonlinear recurrent neural networks for finite-time solution of general time-varying linear matrix equations[J]. Neural Networks, 2018, 98: 102-113.

[195] Wu Y, Luo J Y, Zhang Q, et al. Potentials and challenges of phosphorus recovery as vivianite

from wastewater: A review[J]. Chemosphere, 2019, 226: 246-258.

[196] Zhang Q Q, Li Z, Snowling S, et al. Predictive models for wastewater flow forecasting based on time series analysis and artificial neural network[J]. Water Science and Technology, 2019, 80(2): 243-253.

[197] Chen Y Y, Song L H, Liu Y Q, et al. A review of the artificial neural network models for water quality prediction[J]. Applied Sciences, 2020, 10(17): 5776.

[198] Ofman P, Struk-Sokołowska J. Artificial neural network(ANN)approach to modelling of selected nitrogen forms removal from oily wastewater in anaerobic and aerobic GSBR process phases[J]. Water, 2019, 11(8): 1594.

[199] Dewasme L. Neural network-based software sensors for the estimation of key components in brewery wastewater anaerobic digester: An experimental validation[J]. Water Science and Technology, 2019, 80(10): 1975-1985.

[200] Han H G, Lu W, Hou Y, et al. An adaptive-PSO-based self-organizing RBF neural network[J]. IEEE Transactions on Neural Networks and Learning Systems, 2018, 29(1): 104-117.

[201] Mao G Z, Han Y X, Liu X, et al. Technology status and trends of industrial wastewater treatment: A patent analysis[J]. Chemosphere, 2022, 288: 132483.

[202] Han H G, Dong L X, Qiao J F. Data-knowledge-driven diagnosis method for sludge bulking of wastewater treatment process[J]. Journal of Process Control, 2021, 98: 106-115.

[203] Ahile U J, Wuana R A, Itodo A U, et al. A review on the use of chelating agents as an alternative to promote photo-Fenton at neutral pH: Current trends, knowledge gap and future studies[J]. Science of the Total Environment, 2020, 710: 134872.

[204] Guo Y, Niu Q G, Sugano T, et al. Biodegradable organic matter-containing ammonium wastewater treatment through simultaneous partial nitritation, anammox, denitrification and COD oxidization process[J]. Science of the Total Environment, 2020, 714: 136740.

[205] Adelodun B, Ogunshina M S, Ajibade F O, et al. Kinetic and prediction modeling studies of organic pollutants removal from municipal wastewater using moringa oleifera biomass as a coagulant[J]. Water, 2020, 12(7): 2052.

[206] Lotfi K, Bonakdari H, Ebtehaj I, et al. Predicting wastewater treatment plant quality parameters using a novel hybrid linear-nonlinear methodology[J]. Journal of Environmental Management, 2019, 240: 463-474.

[207] Dürrenmatt D J, Gujer W. Identification of industrial wastewater by clustering wastewater treatment plant influent ultraviolet visible spectra[J]. Water Science and Technology, 2011, 63(6): 1153-1159.

[208] Wang B, Li Z C, Dai Z W, et al. A probabilistic principal component analysis-based approach

in process monitoring and fault diagnosis with application in wastewater treatment plant[J]. Applied Soft Computing, 2019, 82: 105527.

[209] Xiao F, Halbach T R, Simcik M F, et al. Input characterization of perfluoroalkyl substances in wastewater treatment plants: Source discrimination by exploratory data analysis[J]. Water Research, 2012, 46(9): 3101-3109.

[210] Zuthi M F R, Guo W S, Ngo H H, et al. Enhanced biological phosphorus removal and its modeling for the activated sludge and membrane bioreactor processes[J]. Bioresource Technology, 2013, 139: 363-374.

[211] Fernandez F J, Seco A, Ferrer J, et al. Use of neurofuzzy networks to improve wastewater flow-rate forecasting[J]. Environmental Modelling and Software, 2009, 24(6): 686-693.

[212] Torregrossa D, Leopold U, Hernández-Sancho F, et al. Machine learning for energy cost modelling in wastewater treatment plants[J]. Journal of Environmental Management, 2018, 223: 1061-1067.

[213] Deepnarain N, Nasr M, Kumari S, et al. Decision tree for identification and prediction of filamentous bulking at full-scale activated sludge wastewater treatment plant[J]. Process Safety and Environmental Protection, 2019, 126: 25-34.

[214] Corominas L, Byrne D M, Guest J S, et al. The application of life cycle assessment (LCA) to wastewater treatment: A best practice guide and critical review[J]. Water Research, 2020, 184: 116058.

[215] Chen W C, Chang N B, Chen J C. Rough set-based hybrid fuzzy-neural controller design for industrial wastewater treatment[J]. Water Research, 2003, 37(1): 95-107.

[216] Comas J, Alemany J, Poch M, et al. Development of a knowledge-based decision support system for identifying adequate wastewater treatment for small communities[J]. Water Science and Technology, 2004, 48(11-12): 393-400.

[217] Baeza J A, Gabriel D, Lafuente J. Improving the nitrogen removal efficiency of an A^2/O based WWTP by using an on-line knowledge based expert system[J]. Water Research, 2002, 36(8): 2109-2123.

[218] Xu Y F, Yuan Z G, Ni B J. Biotransformation of pharmaceuticals by ammonia oxidizing bacteria in wastewater treatment processes[J]. Science of the Total Environment, 2016, 566-567: 796-805.

[219] Comas J, Meabe E, Sancho L, et al. Knowledge-based system for automatic MBR control[J]. Water Science and Technology, 2010, 62(12): 2829-2836.

[220] Cui J, Fu L F, Tang B, et al. Occurrence, ecotoxicological risks of sulfonamides and their acetylated metabolites in the typical wastewater treatment plants and receiving rivers at the Pearl River Delta[J]. Science of the Total Environment, 2020, 709: 136192.

[221] Yildiz B S. Water and Wastewater Treatment: Biological Processes[M]. Cambridge: Woodhead Publishing, 2012: 406-428.

[222] Hiller C X, Hübner U, Fajnorova S, et al. Antibiotic microbial resistance (AMR) removal efficiencies by conventional and advanced wastewater treatment processes: A review[J]. Science of the Total Environment, 2019, 685: 596-608.

[223] Xue F F, Tang B, Bin L Y, et al. Residual micro organic pollutants and their biotoxicity of the effluent from the typical textile wastewater treatment plants at Pearl River Delta[J]. Science of the Total Environment, 2019, 657: 696-703.

[224] Wang J T, Hong Y W, Lin Z C, et al. A novel biological sulfur reduction process for mercury-contaminated wastewater treatment[J]. Water Research, 2019, 160: 288-295.

[225] Larriba O, Rovira-Cal E, Juznic-Zonta Z, et al. Evaluation of the integration of P recovery, polyhydroxyalkanoate production and short cut nitrogen removal in a mainstream wastewater treatment process[J]. Water Research, 2020, 172: 115474.

[226] Deng S H, Jothinathan L, Cai Q Q, et al. FeO$_x$@GAC catalyzed microbubble ozonation coupled with biological process for industrial phenolic wastewater treatment: Catalytic performance, biological process screening and microbial characteristics[J]. Water Research, 2021, 190: 116687.

[227] Corbella C, Puigagut J. Improving domestic wastewater treatment efficiency with constructed wetland microbial fuel cells: Influence of anode material and external resistance[J]. Science of the Total Environment, 2018, 631-632: 1406-1414.

[228] Zhang L, Liu H, Wang Y F, et al. Compositional characteristics of dissolved organic matter during coal liquefaction wastewater treatment and its environmental implications[J]. Science of the Total Environment, 2020, 704: 135409.

[229] Leyva-Díaz J C, Monteoliva-García A, Martín-Pascual J, et al. Moving bed biofilm reactor as an alternative wastewater treatment process for nutrient removal and recovery in the circular economy model[J]. Bioresource Technology, 2020, 299: 122631.

[230] Zhang X L, Chen J X, Li J. The removal of microplastics in the wastewater treatment process and their potential impact on anaerobic digestion due to pollutants association[J]. Chemosphere, 2020, 251: 126360.

[231] Shin C, Tilmans S H, Chen F, et al. Anaerobic membrane bioreactor model for design and prediction of domestic wastewater treatment process performance[J]. Chemical Engineering Journal, 2021, 426: 131912.

[232] Yu N L, Zhao C K, Ma B R, et al. Impact of ampicillin on the nitrogen removal, microbial community and enzymatic activity of activated sludge[J]. Bioresource Technology, 2019, 272: 337-345.

[233] Rizzo L, Malato S, Antakyali D, et al. Consolidated vs new advanced treatment methods for the removal of contaminants of emerging concern from urban wastewater[J]. Science of the Total Environment, 2019, 655: 986-1008.

[234] Zhang M H, Dong H, Zhao L, et al. A review on Fenton process for organic wastewater treatment based on optimization perspective[J]. Science of the Total Environment, 2019, 670: 110-121.

[235] 韩红桂, 林征来, 乔俊飞. 一种基于混合梯度下降算法的模糊神经网络设计及应用[J]. 控制与决策, 2017, 32(9): 1635-1641.

[236] 韩红桂, 陈治远, 乔俊飞, 等. 基于区间二型模糊神经网络的出水氨氮软测量[J]. 化工学报, 2017, 68(3): 1032-1040.

[237] 许少鹏, 韩红桂, 乔俊飞. 基于模糊递归神经网络的污泥容积指数预测模型[J]. 化工学报, 2013, 64(12): 4550-4556.

[238] 韩红桂, 张璐, 乔俊飞. 基于多目标粒子群算法的污水处理智能优化控制[J]. 化工学报, 2017, 68(4): 1474-1481.

[239] 韩红桂, 林征来, 乔俊飞. 基于 UKF 的增长型模糊神经网络设计[J]. 控制与决策, 2017, 32(12): 2169-2175.

[240] 韩红桂, 甄博然, 乔俊飞. 动态结构优化神经网络及其在溶解氧控制中的应用[J]. 信息与控制, 2010, 39(3): 354-360.

[241] 韩红桂, 伍小龙, 张璐, 等. 城市污水处理过程异常工况识别和抑制研究[J]. 自动化学报, 2018, 44(11): 1971-1984.

[242] 韩红桂, 张璐, 卢薇, 等. 城市污水处理过程动态多目标智能优化控制研究[J]. 自动化学报, 2021, 47(3): 620-629.

[243] 韩红桂, 张硕, 乔俊飞. 基于递归 RBF 神经网络的 MBR 膜透水率软测量[J]. 北京工业大学学报, 2017, 43(8): 1168-1174.

[244] 杜胜利, 张庆达, 曹博琦, 等. 城市污水处理过程模型预测控制研究综述[J]. 信息与控制, 2022, 51(1): 41-53.

[245] 邱勇, 毕怀斌, 田宇心, 等. 污水处理厂进水数据特征识别与案例分析[J]. 环境科学学报, 2022, 42(4): 44-52.

[246] Wang K C, Zhou Z, Yu S Q, et al. Compact wastewater treatment process based on abiotic nitrogen management achieved high-rate and facile pollutants removal[J]. Bioresource Technology, 2021, 330: 124991.

[247] Chang P, Li Z Y. Over-complete deep recurrent neutral network based on wastewater treatment process soft sensor application[J]. Applied Soft Computing, 2021, 105: 107227.

[248] Huang F N, Shen W H, Zhang X W, et al. Impacts of dissolved oxygen control on different greenhouse gas emission sources in wastewater treatment process[J]. Journal of Cleaner Production, 2020, 274: 123233.

[249] Lopes T A S, Queiroz L M, Torres E A, et al. Low complexity wastewater treatment process in developing countries: A LCA approach to evaluate environmental gains[J]. Science of the Total Environment, 2020, 720: 137593.

[250] Zhang W J, Tooker N B, Mueller A V. Enabling wastewater treatment process automation: Leveraging innovations in real-time sensing, data analysis, and online controls[J]. Environmental Science: Water Research & Technology, 2020, 6(11): 2973-2992.

[251] Wei W, Xia P F, Liu Z W, et al. A modified active disturbance rejection control for a wastewater treatment process[J]. Chinese Journal of Chemical Engineering, 2020, 28(10): 2607-2619.

[252] Santos M A, Capponi F, Ataíde C H, et al. Wastewater treatment using DAF for process water reuse in apatite flotation[J]. Journal of Cleaner Production, 2021, 308: 127285.

[253] Chen H, Tu Z, Wu S, et al. Recent advances in partial denitrification-anaerobic ammonium oxidation process for mainstream municipal wastewater treatment[J]. Chemosphere, 2021, 278: 130436.

[254] Kamali M, Persson K M, Costa M E, et al. Sustainability criteria for assessing nanotechnology applicability in industrial wastewater treatment: Current status and future outlook[J]. Environment International, 2019, 125: 261-276.

[255] Cheng H C, Wu J, Huang D P, et al. Robust adaptive boosted canonical correlation analysis for quality-relevant process monitoring of wastewater treatment[J]. ISA Transactions, 2021, 117: 210-220.

[256] Patil P B, Bhandari V M, Ranade V V. Wastewater treatment and process intensification for degradation of solvents using hydrodynamic cavitation[J]. Chemical Engineering and Processing-Process Intensification, 2021, 166: 108485.

[257] Ding J, Sarrigani G V, Qu J T, et al. Designing Co_3O_4/silica catalysts and intensified ultrafiltration membrane-catalysis process for wastewater treatment[J]. Chemical Engineering Journal, 2021, 419: 129465.

[258] Espinoza-Quiñones F R, Dall'Oglio I C, de Pauli A R, et al. Insights into brewery wastewater treatment by the electro-Fenton hybrid process: How to get a significant decrease in organic matter and toxicity[J]. Chemosphere, 2021, 263: 128367.

[259] Li Y Y, Zhang M, Xu D D, et al. Potential of anammox process towards high-efficient nitrogen removal in wastewater treatment: Theoretical analysis and practical case with a SBR[J]. Chemosphere, 2021, 281: 130729.

[260] Pittura L, Foglia A, Akyol Ç, et al. Microplastics in real wastewater treatment schemes: Comparative assessment and relevant inhibition effects on anaerobic processes[J]. Chemosphere, 2021, 262: 128415.

[261] Sollfrank U, Gujer W. Characterisation of domestic wastewater for mathematicalmodeling of the activated-sludge process[J]. Water Science and Technology, 1991, 23(4-6): 1057-1066.

[262] Ilangkumaran M, Sasirekha V, Anojkumar L, et al. Optimization of wastewater treatment technology selection using hybrid MCDM[J]. Management of Environmental Quality: An International Journal, 2013, 24(5): 619-641.

[263] Loh C H, Wu B, Ge L Y, et al. High-strength N-methyl-2-pyrrolidone-containing process wastewater treatment using sequencing batch reactor and membrane bioreactor: A feasibility study[J]. Chemosphere, 2018, 194: 534-542.

[264] Cervantes-Avilés P, Huang Y X, Keller A A. Incidence and persistence of silver nanoparticles throughout the wastewater treatment process[J]. Water Research, 2019, 156: 188-198.

[265] Ma Y H, Zheng X Y, He S B, et al. Nitrification, denitrification and anammox process coupled to iron redox in wetlands for domestic wastewater treatment[J]. Journal of Cleaner Production, 2021, 300: 126953.

[266] Man Y, Shen W H, Chen X Q, et al. Dissolved oxygen control strategies for the industrial sequencing batch reactor of the wastewater treatment process in the papermaking industry[J]. Environmental Science: Water Research & Technology, 2018, 4(5): 654-662.

[267] Domingues E, Fernandes E, Gomes J, et al. Swine wastewater treatment by Fenton's process and integrated methodologies involving coagulation and biofiltration[J]. Journal of Cleaner Production, 2021, 293: 126105.

[268] Holloway T G, Williams J B, Ouelhadj D, et al. Process stress, stability and resilience in wastewater treatment processes: A novel conceptual methodology[J]. Journal of Cleaner Production, 2021, 282: 124434.

[269] Waqas S, Bilad M R, Man Z, et al. Recent progress in integrated fixed-film activated sludge process for wastewater treatment: A review[J]. Journal of Environmental Management, 2020, 268: 110718.

[270] Koyuncu S, Arıman S. Domestic wastewater treatment by real-scale electrocoagulation process[J]. Water Science and Technology, 2020, 81(4): 656-667.